红棉论丛
中共广州市委党校

丛书主编　孟源北

在"四个出新出彩"中
实现老城市新活力

（2023）

孟源北　主编

SPM 南方传媒　广东人民出版社
·广州·

图书在版编目（CIP）数据

在"四个出新出彩"中实现老城市新活力·2023 / 孟源北主编. —广州：广东人民出版社，2024.1

ISBN 978-7-218-17333-7

Ⅰ. ①在⋯　Ⅱ. ①孟⋯　Ⅲ. ①城市规划—研究—广州　Ⅳ. ①TU982.651

中国国家版本馆CIP数据核字（2024）第003811号

ZAI "SI GE CHUXIN CHUCAI" ZHONG SHIXIAN LAOCHENGSHI XINHUOLI（2023）

在"四个出新出彩"中实现老城市新活力（2023）

孟源北　主编

出　版　人：肖风华

责任编辑：梁　茵　廖志芬
装帧设计：奔流文化
责任技编：吴彦斌

出版发行：广东人民出版社
地　　址：广州市越秀区大沙头四马路 10 号（邮政编码：510199）
电　　话：（020）85716809（总编室）
传　　真：（020）83289585
网　　址：http://www.gdpph.com
印　　刷：广州小明数码印刷有限公司
开　　本：787mm×1092mm　1/16
印　　张：23.25　　**字　　数**：350 千
版　　次：2024 年 1 月第 1 版
印　　次：2024 年 1 月第 1 次印刷
定　　价：98.00 元

如发现印装质量问题，影响阅读，请与出版社（020-85716849）**联系调换**。
售书热线：（020）87716172

总　序

　　"这是一个需要理论而且一定能够产生理论的时代，这是一个需要思想而且一定能够产生思想的时代。"[①]为推进党校学科体系、学术体系、话语体系建设和创新，加强对党的创新理论宣传阐释，深化对中国特色社会主义事业"五位一体"总体布局以及党的建设等领域研究，中共广州市委党校（广州行政学院）隆重推出《红棉论丛》系列成果。

　　红棉是一种政治立场。"木棉本是英雄树，花泣高枝雨亦红。"木棉即红棉，它是英雄花，其英雄形象和壮士风骨，一直备受世人称颂。当前，中国特色社会主义进入了新时代。身处这一伟大时代，作为党校（行政学院）理论工作者，我们既感到兴奋自豪，又感到责任重大。党校（行政学院）是党的思想理论建设的重要阵地，是党和国家的哲学社会科学研究机构和重要智库。学习研究宣传习近平新时代中国特色社会主义思想，是

---

① 习近平在哲学社会科学工作座谈会上的讲话，2016年5月17日。

党校人的政治自觉和责任担当。中共广州市委党校（广州行政学院）始终坚持党校姓党的原则，依靠一支热爱党的干部培训事业、潜心传播党的创新理论的教师队伍，致力于用习近平新时代中国特色社会主义思想武装头脑、指导实践、推进工作，扎实推进"教研咨一体化"，教学出题目、科研做文章、成果进课堂、理论转咨政，取得了显著成效。近几年来，我校教师成功申报并完成一批包括国家社会科学基金课题，省、市社会科学规划课题、中央及省党校系统课题等在内的科研项目，发表了大量的理论文章，出版了系列学术专著，报送了多篇决策咨询报告，学术理论研究和咨政成绩斐然。推出《红棉论丛》的宗旨，首先就是要进一步擦亮"党校姓党"的学术底色，坚持马克思主义立场观点方法，用学术讲政治，更加自觉地聚焦坚持和发展中国特色社会主义的火热实践，把中国特色社会主义理论体系贯穿研究全过程，转化为清醒的理论自觉、坚定的政治信念、科学的思维方法，积极为党和人民述学立论、建言献策。

　　红棉是一种学术态度。"却是南中春色别，满城都是木棉花。"红棉作为广州的市花，象征着广州这座承载光荣、富有梦想的城市所具有的朝气蓬勃的生机、开拓创新的热情和永不停歇的活力。2018年10月，习近平总书记视察广东期间对广州提出了实现老城市新活力的时代命题。这是习近平总书记着眼于全面建成社会主义现代化强国奋斗目标，充分把握世界城市发展规律，科学认识我国城市发展新趋势，对广州这样的国家中心城市在引领中国城市乃至世界城市高质量发展方向上提出的战略课题。中共广州市委党校（广州行政学院）作为市委、市政府的重要部门和广州市首批新型智库单位，始终坚持围绕中心服务大局，紧扣习近平新时代中国特色社会主义思想与广州实践这一主线，围绕广州建设成为具有经典魅力和时代活力的国际大都市这一主题，以广州这座城市丰富而又鲜活的创新实践为研究起点，深入调查研究，力图提出具有原创性的理论观点，形成自身的特色和优势。知识的本性就具有地方性，《红棉论丛》的出版，就是为了致力于强化学术理论研究的党校特点、广州特色，立足于广州实现老城市新活力、以"四个出新出彩"引领各项工作全面出新出彩的创新实践，在广州这片英雄辈出的红色沃土和改革开放前沿地上勤奋耕耘、刻苦钻研，从广州高质量发展的做法经验中挖掘新材料、提炼新观点、构建新语境，推动基于广州经验的党校特色知识体系的形成。

"奇花烂漫半天中，天上云霞相映红。"我们期待着《红棉论丛》研究成果，结合新的实践不断作出新的学术创造，提炼出有学理性的新论断、概括出有规律性的新经验，为新时代广州高质量发展提供有益参考，助推广州建设具有经典魅力和时代活力的国际大都市、打造成为中国特色社会主义城市范例。

孟源北

（作者系中共广州市委党校常务副校长、研究员，新型智库首席专家）

目录
contents

序 言

继续发挥领头羊和火车头作用
奋力开创广州高质量发展新局面

【提要】国家主席习近平在广州同法国总统马克龙举行非正式会晤，赋予广州在新征程中担当新的重要使命。必须牢牢把握高质量发展的重要要求，深刻理解高质量发展"领头羊和火车头作用"，准确把握高质量发展"领头羊和火车头作用"与广州实现老城市新活力的逻辑关系，充分认识广州在新征程中的责任担当，锚定"排头兵、领头羊、火车头"标高追求，全力以赴推动"二次创业"再出发，以新气象新作为谋划高质量发展新蓝图，奋力开创高质量发展新局面。

2023年4月，国家主席习近平在广州同法国总统马克龙举行非正式会晤时指出，广州是中国民主革命的策源地和中国改革开放的排头兵。1000多年前，广州就是海上丝绸之路的一个起点。100多年前，就是在这里打开了近现代中国进步的大门。40多年前，也是在这里首先蹚出来一条经济特区建设之路。现在广州正在积极推进粤港澳大湾区建设，继续在高质量发展方面发挥领头羊和火车头作用。习近平总书记重要讲话，既充分肯定了广州的历史成就与重要地位，又对广州未来发展提出了新的更高期待和明确要求，再次彰显了在"四个出新出彩"中实现老城市新活力的丰富内涵。习近平总书记对广州提出的一系列重要要求，一以贯之、环环相扣，立足当下、指引未来，为广州加快在"四个出新出彩"中实现老城市新活力，继续在高质量发展方面发挥领头羊和火车头作用指明了前进方向、注入了强大动力。

一、牢牢把握高质量发展的重要要求

高质量发展是全面建设社会主义现代化国家的首要任务。推动高质量发展，既是中国式现代化的重要内涵，也是实现中国式现代化的必由之路。

必须完整、准确、全面贯彻新发展理念。新发展理念回答了关于发展的目的、动力、方式、路径等一系列理论和实践问题，阐明了我们党关于发展的政治立场、价值导向、发展模式、发展道路等。党的十八大以来，广州深入贯彻新发展理念，始终以创新、协调、绿色、开放、共享的内在统一来把握发展、衡量发展、推动发展，推动经济发展质量变革、效率变革、动力变革。近年来，广州抢抓新一轮科技革命和产业变革重大历史机遇，强化创新引领、加快动能转换，创新活力持续迸发。绿色发展成果丰硕，从"盼温饱"到"盼环保"，从"求生存"到"求生态"。如今的广州，河涌水清岸绿、鱼翔浅底，"广州蓝"成为常态。广州开放型经济水平也明显提升，继续积极探索制度型开放新路径，为不断扩大高水平对外开放创造了有利的政策环境。

必须更好统筹质的有效提升和量的合理增长。高质量发展是质和量的有机统一，既要有"量"的合理增加，更要重点关注"质"的提升，持续激发经济发展内生动力，实现量质齐升。党的十八大以来，作为经济发展排头兵之一的广州，从经济总量过万亿元到接近3万亿元，从国家中心城市到建设国际大都市，从城市环境品质改善到建设更高品质美丽广州，经济发展既保持了量的合理增长，也实现了质的稳步提升。

必须坚定不移深化改革开放、深入转变发展方式。改革开放是决定当代中国命运的关键一招，也是决定实现"两个一百年"奋斗目标、实现中华民族伟大复兴的关键一招。只有坚持用改革的思维、改革的办法，才能从根本上破除一切制约高质量发展的体制机制障碍，为高质量发展提供制度保障和新的动力。党的十八大以来，作为改革开放前沿地的广州，推动更深层次改革、实施更加积极主动的开放战略，着力建设国际大都市，城市能级持续跃升，城市影响力、辐射力进一步提升。

必须以满足人民日益增长的美好生活需要为出发点和落脚点。人民对美好生活的向往，就是我们的奋斗目标。推动高质量发展的最终目的就是人民幸福安康。党的十八大以来，广州始终以满足人民对美好生活的新期待作为发展的出发点和落脚点，在高质量发展中保障和改善民生，在幼有所育、学有所教、劳有所得、病有所医、老有所养、住有所居、弱有所扶上持续用力，用心用情用力解决群众关心的就业、教育、社保、医疗、养老等实际问题，不断增强人民群众的获得感、幸福感、安全感，让现代化建设成果更多更公平惠及全体人民。

二、深刻理解高质量发展"领头羊和火车头作用"

物无妄然，必由其理。事物的发展循其理，城市的发展亦如此。回望过去，从千年前到今朝，在共同的历史潮流中，广州能够始终保持昂扬状态，究其原因关键在其理。这个理就蕴含在1000多年前广州作为"海上丝绸之路一个起点"的时代潮流中，蕴含在100多年前广州"打开了近现代中国进步的大门"和40多年前广州"蹚出来一条经济特区建设之路"的时代精神中。展望未来，广州要继续保持昂扬状态，形成支撑中国式现代化的重要支点和战略平台，关键是在理而行。这个理就是"继续在高质量发展方面发挥领头羊和火车头作用"。只有深刻把握高质量发展的领头羊和火车头作用机理，循理而行，才能将广州发展推向新的境界，以更宏阔的视野、更加自信和坚韧的定力谱写出靓丽的现代化广州新篇章。

（一）以党的创新理论为引领把握发展"高度"，培育锚定未来的"高质量"动能

高质量发展是面对世界科技革命和产业变革潮流，党中央对我国现阶段经济社会发展作出的一个具有全局性、长远性和战略性意义的重大判断，反映了我国社会发展、人类社会发展的大逻辑大趋势，涉及对世界历史的发展脉络和正确走向的把握、对新一轮科技变革和全球经济发展大格局的洞察及对中国式现代化的历史沿革和实践要求的理解。广州继续在高质量发展方面发挥领头羊和火车头作用，需要立足时代前沿思考如何赶上时代的理论逻辑对发展问题提供未来引领。一是着眼大格局，坚持深学笃行，以党的创新理论为引领把握发展态势、提升发展高度，把发展"高度"体现在国家战略和全球布局的广州定位上，在服务高质量发展战略中贡献广州力量。二是秉持大胸怀，坚持胸怀"国之大者"，锚定强国建设和民族复兴目标，完整、准确、全面贯彻新发展理念，聚焦大数据、人工智能、新能源汽车、生命健康、前沿新材料、集成电路、装备制造、新型国际贸易、跨境金融服务等前沿产业和现代服务业，着力推动质量变革、效率变革、动力变革，为高质量发展强化优势积累。三是融入大战略，坚持把粤港澳大湾区建设摆在重中之重的位置来抓，以落实南沙方案为牵引，加快建设立足湾区、协同港澳、面向世界的重大战略性平台，为高质量发展注入强大动能。

（二）以中华民族现代文明为宗旨把握发展"深度"，建好强劲有力的"高质量"内核

广州作为历史文化名城，"千年商都"美名传誉全球，一直走在"开眼看世界"的最前沿，面对老城市新活力的时代命题，要交出优异答卷，取决于是否能够深刻领悟高质量发展的内涵和把握高质量发展的"深度"。高质量发展作为人类文明新形态的发展叙事，不仅是一个经济命题，也是一个具有文明导向意义的重大时代课题，在发展中蕴含着中国共产党的初心和使命，在发展的成就中孕育着中国人传承的意志和梦想，在成就的逻辑中蕴藏着中华民族的文明基因。传承中华文明，推进高质量发展，在实现中华民族伟大复兴战略目标的同时胸怀天下，不仅要解决好自己的发展问题，而且更为促使世界在对现代化发展进程的自我反思中形成关乎人类发展的清醒认知，更好地关注人类命运，引领世界文明发展，为解决好世界问题提供中国智慧、中国方案、中国力量。因此，广州继续在高质量发展方面发挥领头羊和火车头作用，不仅要树牢人文情怀，敬畏、珍视、传承、发扬广州千年积淀形成的厚重历史和悠远文脉，而且更需从建设中华民族现代文明的立意出发，开启新一轮发展和赶超，打造更多享誉世界的广州企业、广州产业，涵育多彩多姿的广州山水、广州花木，传承充满浓浓乡愁的广州文化、广州韵味，再创让世界刮目相看的新奇迹，让父老乡亲脸上充满幸福的笑容和希望，在高质量发展中充分展现中华文明突出的连续性、创新性、统一性、包容性、和平性。

（三）以新型举国体制为支撑把握发展"强度"，构建协同一致的"高质量"机制

推进高质量发展要增强发展韧性，必须以国家发展和国家安全为目标，把打造强劲活跃增长极作为主题主线，既强化基础设施"硬支撑"，又优化发展"软环境"，深入实施创新驱动发展战略，以科创中心建设为引领，走"科创+产业"道路，促进创新链与产业链深度融合，建设有国际竞争力的开放型产业体系，形成有效应对外部干扰、抵御风险冲击，实现经济自主、可持续发展的能力。新型举国体制是中国特色社会主义实践过程中的伟大创举，实现了政策引领和战略驱动的系统整合，其核心特征和优势是统筹发挥政府作用和市场作用，实现有为政府和有效市场的有机统一，具有鲜明的目标导向优势、高效的创新协同优势和强大的组织动员优势。广州继续在高质量发展方面发挥领头羊和火车头作用，需要以更高政治站位、更强使命自觉、更宽战略视野，不断积聚高质量发展要素。一是以更高政治站位长远谋划、通盘考虑，有效整合各方力量完成战略目标，需要加强政府对产业规划的统筹能力，用好用足创新驱动的新型举国体制，动员政府、企业和社会等各方力量，实现"政产学研用"协同共振，围绕国家战略，瞄准事关经济、产业和安全等若干重点领域，重点研发具有先发优势的关键技术和引领未来发展的基础前沿技术，将任务和目标聚焦到补短板、挖潜力、增优势的关键点上。二是以更强使命自觉统筹推进体制机制改革，从顶层设计、管理体制、运行机制、要素配置、评价体系等方面推动有为政府和有效市场更好结合，健全新型举国体制，建设国家战略科技力量，构建开放创新生态，形成高效率高水平推进高质量发展的强大合力，在若干重要领域形成竞争优势、赢得战略主动。三是以更宽战略视野持续增强发展动力和活力，主动担当、主动变革、主动作为，加快推动重要领域和关键环节改革攻坚突破、落地见效，走出一条突破瓶颈、跨越升级的新路，形成一批高质量、高品质的制度成果，把好经验好做法固化下来，不断巩固高质量发展的良好态势、塑造高质量发展的领先胜势。

三、准确把握高质量发展"领头羊和火车头作用"与广州实现老城市新活力的逻辑关系

一方面，高质量发展是全面建设社会主义现代化国家的首要任务，继续在高质量发展方面发挥领头羊和火车头作用是广州实现老城市新活力的必然要求。从理论内涵看，老城市新活力要求广州遵循城市发展客观规律，促进经济持续健康发展，持续提升城市能级和核心竞争力，始终保持城市繁荣；要求广州适应新发展阶段变化，破解城市发展主要矛盾，持续提升城市综合功能，强化中心城市的辐射带动作用；要求广州践行"人民城市为人民"理念，尊重城市历史和文化，统筹发展与安全，促进城市可持续发展，全面激发城市活力。无论是广州提升城市能级和城市综合功能，还是全面激发城市活力，均离不开高质量发展"领头羊和火车头作用"的支撑。当前广州已转向高质量发展阶段，城市经济社会发展必须以高质量发展为主题。继续在高质量发展发挥领头羊和火车头作用是广州遵循客观规律、保持经济持续健康发展的必然要求，是广州适应社会主要矛盾变化、解决发展不平衡不充分问题的必然要求，也是广州防范化解各类风险挑战、统筹发展与安全的必然要求。

另一方面，在"四个出新出彩"中实现老城市新活力是广州扎实推进中国式现代化实践的理论指南，是继续在高质量发展方面发挥领头羊和火车头作用的必由之路，是加快转变超大城市发展方式的行动纲领。中国式现代化五个方面的中国特色，广州都具有典型性和代表性。广州完全有基础有条件有责任探索更多高质量发展牵引现代化建设的路径选择，在扎实推进中国式现代化实践中走在前列、当好示范。在"四个出新出彩"中实现老城市新活力，强调在城市现代化建设中既要全面认识老城市历史悠久、文化厚重等老的优势和魅力，也要坚持新发展理念，持续激发改革、开放、创新三大动力，为广州扎实推进中国式现代化实践提供了理论指引，也为广州加快转变超大城市发展方式、推动高质量发展指明了前进方向，提供了方法路径。

习近平总书记对广州提出的一系列重要要求，一以贯之、环环相扣、立足当下、指引未来。其中，"老城市新活力"是引领广州屹立时代潮头、连接过去与未来的桥梁，"四个出新出彩"是支撑起这座桥梁的索塔，是牵引广州整体向上的重要支柱，"继续在高质量发展方面发挥领头羊和火车头作用"则是广州在新征程上的标高和追求。高质量发展"领头羊和火车头作用"与广州实现老城市新活力二者之间相辅相成、相互促进，环环相扣、步步推进，共同为广州扎实推进中国式现代化实践起到重要推动作用。当前，广州正以实际行动，把高质量发展"领头羊和火车头作用"与老城市新活力的内涵和要求内化于心、外化于行，提出一系列精准有效、务实管用的战略策略，扎实推进中国式现代化广州实践，全面提升城市能级和核心竞争力，向世界充分展示超大城市在高质量发展道路上的探索和实践，充分展示新时代老城市实现新活力的自信和魅力。

四、奋力开创广州高质量发展新局面

新征程上，广州要积极推进粤港澳大湾区建设，继续在高质量发展方面发挥领头羊和火车头作用，必须深入贯彻落实省委"1310"①具体部署和市委"1312"②思路举措，锚定"排头兵、领头羊、火车头"标高追求，全力以赴推动"二次创业"再出发，重拾"敢闯敢试敢干"的大担当精神，持续激发改革、开放、创新三大动力活力，全面优化高质量发展的体制和机制，全面拓展高质量发展的空间和纵深，全面激发高质量发展的潜力和后劲，不断开辟发展新领域新赛道，塑造发展新动能新优势，奋力建设澎湃改革开放创新动力、迸发强劲发展动能、倍增经济纵深、重塑现代城市格局与功能、彰显中华民族现代文明的广州，开创广州高质量发展新局面。

一是加快实现高水平科技自立自强。以科技动能作为关键点，在自立自强、守正创新中求突破。加快实现高水平科技自立自强，是推动高质量发展的必由之路。我们能不能如期全面建成社会主义现代化强国，关键看科技自立自强。广州是粤港澳大湾区国际科技创新中心，具有华南地区最好的高校资源。未来，广州要坚持"四个面向"，加快实现高水平科技自立自强，着力强化广州实验室等重大科技创新平台建设，支持顶尖科学家领衔进行原创性、引领性科技攻关，努力突破关键核心技术难题，在重点领域、关键环节实现自主可控。进一步找准重点、抓住关键、明确方向，着力完善"基础研究+技术攻关+成果产业化+科技金融+人才支撑"全过程创新生态链，提升广州"六力"（创新竞争力、创新引领力、创新硬实力、创新驱动力、创新支撑力、创新源动力），将广州打造成为"六地"（科技体制改革示范地、重要的原始创新策源地、关键核心技术发源地、科技成果转化最佳地、科技金融深度融合地、全球一流科技创新人才向往集聚地），着力推进创新链、产业链、资金链、人才链、价值链、政策链

---

① 中共广东省委十三届三次全会围绕实现习近平总书记赋予的使命任务，作出"锚定一个目标，激活三大动力，奋力实现十大新突破"的"1310"具体部署。

② 中共广州市委十二届六次全会围绕实现习近平总书记赋予的使命任务，对照省委"1310"具体部署，细化形成"锚定排头兵、领头羊、火车头标高追求，激活三大动力活力，奋力推动十二个领域走在前列、当好示范"的"1312"思路举措。

"六链融合"。扩大国际交流合作，用好国际国内两种科技资源，以科技创新铸造强市"利器"，为推进高质量发展提供更多强劲动能。

二是加快构建新发展格局。广州要充分发挥国家中心城市、国家一线城市、省会城市的窗口示范作用，坚持内外双向发力，把实施扩大内需战略同深化供给侧结构性改革有机结合起来，增强国内大循环内生动力和可靠性，提升国际循环质量和水平。加快实施扩大内需战略，把大国经济内需为主导、内部可循环的文章做足，加快建设国际消费中心，充分挖掘国内超大规模市场的潜力，深化供给侧结构性改革，坚持制造业当家，积极探索实体经济高质量发展的广州路径，提高供给体系质量，形成需求牵引供给、供给创造需求的更高水平动态平衡，着重提升对内辐射带动和示范引领效应，为国内大循环发展赋能。加快国际航空航运枢纽和信息枢纽建设，推进数字港与空港、海港、铁路港联动赋能，带动枢纽经济、门户经济、商贸经济、信息经济、数字经济的发展，打造全球流量经济枢纽城市，提升全球资源配置能力，促进国内国际市场高效链接、双向开放，使国际国内双循环更加顺畅。

三是加快制度型开放。紧紧扭住粤港澳大湾区建设这个"纲"，以落实《广州南沙深化面向世界的粤港澳全面合作总体方案》为牵引，高质量打造南沙粤港澳全面合作示范区，加快形成与国际接轨的制度规则体系，打造粤港澳大湾区核心引擎，推动形成制度型开放的新优势。以制度型开放作为根本点，在引领带动大湾区融合发展中有作为有担当。推动高水平制度型开放，顺应经济全球化趋势。南沙具备良好的区位优势，可成为粤港澳大湾区要素转化枢纽节点以及制度型开放新高地。建设内地与港澳规则相互衔接示范基地，打造内地制度型开放高地，以贸易和投资便利化推动对外贸易高水平发展，推动南沙等重点区域强化制度集成创新；加强与横琴、前海等重大平台战略互动，在改革创新上互学互鉴，率先推广应用试点经验，强化与周边地区协同联动，最终引领示范大湾区融合发展。

四是全面深化改革。坚持向改革要空间、要活力，找准改革着力点和突破口。抢抓粤港澳大湾区建设重大机遇，围绕高质量发展领头羊和火车头作用与广州实现老城市新活力重点领域，积极谋划推进战役战略性改革和创造型引领型改革，有效衔接争取国家政策试点、项目和资金扶持，加快出台专项规划和促进政策，全面落实广州市优化营商环境条例，继续深化"放管服"改革，加快建设数字政府，深化落实"一件事"主题套餐服务、"一窗式"政策兑现、"一站式"公共服务改革举措，探索新产业新业态触发式监管和审慎监管模式，支持民营企业发展壮大，培育规范社会组织发展，充分激发民间活力，加大放权强区改革力度，充分激发基层活力，出台更具竞争力的人才政策，激活人才存量，提高人才增量，修订完善人才管理服务制度，擦亮人才创新创业服务品牌，着力解决"中梗阻"和"最后一公里"问题，打造形成最佳策组合和最优营商环境。

五是加快建设现代化产业体系。以实体经济作为着力点，在真抓实干、深度融合中见实效。实体经济是国民经济的基石，是大国经济的立身之本，是国家强盛的重要支柱。坚持"产业第一，制造业立市"是广州高质量发展的必由之路。近年来，广州围绕建设现代产业体系的目标定位，不断搭建和完善现代服务业、先进制造业、战略性新兴产业、传统优势产业和现代农业主体框架，现代产业体系发展取得了显著成效。未来，广州要坚持把发展经济的着力点放在实体经济上，建设现代化产业体系，围绕产业基础高级化、产业链现代化，发挥协同联动的整体优势，进一步优化结构、增强韧性、加大融合，形成一批行业龙头和标杆企业，充分发挥先进制造业中心的集聚优势和行业龙头标杆企业的乘数效应，强化金融服务实体经济的能力，优化融资结构和完善金融机构体系、市场体系、产品体系，健全资本市场功能，积极探索实体经济高质量发展的广州路径。

六是加快推进农业农村现代化。推进农业农村现代化是实现高质量发展的必然要求。城乡区域发展不平衡是广州高质量发展的突出短板。广州要全面落实省"百县千镇万村高质量发展工程"，全面推进农业农村现代化，建设宜居宜业和美乡村，推动城乡区域协调发展取得更大突破性进展。落实最严格的耕地保护制度，坚持农业科技自立自强，夯实粮食安全根基，加快高标准农田改造提升，健全种粮收益保障机制，稳定重要农产品供给，推进"穗种强芯"攻关行动，打造岭南特色种业创新高地。把产业振兴作为乡村振兴的重中之重，做大做强都市现代农业，高标准建设国家级、省级现代农业产业园，培育壮大农村电商、乡村旅游、数字农业等新业态，不断拓宽农民增收致富渠道。推进乡村建设行动，深化农村人居环境整治提升，连线连片建设新乡村示范带，塑造岭南特色乡村风貌。健全乡村治理体系，深入推进抓党建促乡村振兴示范创建，全面提升"头雁"工程质量，加强农村集体"三资"管理、城中村综合治理，推进更高水平的平安法治乡村建设。用好市领导挂点联系乡村振兴机制，强化政策支持、要素保障和干部人才队伍建设，奋力推动乡村全面振兴。

七是着力提高人民生活品质。人民幸福安康是推动高质量发展的最终目的。广州必须坚持以人民为中心，推动高质量发展与创造高品质生活有机结合，在高质量发展中坚定不移增进民生福祉，促进共同富裕，努力闯出一条人民城市为人民的发展之路。坚持尽力而为、量力而行，进一步稳定和扩大就业，推进教育领域改革创新，提高医疗卫生水平，加快完善住房保障体系，健全大城市大养老服务体系，切实解决好人民群众最关心最直接最现实的利益问题，让人民群众看到变化、得到实惠。加快构建绿色生态网络体系，科学有序实施城市更新行动，统筹推进城市更新和历史文化保护，突出微改造这种"绣花"功夫，进一步改善城乡人居环境、提升城市品质。实施来穗人员融合行动计划，探索建立来穗人员社会融合长效机制。坚持和发展新时代"枫桥经验"，加快推进市域社会治理现代化，营造共建共治共享社会治理格局，建设人人有责、人人尽责、人人享有的社会治理共同体。

八是坚持和加强党的全面领导。推动高质量发展，必须坚持和加强党的全面领导、坚定不移全面从严治党。坚持和加强党的全面领导是高质量发展的根本保证。办好中国的事情，关键在党。广州必须充分发挥党总揽全局、协调各方的政治引领作用，完善加强党的全面领导的组织体系、制度体系、工作机制，提高把方向、谋大局、定政策、促改革的能力和定力，完善党委工作部门抓落实机制，形成推动广州高质量发展的强大合力。坚持大抓基层的鲜明导向，深入开展模范机关创建工作，分类指导国有企业、学校、社区、"两新"组织等基层党组织建设，打造坚强战斗堡垒。认真贯彻新时代党的组织路线，做好干部培育、选拔、管理、使用工作，打造忠诚干净担当的高素质干部队伍。健全容错纠错机制和澄清保护机制，加强教育培训和实践锻炼，激励广大干部新时代新担当新作为。深入推进新时代党的建设新的伟大工程，持之以恒推进全面从严治党，以伟大自我革命引领伟大社会革命。

孟源北

（作者系中共广州市委党校常务副校长、研究员，新型智库首席专家）

第一部分

继续在高质量发展方面发挥
领头羊和火车头作用篇

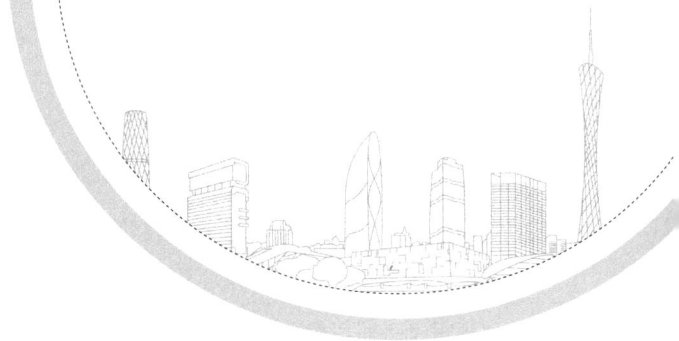

以四个"一号工程"为牵引
再造一个"新广州"

【提要】为贯彻落实总书记对广州重要论述精神，广州市委、市政府提出了"再造一个新广州"的宣言书，为此，建议：循迹溯源梳理总书记对广东和广州的重要论述和重要指示，完整准确把握蕴含其中的世界观方法论，找准"牵一发而动全身"的广州命题，形成广州"一号工程"引领矩阵，统筹推进"新广州"塑造。一是以"站在时代前列，思考怎么走在前列"的核心逻辑，打造广州"走在前列工程"；二是以"站在产业前沿，思考怎么变道领跑"的核心逻辑，打造广州"高质量发展工程"；三是以"站在现代文明的高度，思考怎么绽放城市永恒魅力"的核心逻辑，打造广州"老城市新活力工程"；四是以"站在新的历史方位，思考怎么凝心铸魂"的核心逻辑，打造广州"全面从严治党工程"。

新时代新征程新期望需要一个新广州，历史积累和时代潮流正在塑造新广州，有目标有规划有战略一定实现新广州。习近平总书记在与法国总统马克龙非正式会晤时从古到今、从内到外，体系化地对广州作出了重要论述，"1000年""100年""40年"三个时段既展现了广州的历史渊源和发展进程，又从广州的历史源流描绘出中华民族史一条"融入世界——追求进步"的发展线索，深刻阐明了广州发展之理就蕴含在"起点"的时代潮流中，蕴含在"打开了"和"蹚出来"的时代精神中。广州市委、市政府提出"再造一个新广州"的宣言书，吹响二次创业号角，奋力实现从"大广州"到"强广州"的跃进，需要在学习领会总书记重要论述中树立方法论自觉，对接省委"1310"工程，集中聚焦"走在前列""高质量发展""新活力""全面从严治党体系"四个核心命题，形成"一号工程"，强力推进总书记思想的深化、内化、转化见成效，感恩奋进，以再造一个"新广州"的实际行动感恩总书记的深情厚望。

一、循迹溯源习近平总书记视察广东重要讲话精神蕴含的世界观方法论，找准"牵一发而动全身"的广州命题，形成广州"一号工程"引领矩阵

党的十八大以来，习近平总书记先后四次视察广东。新时代第一年，习近平总书记来到广州；新时代第十年，总书记再次来到广州。十年来，习近平总书记既对全省作出重要论述和重要指示，又针对广州专门作出重要论述和重要指示。梳理习近平总书记对广东和广州的重要论述和重要指示，"走在前列"作为一个关键词贯穿了新时代十年，"老城市新活力"和"高质量发展"是习近平总书记对广州提出的明确要求，"加强党的领导和党的建设"是习近平总书记多次语重心长的重要教导。广州作为国家中心城市和省会城市，承担着全省乃至华南重要的政治中心、经济中心、文化中心等功能，应聚焦这些明确要求的关键词，形成"走在前列""老城市新活力""高质量发展""全面从严治党"四个主题的广州"一号工程"，以此为牵引，激发"革命性"斗志、提升"立潮头"自信、实现"跨越式"攀升，统筹推进"新广州"塑造。

二、以"站在时代前列，思考怎么走在前列"的核心逻辑，打造广州"走在前列工程"

一是打造"走在前列工程"应首先聚焦"累积的优势"。分层次分类别梳理广州在全球和全国范围内的份额或影响等居首位的行业、产业、技术、市场、材料、物品、经营模式等，既从"面"上搞清楚"走前列"的基本情况，又从"线"上搞明白一个行业或产业"走前列"的基本道理，以既有的优势条件和积累为支撑，全面规划"走前列"的发展序列和相对

应的机制，用最精准的政策撬动起"走前列"的大好局面，在走前列中展现广州逻辑。

二是打造"走在前列工程"应率先着眼"未来的塑造"。新广州的未来定位需着眼支撑民族复兴、体现优势积累的"城市力量"塑造。城市力量是指经济要素、制度要素、政治要素、社会要素、权力要素等在城市空间中经过熔融的复合过程而形成的现代性合力。"未来的塑造"关键在于城市力量的量级大小，着力推动精英人群的入驻、经济产业的运行、商业圈层的构成、宜居生活的筑造以及艺术文化的发展等因素实现质的飞跃，以点带面带动周边整个区域的潜力与价值，让城市区域经济拥有较大的提升，从而提高居民的生活水平，并且在改变了人们生活方式的同时，也让一座拥有城市力量的新城得以优质诞生。

三是打造"走在前列工程"应优先实现"状态的调整"。"状态的调整"核心在于构建彼此信任、严谨有序、结果导向、相互支持的干事氛围，注重有为主体与有效方法的内在统一，在专业导向、组织运行、干部评价、监督问责、人文关怀等方面应进一步改革和完善相关制度，围绕干部信任、党内民主、履职问责三个核心环节调整制度，使各级干部、特别是有一定级别的专业干部由"听话照做"或"被动躺平"向"挺立潮头、敢于担当、义无反顾、开拓进取"的总体转变。

三、以"站在产业前沿，思考怎么变道领跑"的核心逻辑，打造广州"高质量发展工程"

一方面，以建设行业新消费体系为引领推进广州高质量发展工程。消费是最终需求，投资是中间需求，投资增长要对标消费增长才能提升供给质量和水平，从而实现产业与消费双升级，使经济实现高质量发展。回望改革初期，党的十一届三中全会以后，广州以价格改革为突破口，启动经济体制改革，实现定价主体由政府向生产经营者的转变。以超市为标志的业态革命和以连锁经营为标志的零售业组织方式革命同时在广州拉开帷幕并推向全国。广州充分发挥毗邻港澳的优势，因地制宜探索发展外向型经济，在商务领域创造诸多"全国第一"。特别是1988年8月，当人们还在排队购买电车牌肥皂时，美国宝洁在广州组建成立了其在中国第一家合资企业，一包几毛钱的洗发水成为全国人民的消费追求和时尚，引领构建起以广州为枢纽的消费体系，不仅促进商贸业的大发展，而且其关联性的效应极大地推动了广州全方位的发展。新时代推动广州高质量发展应及时打响消费品牌，尤其是围绕改革开放一代人的记忆乡愁等主题打造"乡愁经济""记忆消费"模式，开发特色消费场景，构建集"情感记忆消费、健康购物消费、养生护理消费、舒心服务消费、夜间潮玩消费"等一体的质量高、效率高、安全性高、体验好的新时代消费体系，充分运用新的理念、技术、工具、手段、渠道推动消费赋能，促进消费"热起来"，经济"活起来"，不断为高质量发展注入更强动能。

另一方面，以打造强劲活跃现代化产业发展增长极为主题主线推动广州高质量发展工程。以新型消费为首要主导，既强化基础设施"硬支撑"，又优化发展"软环境"，加大制造业高质量发展力度，推动制造业数字化、智能化转型升级，培育新兴产业和新增长点，打造制造业品牌，鼓励制造业向高端、智能化、服务化阵地转型升级，形成消费和产业的相互依托关系，促进创新链与产业链深度融合，聚焦大数据、人工智能、新能源汽车、生命健康、前沿新材料、航空航天、集成电路、新型显示、装备制造、绿色再制造、新型国际贸易、跨境金融服务等前沿产业和现代服务业，打造产业升级版和实体经济发展高地，建设有国际竞争力的开放型产业体系。

四、以"站在现代文明的高度，思考怎么绽放城市永恒魅力"的核心逻辑，打造广州"老城市新活力工程"

一是从建设中华民族现代文明的理论高度提升打造老城市新活力工程的逻辑思维。"老城市新活力"作为马克思主义城市发展思想的新成果新境界，"活力"重要理念是一个系统全面的体系，蕴含着传统与现代相互交融的辩证思维、传承与创新相互成就的文化感召。广州推进老城市新活力要立足探索面向未来的更加广阔的城市发展理论和制度创新空间的高度，形成关于现代城市文明论、人民城市主体论、历史名城特色论、魅力花城生态论、超大城市治理论、智慧城市创新论等主题的更多更新的理论创新、制度创新以及各方面创新成果，为城市量级提升提供坚强的思想保证、强大的精神支柱、丰润的文化滋养。

二是把化解广州高质量发展"成长的烦恼"和避免陷入先富先老的"高收入陷阱"作为中心课题。敏锐捕捉"老城市"先发多发并发的一系列矛盾问题，树立问题意识、坚持问题导向，大兴调查研究，以"新问题、深问题、大问题"形成的"问题清单"为载体，找到产生问题的症结根源，找准解决问题的思路办法，以更高政治站位、更强使命自觉、更宽战略视野，主动担当、主动变革、主动作为，加快推动重要领域和关键环节改革攻坚突破、落地见效，持续增强发展动力和活力，走出一条突破瓶颈、跨越升级的新路，形成一批高质量、高品质的好经验好做法，不断巩固良好态势、塑造领先胜势。

五、以"站在新的历史方位，思考怎么凝心铸魂"的核心逻辑，打造广州"全面从严治党工程"

健全全面从严治党体系，是党的二十大提出的加强新时代党的建设的重大举措。广州应在梳理党的十八大以来全面从严治党成果基础上，进一步打造形成"1346"体系，确保把严的基调、严的措施、严的氛围长期坚持下去，不断把全面从严治党引向深入。

"1"，即为一个"动态系统"，将全面从严治党体系建设成为一个内涵丰富、功能完备、科学规范、运行高效的动态系统。

"3"，即为三个"更加突出"，更加突出党的各方面建设有机衔接、联动集成、协同协调，更加突出体制机制的健全完善和法规制度的科学有效，更加突出运用治理的理念、系统的观念、辩证的思维管党治党建设党，把全的要求、严的基调、治的理念落实到全面从严治党体系的构建之中，不断提升制度化、规范化、科学化水平，使全面从严治党各项工作更好体现时代性、把握规律性、富于创造性，为党和国家事业健康发展提供政治、思想、组织保证。

"4"，即为四个"全"，坚持内容上全涵盖、对象上全覆盖、责任上全链条、制度上全贯通，健全各负其责、统一协调的管党治党责任格局，充分发挥党的政治优势、组织优势、制度优势。

"6"，即为六个"如何"，2023年第12期《求是》杂志发表总书记署名文章《健全全面从严治党体系　推动新时代党的建设新的伟大工程向纵深发展》。《求是》杂志社发表编辑部评论文章，指出，解决好"如何始终不忘初心、牢记使命""如何始终统一思想、统一意志、统一行动""如何始终具备强大的执政能力和领导水平""如何始终保持干事创业精神状态""如何始终能够及时发现和解决自身存在的问题""如何始终保持风清气正的政治生态"等难题，是实现新时代新征程党的使命任务必须迈过的一道坎，是全面从严治党适应新形势新要求必须啃下的硬骨头。围绕"六个如何"，广州应率先形成健全全面从严治党体系的六项部署，不断深化对自我革命规律的认识，不断推进党的建设理论创新、实践创新、制度创新。

（王　超，彭继裕，仅杏濛）

扎实推进中国式现代化广州实践的理论逻辑与实践路径

【提要】在新时代推进中国式现代化的背景下，研究广州在中国式现代化实践方面的理论逻辑和实践路径，对于深入理解和评价中国式现代化城市层面的具体应用具有重要意义。本文从八个方面详细阐述了扎实推进中国式现代化广州实践的理论逻辑，并提出了扎实推进中国式现代化广州实践的具体路径。

党的二十大报告明确指出，中国式现代化是中国共产党领导的社会主义现代化，既有各国现代化的共同特征，更有基于自己国情的中国特色，是人口规模巨大、全体人民共同富裕、物质文明和精神文明相协调、人与自然和谐共生、走和平发展道路的现代化。这为扎实推进中国式现代化的广州实践提供了根本遵循。

广州是中国民主革命的策源地，也是中国改革开放的排头兵。100年前，在这里打开了近现代中国进步的大门。40多年前，广州首先蹚出来一条经济特区建设之路。在推动中国现代化建设的历史进程中，广州始终站在时代前列，以敢为天下先的精神，勇于探索创新，在许多领域实现全国第一。进入新时代，习近平总书记对广州寄予厚望，希望广州积极推进粤港澳大湾区建设，继续在高质量发展方面发挥领头羊和火车头作用，在推进中国式现代化建设中走在前列。近年来，广州深入贯彻党中央决策部署，持续推进制度创新，经济社会快速发展的同时，也注重文化传承和社会稳定，在中国式现代化建设中展现出鲜明的广州实践，成为理解和评价中国式现代化实践的重要样本。因此，研究推进中国式现代化的广州实践，可以更好地把握这一理论在城市层面的具体应用，为其他城市乃至世界其他国家和地区提供可资借鉴的模式与经验。

一、广州在中国式现代化建设中的独特方位价值

广州拥有2200多年的建城历史，是海上丝绸之路的起点，历来是中国对外贸易的重要口岸。古代广州作为粤海郡治所在地，唐宋时期成为海上丝绸之路的起点，是当时中国最繁荣的港口城市之一。这一时期广州与西亚、非洲等地开展贸易往来，积累了丰富的海外交流经验。近代以后，广州成为最早实施对外开放的通商口岸之一。广州深厚的历史文化底蕴，使其拥有独特的地方特色和多元文化氛围。广州同时也是中国近代民主革命的策源地，孕育和见证了中国现代化的进程。这为广州未来的现代化发展奠定了坚实的历史基础。特别是改革开放以来，广州在中国式现代化建设中发挥着不可替代的重要作用，为增强新发展格局战略支点提供了独特方位支撑。

（一）率先探索中国特色社会主义建设模式的策源地

40多年来，广州充分利用改革开放这一制度优势，在经济体制改革、科技体制改革等方面进行了大胆探索和实践，为国家改革开放奠定坚实基础。如1979年设置广州经济技术开发区，1984年设置广州高新技术产业开发区，这些开发区的成功经验后来在国家范围内广泛复制推广。改革开放初期，广州就提出"三个率先"目标，率先进行改革试点，率先发展商品经济，率先对外开放，这为广州积累了宝贵的改革经验。改革开放40年来，广州GDP年均增长率达到13.3%，大大高于全国年均9.1%的增速，经济总量增长了近500倍之多。未来，广州仍将发挥自贸试验区的改革先锋作用，深化科技、教育、医疗等领域改革，不断开辟制度创新新空间。

（二）高质量发展的重要引擎

2022年，广州区域生产总值超过3万亿元，位居全国第四位。广州持续优化营商环境，做强对外开放门户功能，提升城市核心竞争力。在粤港澳大湾区建设中，作为湾区的地理经济中心，广州发挥着不可替代的核

心引擎作用，牵引带动珠三角地区融合发展，促进湾区内部联动发展。在"十四五"期间，广州还将重点发展新一代信息技术、高端装备、新材料、生物医药、新能源等战略性新兴产业，培育壮大一批百亿级产业集群。

（三）科技创新的策源地

广州拥有中国科学院广州分院、中山大学、华南理工大学等众多高水平科研和高等院校，是我国重要的科技创新和成果转化高地。如仅华南理工大学，就有8位中国科学院院士（其中包括5位双聘院士）和9位中国工程院院士（其中包括3位双聘院士）。依托顶尖的科研平台和人才团队，广州在重大科技创新成果产出方面位居全国前列，此外广州正加快建设国际一流的南沙科学城，集聚高水平创新资源，强化原始创新和关键核心技术攻关，提升科技成果转化能力，增强科技支撑和引领经济社会发展的能力，展现中国式现代化的科技创新实力。

（四）开放型经济的重要窗口

作为我国对外开放最早、程度最高的城市之一，广州承担着连接国内国际两个市场的重要责任。2022年，广州外贸进出口总值达1.09万亿元，年度规模创历史新高，占广东省外贸总值的13.2%，对外贸易领域的开放程度位居全国前列。广州正全力打造南沙高水平开放平台，着力发展数字经济、生命健康、高端装备制造等战略性新兴产业，强化产业链供应链稳定性和安全性，提升广州在粤港澳大湾区乃至国内国际双循环中的核心引擎作用，打造开放型经济新体制，展现社会主义市场经济强大活力。

（五）现代文明的重要承载者

广州作为历史文化名城，拥有深厚的文化底蕴和丰富的人文资源。近年来，广州大力弘扬岭南文化，传承和创新传统文化，还倡导包容开放的文化理念。如成功举办广州美术节、设立中国岭南文化研究院等举措，使广州文化的软实力明显增强。广州正挖掘和传承岭南文化，支持文化艺术创作创新，丰富公共文化服务，培育新形式文化业态，传承和创新岭南文化，展现中华民族向上向善的精神追求。

二、扎实推进中国式现代化广州实践的理论逻辑

中国式现代化的广州实践体现了中国特色社会主义理论创新成果，通过服务国家中心城市战略定位，突出粤港澳大湾区建设引领作用，统筹发展和安全的系统思维，贯彻以人民为中心的发展思想，展现超大城市治理新作为，突出历史文化底蕴融入发展，体现改革创新勇于担当精神。广州为中国特色社会主义的发展注入了新的内涵，为实现中华民族伟大复兴的中国梦贡献了独特力量。

（一）体现中国特色社会主义理论创新成果

中国式现代化的广州实践是对以习近平同志为核心的党中央推进理论创新和实践创新的最新成果的生动体现，也是中国特色社会主义理论创新的生动样本，充分体现了马克思主义中国化时代化新飞跃的理论成果，充分彰显了中国特色社会主义的政治优势、制度优势和建设优势，这一实践的成功不仅为中国特色社会主义注入了新的内涵，也为其他地区的发展提供了重要借鉴。改革开放40多年来，党的理论创新取得巨大成就，产生了以习近平同志为核心的党中央推进理论创新和实践创新的最新成果，即习近平新时代中国特色社会主义思想。这是当代中国马克思主义、21世纪马克思主义，是实现中华民族伟大复兴的科学指南。广州深入学习贯彻习近平新时代中国特色社会主义思想，坚持用习近平新时代中国特色社会主义思想武装头脑、指导实践、推动工作，以实际行动践行"两个确立"、做到"两个维护"，全面贯彻落实党的理论创新成果。广州紧紧围绕实现党的理论创新成果在广州大地的落地生根，牢牢坚持新发展理念，坚决贯彻党中央决策部署，深入贯彻总书记重要讲话精神，紧扣高质量发展这一首要任务，推动广州高质量发展实现新突破。通过紧密围绕党的理论创新成果，广州在推动高质量发展、落实新发展理念等方面不断迈出新步伐，展现了勇于担当、创新发展的城市精神。

（二）服务国家中心城市战略定位

中国式现代化的广州实践是贯彻落实国家中心城市战略的重要举措，体现了服务和融入国家发展大局的内在要求和鲜明导向。广州在以习近平

同志为核心的党中央坚强领导下，不仅是国家治理体系和治理能力现代化的试验田，更是中国特色社会主义道路上的一颗璀璨明珠。中国特色社会主义的发展必须在不同层级、不同领域实现协调一致，而国家中心城市战略则是推动协调发展的关键环节。广州在积极拥抱国家战略的同时，紧紧围绕乡村振兴、产业升级、生态文明建设等方向，坚持问题导向，以高质量发展为主线，不断优化城市发展结构，加快推进现代化建设，为国家的整体现代化提供有力支撑。广州不仅在经济、科技、文化等领域取得骄人成绩，还在社会治理、生态环保等方面形成了一系列创新举措，展现了国家中心城市应有的示范引领作用。

（三）突出粤港澳大湾区建设引领作用

中国式现代化的广州实践与粤港澳大湾区建设双向传导、相互促进，是贯彻"一国两制"方针、推动大湾区高质量发展的重要举措，这既服务于大湾区的发展，也在引领大湾区高质量一体化发展方面发挥着重要作用。粤港澳大湾区作为国家战略，意味着一体化发展、优势互补，而广州则是这一区域融合的核心引擎。广州在推进中国式现代化的过程中，紧密对接粤港澳大湾区建设的战略定位，以打造国际科技创新中心、现代产业体系为目标，充分发挥引领作用。通过优化产业结构、深化科技创新合作、加强人才交流，广州不仅提升了自身核心竞争力，也推动了整个大湾区的创新发展。同时，广州在打造世界级城市群的进程中，也在生态环保、城市规划等方面积极探索，为大湾区的可持续发展提供了有力支持。而粤港澳大湾区的建设则更加需要广州这样的国家中心城市的引领。广州不仅具备雄厚的产业基础和科技创新能力，还在城市治理、文化交流等方面拥有丰富经验，这些都为大湾区建设提供了宝贵资源。在融入大湾区的过程中，广州需要发挥更多的引领作用，推动区域一体化的深入发展，为构建更加紧密的区域合作示范区做出示范。

（四）统筹发展和安全的系统思维

中国式现代化的广州实践体现出鲜明的系统思维，处理好改革发展稳定的关系，统筹发展和安全，实现高质量发展和安全发展相统一，体现了中国式现代化的辩证法思维要求。在习近平新时代中国特色社会主义思想的指引下，广州充分认识到发展和安全是紧密相连、相互依存的关系，必须通过系统性的思维方式来协调促进。在现代化进程中，发展是核心，但稳定和安全同样不可或缺。广州通过深刻的分析和综合考量，将发展中可能出现的各种风险、问题以及社会不稳定因素纳入考虑，制订相应的政策和措施，保障改革发展在安全稳定的环境下推进。这种统筹发展与安全的系统思维，不仅体现了中国特色社会主义坚持稳中求进的理念，更展现了辩证思维的成熟和灵活应用。

（五）贯彻以人民为中心的发展思想

中国式现代化的广州实践坚持以人民为中心的发展思想，不断满足人民对美好生活的向往，让人民获得感、幸福感、安全感更加充实、更有保障、更可持续，体现了中国式现代化的人民性质。以人民为中心是中国式现代化的本质要求，是中国共产党始终不渝的根本宗旨。在党中央的引领下，广州始终将人民群众的根本利益放在首位，把人民的需求和期盼作为发展的出发点和落脚点，将人民作为发展的主体和最终受益者。广州的发展不仅关注经济的增长，更注重改善民生，推动社会公平正义的实现。在城市建设中，广州坚持人居环境优先原则，致力于提升居民的生活品质。在教育、医疗、社会保障等领域，广州加大投入，不断完善公共服务体系，让人民享受到发展成果。广州还注重加强社会治理，维护社会稳定，使人民感受到社会的安定和谐。坚持以人民为中心的发展思想，使广州的发展更具有人性化、社会化的特点，也使人民群众更加积极参与到现代化进程中来。在中国式现代化的道路上，人民是力量的源泉，是发展的根本动力，广州的实践为这一思想注入了鲜活的生命力。

（六）展现超大城市治理新作为

中国式现代化的广州实践形成一系列超大城市高质量发展新理念新举措，在提升治理水平、完善治理体系、增强治理效能等方面进行了积极探索，为其他超大城市推进中国式现代化提供了可借鉴的有益经验。超大城市规模巨大、结构复杂、问题突出，治理难度较大。作为我国对外开放程度最高、经济社会发展水平较高的超大城市，广州在推进中国式现代化进程中承担着重要使命。面对超大城市治理的新情况新问题，广州深化对中国式现代化治理规律的认识，以全新的理念推进超大城市治理体系和治理能力现代化。在推进超大城市治理方面，广州紧密结合国家发展战略，坚持高质量发展，注重协调推进经济、社会、环境等多方面发展。通过加强城市规划，优化产业布局，推动创新驱动发展，广州不仅实现了经济的持续增长，还提升了城市整体竞争力。同时，还加大生态环境保护力度，推动绿色发展，为超大城市的可持续发展做出了示范，在城市基础设施建设、社会治理、公共服务等方面进行了积极探索和创新。通过建设智慧城市，推动数字化转型，广州提升了城市治理的效率和智能化水平。在社会治理方面，广州倡导人人参与、人人负责、人人享有的社会共治理念，推动社会和谐稳定。通过优化教育、医疗、文化等公共服务，广州提高了市民的获得感和幸福感。这些实践不仅展现了超大城市治理的新思路，也为其他城市提供了宝贵的借鉴经验。

（七）突出历史文化底蕴融入发展

中国式现代化的广州实践把历史文化优势转化为推动高质量发展的动力，使之成为彰显城市个性、提升城市魅力的独特标签，体现文化引领发展的强大作用，实现经济发展和文化传承良性互动。中国式现代化既要实现物质文明现代化，也要实现精神文明现代化。历史和文化是一个城市的灵魂，广州深知如何将其传承发扬，使其成为城市发展的助推器。充分发挥历史文化优势，将其转化为推动高质量发展的强大动力，是广州实践中国式现代化的独特之处。广州作为千年古城，拥有丰富的历史和文化遗产。在发展中充分挖掘这些资源，建设文化名城。通过保护和修复历史建筑、街巷，保留了浓厚的历史氛围。广州还积极开展文化活动，弘扬岭南文化，传承中华优秀传统文化，让历史与现代交融，为城市注入了文化的活力。广州的历史文化底蕴也成为城市发展的巨大潜力。通过挖掘文化资源，广州打造了一批文化创意产业，促进了文化产业的发展。历史文化也为城市旅游提供了强大吸引力，推动了旅游经济的繁荣，通过举办各类文化活动，提升了城市的知名度和影响力。

（八）体现改革创新勇于担当精神

中国式现代化的广州实践体现出强烈的责任担当与使命荣誉感，充分彰显敢闯敢试、勇于担当的广州精神，推动广州在新时代继续走在全国前列，以优异成绩展现中国式现代化的广州样本。改革创新是中国式现代化建设的强大动力。广州作为改革开放的"先行区"，拥有敢闯敢试、勇于担当的光荣传统。新时代广州推进中国式现代化，必须继续发扬这种精神，不断释放改革创新活力。广州持之以恒深化改革，持续激发市场主体活力，形成对标国际先进规则的营商环境。大力弘扬创新文化，全方位激发创新创业活力，培育壮大新动能。加快科技成果转化，推动科技创新与经济社会发展深度融合。不断强化责任担当，以钉钉子精神做好各项工作。

三、扎实推进中国式现代化广州实践的具体路径

广州作为中国民主革命的策源地，作为中国改革开放的排头兵，作为粤港澳大湾区建设的核心引擎，在推进中国式现代化上拥有宝贵财富、肩负光荣使命。广州将深入学习贯彻习近平总书记重要讲话精神，主动对照党的二十大决策部署，锚定广州在推进中国式现代化中的历史方位、使命定位，在高质量发展上继续发挥领头羊和火车头作用，以老城市焕发出新的时代活力，不断拓展中国式现代化城市实践路径，努力在推进中国式现代化中书写浓墨重彩的广州新篇章。

（一）锚定"排头兵、领头羊、火车头"标高追求，继续在高质量发展方面发挥领头羊和火车头作用

"继续在高质量发展方面发挥领头羊和火车头作用"确立了广州在中国式现代化城市实践中的先行坐标，必须以更大力度全面打造。中国式现代化道路的形成和拓展，极大彰显了中国特色社会主义制度的巨大优越性。这一定位是习近平总书记赋予广州的目标要求，充分发挥领头羊和火车头作用就是要通过广州全方位向国内外展示中国式现代化的全新形态、全新图景和全新路径。谱写中国式现代化广州篇章，必须对照中国式现代化的科学内涵，进一步拓展发挥领头作用的内涵和外延，加快形成一系列引领现代化探索路径、展示现代化建设成果的变革性实践、突破性进展，从城市层面展现中国式现代化的先进性、开放性和生命力。

（二）激发改革开放创新三大动力，增创中国式现代化关键新优势

改革开放以来，广州能成为全国中心城市，其强大动力源自改革、源自开放、源自创新。激发改革开放创新"三大动力"，是广州实现高质量发展、加快建设中国式现代化强市的关键所在。广州要进一步发挥自身区位优势，持续深化改革，扩大高水平开放，强化创新引领，为全面建设社会主义现代化国家提供重要支撑。一是要激发改革动力，再造体制机制新优势。进一步发挥自贸试验区的改革先锋作用，在投资贸易便利化、政府职能转变、要素市场化配置等方面持续破除体制机制障碍。特别要深化科技体制、教育体制、医疗体制等领域改革，形成有效配置创新资源的体制机制，为现代化建设注入持续动力。二是要激发开放动力，再造发展空间新优势。进一步提升对外开放水平，构建更加开放的产业政策和营商环境。充分利用粤港澳大湾区平台优势，深化与港澳台及全球的经济合作。依托自贸试验区，大力引进全球高端产业、创新要素和人才，使开放型经济水平更进一步。三是要激发创新动力，再造发展活力新优势。充分发挥科教资源优势，强化企业技术创新主体地位，完善产学研深度合作机制。打通从科技成果到产业化的创新链、产业链、资金链，提高原始创新和技术转移转化能力。

（三）推动"十二方面"走在前列，当好中国式现代化"领头羊"

广州将在"十二方面"的引领下，以走在前列、当好示范为目标，不断推动广州现代化建设向更高水平迈进，为中国式现代化发展作出卓越贡献。一是深化粤港澳大湾区建设改革开放，走在前列。二是构建以实体经济为支撑的现代化产业体系，走在前列。三是推进高水平科技自立自强，走在前列。四是推进城乡协调发展，走在前列。五是转变超大城市发展方式，走在前列。六是增强中心城市功能，走在前列。七是打造海洋创新发展之都，走在前列。八是增强城市文化软实力，走在前列。九是建设绿色生态城市，走在前列。十是推动共同富裕，走在前列。十一是服务新安全格局，走在前列。十二是巩固政治生态，走在前列。

（四）展现老城市新活力，成为具有中国气派的世界级城市

广州将深入学习贯彻习近平新时代中国特色社会主义思想，坚持新发展理念，聚焦强国建设、民族复兴目标，充分展现老城市新活力，朝着具有中国特色、中国风格、中国气派的世界级城市目标奋勇前进。广州将在构建现代化产业体系上出实招见实效。坚持大产业、大平台、大项目、大企业、大环境并举，强化实体经济支撑，加速推进高水平科技自立自强，构建综合成本最低、产业生态最优的全球标杆城市，为产业创新发展挺起现代化建设的"脊梁"。广州将在做强综合城市功能上出实招见实效。通过优化城市发展战略格局，传承发展千年城脉、文脉、商脉，融合互动城市核心轴线，推动城市老中轴、新中轴、活力创新轴的发展，打造历史文化核、现代活力核、未来发展核的联动，为城市精细化、品质化、智能化治理水平提升提供支撑。广州将在提升城市文化综合实力上出实招见实效。坚持以文铸魂、以文兴城、以文赋能，高标准建设红色文化传承弘扬示范区，推动文化事业和产业繁荣发展，打造更具国际竞争力的文化高地。广州将在打造一流发展环境上出实招见实效。以人人处处都是营商环境为理念，构建一流的国际化营商环境、投资环境、创新环境、生态环境，推动国企改革深化提升，促进民营经济发展，为现代化建设注入新的活力。

（五）全力以赴推动"二次创业"，谱写广州中国式现代化新篇章

40多年前，广东以"敢为天下先"的担当，率先推进改革开放，广州也在其中发挥了先锋作用。如今，广州发展面临新机遇新挑战，必须全力以赴推动"二次创业"，续写广州中国式现代化新篇章。一要提振"创业"心态，以"归零""重启"状态拼出新业绩。既不妄自菲薄，也不盲目自大，立足新起点推动高质量发展，交出全新答卷。二要掌握"创业"方法，运用新发展理念指导实践，提高战略思维能力，确保工作落地见效。三要振奋"创业"精神，坚持奋勇争先、求真务实，在高质量发展赛道上赛龙夺锦。树立干的导向，增强干的力量，以英雄气概破解难题。在新时代的历史坐标上，广州必将以全新的姿态履行新使命，勇当改革先锋，为实现中华民族伟大复兴的中国梦贡献广州力量。

（林柳琳）

抢抓产业互联网先机
推动广州数字经济上新水平

【提要】当前，数字经济的发展正从以消费互联网为特征的"上半场"转向以产业互联网为主要增长点的"下半场"，顺应数字经济发展的新趋势大力发展产业互联网，不仅是传统产业转型发展的迫切需求，也成为城市之间产业竞争的新焦点。广州市产业互联网发展存在的短板有：本土互联网头部企业数量不足、传统产业头部企业的数字化转型优势不明显、产业互联网应用场景挖掘不充分、产业互联网空间布局尚待优化等。建议广州进一步抢占产业互联网发展机遇，努力建设成为数字经济引领型城市和数产融合的全球标杆城市。一是着力完善推动广州产业互联网发展的顶层设计；二是构建产业互联网创新生态；三是在人工智能与数字经济试验区打造产业互联网集聚区；四是树立全球产业互联网发展标杆；五是优化产业互联网发展环境。

构建数产融合的数字经济是广州建设更具国际竞争力的现代产业体系的重要举措。当前，数字经济的发展正从以消费互联网为特征的"上半场"转向以产业互联网为主要增长点的"下半场"。近年来，腾讯、阿里、百度等互联网领军企业纷纷调整升级组织架构，强化ToB业务，拥抱产业互联网。广州应当抢占产业互联网发展机遇，以产业互联网带动数字经济发展，推动产业转型升级，构筑广州产业发展新优势。

一、广州加快产业互联网发展的战略意义

产业互联网是一种新的经济形态，是基于互联网技术和生态，对各个

垂直产业的产业链和内部的价值链进行重塑和改造，从而形成的互联网生态和形态。产业互联网的根本属性是产业，这是其不同于消费互联网的本质特征。大力发展产业互联网，既是国家政策的指引，又是各传统产业发展转型发展的现实迫切需求。

（一）发展产业互联网是数字经济的新趋势

从国家政策层面看，近年来，国务院、国家发展改革委先后从强化规划政策、培育平台体系、加强试点示范等多方面建立健全产业互联网发展体系（见表1），产业互联网（工业互联网）试点示范持续深化，试点成果逐年增加（见表2）。

表1 产业互联网主要规划政策情况

日期	政策名称	发布部门	相关内容
2021年12月	《"十四五"数字经济发展规划》	国务院	推动产业互联网融通应用，培育供应链金融、服务型制造等融通发展模式，以数字技术促进产业融合发展
2021年12月	《"十四五"智能制造发展规划》	工信部等八部门	到2025年，坚实基础支撑，完成200项以上国家、行业标准的制修订，建成120个以上具有行业和区域影响力的工业互联网平台
2021年11月	《"十四五"信息化和工业化深度融合发展规划》	工信部	明确了到2025年工业互联网平台普及率达45%的目标
2020年4月	《关于推进"上云用数赋智"行动，培育新经济发展实施方案》	国家发展改革委等	构建多层联动的产业互联网平台

表2 我国产业互联网（工业互联网）试点示范持续深化

试点示范项目名称	试点示范项目成果
跨行业跨领域综合型工业互联网平台	每年滚动遴选 2019年10项，2020年15项，2021年15项，2022年28项
工业互联网试点示范项目	2018年72项，2019年81项，2020年105项，2021年123项
工业互联网APP优秀解决方案	2018年89项，2019年125项，2021年132项
工业互联网示范区	山东、广东工业互联网示范区，成渝地区、长三角工业互联网一体化发展示范区，京津冀工业互联网协同发展示范区（共5个）

从产业发展趋势看：一是产业互联网已经成为促进经济增长的重要驱动之一。2021年，我国数字经济规模占GDP的比重已超过40%，产业互联网规模占数字经济规模的比重达到8.8%左右，占GDP的比重已超过3.5%。我国2018—2021年产业互联网的实际增加值逐年上升，分别达到1.818、1.999、2.120、2.397万亿元。二是产业互联网平台交易规模将首次超过消费互联网平台交易规模。我国连续多年引领全球电子商务市场，将成为历史上第一个将一半以上的零售额进行在线交易的国家。电子商务市场规模包括产业互联网平台交易规模与消费互联网交易规模。二者的比值将从2021年47.9%：52.1%调整为2025年的50.1%：49.9%。三是产业互联网是推动工业制造提质升级的主导力量。比如德国的工业4.0模式，以制造业场景为核心，实现生产流程的自动化与智能化，巩固了其在汽车、机械制造、化工以及电气技术方面依旧保持世界领先的地位。2021年，中国工业互联网平台及相关解决方案市场规模达到432.8亿元，预计2025年市场规模将达到1931亿元。广州当前已是工业互联网的枢纽城市，集聚树根互联、致景科技、航天云网、阿里云等20多家国内知名平台，接入总价值超7400亿元的工业设备90万余台，涉及81个细分行业，实现制造流程的提质升级。

从重点企业发展战略看：一是国外高科技企业已深耕产业互联网。全球市值最高的十大科技企业，都涉足了产业互联网领域。比如美国的苹果、微软、亚马逊、谷歌、脸书作为全球互联网五大巨头，市值总和超51万亿人民币，深耕人工智能的基础层、技术层、应用层，掌握核心技术。西门子是德国工业4.0的代表，年营收超4300亿人民币，于2016年推出了工业互联网平台MindSphere。巴斯夫作为全球领先的化工企业，年营收已超5500亿人民币，十年前已经运用传感科技。二是国内龙头企业纷纷布局产业互联网。2018年以来，腾讯、阿里巴巴、百度等头部企业加入产业互联网的发展浪潮。2018年，腾讯提出"扎根消费互联网，拥抱产业互联网"的战略；2019年，百度在自动驾驶、智能云、对话式人工智能系统等方面发布产品和战略合作；阿里巴巴聚焦产业互联网基础能力打造阿里云，2021年实现首次全年盈利。2021年，我国产业互联网领域共有149起投融资，投融资金额412.56亿元，增长均超过25%。三是广州本土重点企业进行产业互联网赋能。广州充分发挥产业链条齐全、创新要素汇集等优势，比如速道信息的"药师帮"平台，入驻商家超4000家，采购终端超40万家，覆盖县市超2000个；欧派的"爱家"创新平台让产能提高40%，用工减少2/3；广州工控的综合性工业互联网平台，涵盖广重、万宝、万力等核心业务，旗下广日电梯的云平台接入全国超2万台电梯设备。

（二）发展产业互联网成为城市产业竞争新焦点

近年来，各大城市都在加快布局产业互联网，产业互联网正成为城市塑造产业竞争力的重要方面。2021年8月，北京市发布了《产业互联网北京方案》和《2021北京产业互联网发展白皮书》，提出打造万亿级的产业互联网集群，推动北京传统企业数字化转型，助力北京建设"全球数字经济标杆城市"；上海2020年发布了《关于推动工业互联网创新升级实施"工赋上海"三年行动计划（2020—2022年）》，计划2022年上海工业互联网核心产业规模提升至1500亿元；深圳推出《深圳市推进工业互联网创新发展行动计划（2021—2023）》，提出到2023年，工业互联网发展水平国内领先，成为粤港澳大湾区制造业数字化转型引擎。2021年，按照GDP排序，广州位居八座城市（广州、深圳、上海、杭州、苏州、北京、重庆和成都）中的第四位；按照数字经济核心产业增加值排序，广州位居八座城市中的第六位（见表3）。紧抓"下半场"产业互联网契机，培育新产业优势，实现广州数字经济发展弯道超车，产业互联网是其重要组成部分，对汇聚粤港澳大湾区数字经济高端创新要素并在广州集成创新和成果转化具有重要意义。

表3　"十四五"八城市GDP及数字经济核心产业增加值

城市	2021年GDP（亿元）	2021年数字经济核心产业增加值（亿元）	2021年数字经济核心产业增加值占地区GDP的比重（%）	"十四五"GDP年均增速（%）	"十四五"数字经济核心产业增加值年均增速（%）	2025年数字经济核心产业增加值占地区GDP的比重（%）
上海	43215	12600	29.2	5左右	—	60
北京	40270	8171	20.3	5左右	7.5	22.3
深圳	30665	9125	29.8	6	8	31
广州	28232	5590	19.8	6左右	11.8	25
重庆	27894	7151	25.6	6左右	14.4	35
苏州	22718	4459	19.6	6左右	16	30
成都	19917	2581	13	6.0-8.0	10.9	14
杭州	18109	4719	26.1	6以上	10	30

注：1. 各城市GDP和数字经济预期目标来自该城市"十四五"规划指标；2. 部分城市2021年数字经济核心产业增加值是基于该城市2020年数字经济核心产业增加值和该城市"十四五"平均增速进行测算；3. 2025年上海市数字经济增加值占全市生产总值比重预期目标暂用中国信息通信研究院口径，包括数字产业化（信息产业增加值）和产业数字化（数字技术与其他产业融合应用）两部分。

二、广州发展产业互联网面临的挑战

（一）广州本土互联网头部企业数量不足，存在依赖性强的被动情况和潜在风险

根据中国互联网协会发布的"中国互联网企业100强"榜单，2021年，互联网百强企业中将总部设在北京、上海、广州、深圳、杭州的数量分别是35家、15家、8家、7家、7家，但前20强企业总部均不在广州。在2021年产业互联网百强企业名单中，广州入榜5个，与青岛并列第6名，低于上海（20个）、北京（12个）、南京（11个）、深圳（11个）和杭州（8个）。产业互联网的发展离不开数字化赋能企业，目前具备较强数字化赋能能力的企业多为传统互联网龙头企业，如百度、阿里巴巴、腾讯等，但这些互联网大厂总部及其研发部门均不在广州，导致广州无法获得互联网龙头企业在技术、人才、服务等方面的外溢效益，在与北上深杭等城市在产业数字化的竞争中不具备优势。

（二）广州传统产业头部企业的数字化转型优势不明显

广州很多传统产业的头部企业在其行业领域经过长时间的积累，已形成了自身的竞争优势，企业对互联网产业模式不熟悉，短期内很难放弃已有优势，接受互联网的改造。而由于业务结构、技术成熟度等原因，传统行业大多数国有企业对产业互联网基本处于试探性投资阶段，数字化业务发展比较缓慢，尚未通过数字化转型形成新优势或优势不明显。传统行业部分民营大企业近年持续加大对数字化业务的投入，但仍面临数字化转型能力不够、成本偏高、阵痛期较长等问题，实施风险较大，"不会转""不能转""不敢转"的问题依然存在。亟须分类施策，推动传统产业头部企业做大做强数字化业务板块，提高产业数字化水平。

（三）产业互联网应用场景挖掘不充分，呈现"碎片化""孤岛型"倾向

尽管产业互联网的潜力十分巨大，但相对于消费互联网，其发展却比较滞后。除了技术因素外，这和产业互联网本身的特征有很大的关系。产业互联网涉及的领域广、范围大，其本质是一个大规模的复杂系统。现在

每个企业基本是一个相对独立的个体，可以根据自身的运营情况调整生产规模，但在产业互联网时代，每个企业只是其中的一个节点，构建一个串联各个节点的产业互联网的建设投入是巨大的，并且还具有很强的正外部性。因此，仅由企业推进产业互联网建设效率极低，需要政府牵头，采取强有力的多项措施统筹协调、支持鼓励各方参与，这对政府的统筹能力提出新的要求。广州产业互联网应用场景覆盖领域和范围较窄，当前主要体现在城市管理方面，教育、医疗以及园区等领域尚未充分挖掘。各场景缺乏关联度，体现整体性、重塑性的场景不多。

（四）产业互联网空间布局尚待优化

园区数量较多，但规模普遍偏小，企业发展空间受限。园区运营模式和产业结构同质化严重，缺乏产业互联网属性较强的园区。传统产业园区的数字化改造面临较大困境。

三、加快广州产业互联网发展的对策建议

（一）着力完善推动广州产业互联网发展的顶层设计

一是构建统筹协调机制，建立市领导牵头的联席会议机制，明确产业互联网的牵头部门，加强对广州市产业互联网发展的统筹和调度。二是制定广州产业互联网发展规划，发布"产业互联网广州方案"、广州产业互联网白皮书，进一步明确广州市发展产业互联网的重点领域和产业链条，因链施策，推动产业互联网纵深发展。三是设立广州产业互联网发展基金，充分利用广州市产业基金、风险投资基金等金融资源，发布针对产业互联网企业专项金融支持服务，发掘和支撑产业互联网领域的独角兽和优质企业。四是制定专门政策支持产业互联网企业发展。出台《广州市促进产业互联网发展若干措施》，形成产业互联网发展的政策高地。

（二）构建广州产业互联网创新生态

一是结合广州产业基础选取若干重点行业的龙头企业，支持龙头企业发挥"链主"作用加快构建产业互联网。如支持汽车产业由广汽集团牵头，轨道交通由广州地铁牵头，定制家具由索菲亚、欧派牵头等，打造垂

直领域的产业互联网生态。二是加大力度支持树根互联、百布网等独角兽产业互联网平台企业发展。积极引进一批产业互联网领域的头部企业和"单打冠军"。三是加快构建与产业互联网发展高度契合的多元应用场景。围绕数字政府、数字治理、数字生活、智能生产四大领域，发布产业互联网应用场景建设需求，征集新技术、新产品、新解决方案，形成"机会清单"和"产品清单"。实施"产业互联网伙伴计划"，鼓励企业开展同台竞技和技术产品公平比选、"揭榜挂帅"，构建政产学研用联动应用场景创新圈。

（三）以广州人工智能与数字经济试验区琶洲片区为核心，市区联动、条块结合，打造粤港澳大湾区产业互联网发展高地

一是建设全球一流的城市数字底座，以打造"琶洲算谷"为载体，将琶洲打造成为全国算法高地。二是建成一批示范引领性强的国家级跨行业跨领域产业互联网平台和行业级产业互联网平台，让数字化场景得到充分应用，成为国家产业互联网发展示范高地。三是以琶洲实验室和龙头企业为依托，聚焦突破基础软硬件、开发平台、基本算法等"卡脖子"和前沿核心技术，推出一批全国一流的首创技术、首制产品，成为产业互联网重要技术创新策源高地。四是把琶洲南区打造成为产业互联网创新企业集聚地。琶洲南区与互联网龙头企业集聚的琶洲西区仅"一涌之隔"，面积约4.5平方千米，市土发中心已完成2177亩土地收储工作，是集中连片发展产业互联网的优选地。建议市区联动、条块结合，对标国际先进地区，进一步优化规划布局，集聚一批产业互联网领域的专精特新"小巨人"企业和"隐形冠军"企业，将琶洲南区打造成为产业互联网发展高地。五是推进粤港澳大湾区产业互联网领域跨境数据流动、基础共性标准制定取得突破性进展，成为产业互联网领域粤港澳大湾区交流合作高地。

（四）树立全球产业互联网发展标杆

一是定期举办全球产业互联网大会，邀请知名专家学者、企业家，产业数字化、数字产业化领域龙头企业，垂直行业领域"专精特新"企业，相关科研机构共同参加，进一步增强广州市在产业互联网领域的策源和链接能力，扩大知名度和影响力，吸引更多资源集聚。二是组建一个汇集全国产业互联网领域专家的专门智库和专家咨询委员会，为广州产业互联网发展提供决策支撑。三是分行业组建一批垂直领域的产业互联网联盟，以联盟为平台构建政府部门、企业群体、科研机构的多边合作和对话机制。四是发布一批产业互联网垂直领域行业指数，监测分析本土特色优势产业领域的核心竞争力和创新突破口，为进一步围绕产业链部署创新链提供数据支撑和路径借鉴。

（五）优化产业互联网发展环境

一是加快构建与产业互联网发展相适应的统计监测体系，强化统计监测。建立公开透明的市场准入标准和运行规则，打破制约创新的行业垄断和市场分割。二是发挥广东省数字经济协会等协会联盟作用，引导产业互联网基础共性标准、关键技术标准的研制及推广，加快推进重点领域标准化工作。三是制定并实施广州产业互联网人才专项计划，加大对产业互联网领域高层次人才引进和培育力度。四是提高全民全社会数字素养和技能，夯实产业互联网发展社会基础。加大对《广州市数字经济促进条例》的宣传贯彻力度，营造产业互联网发展的良好氛围。

（黄符伟，康达华）

全面加强数据安全治理能力
护航广州数字经济高质量发展

【提要】数据安全是护航数字经济发展的关键，是数字时代构筑新优势、领先新赛道的前提。目前，广州数据安全治理存在着数据安全协同治理机制不健全、数据保护法律体系不完善、数据安全防护意识待加强、数据安全人才缺口较大等问题。积极抢抓政策机遇，率先构建完善数据安全治理体系，是广州数字经济高质量发展的重要保障。建议：一是完善数据安全协同治理体系，保障数据治理适度安全；二是构筑开放参与、收益共享的数据安全生态圈；三是发挥南沙自贸区先行先试作用，探索数据跨境安全合规路径；四是创新人才引育机制，打造人才引聚"强磁场"。

数据安全是发展数字经济的前提和保障。在统筹发展与安全的战略考量下，广州应进一步探索提升数据安全保障能力，全方位应对数字经济时代的安全风险，努力走出一条具有广州特色、可复制可推广的数据安全治理路径。

一、广州数据安全治理概况及存在问题

（一）基本情况

近几年，随着对数据安全认识的不断加深，广州积极从政策法规、数字基础设施、行业规范等方面推进数据安全治理工作。2020年12月，建成全国首个城市信息模型（CIM）平台，多措并举构建可信可控数字安全基础设施。2021年12月22日，发布《广州市国资委监管企业数据安全合规管

理指南（试行2021年版）》，成为地方国资监管部门首部针对数据合规专项领域的合规操作指南，为企业数据安全合规管理提供操作性规范。2023年3月3日，在南沙正式发布"数据保护与数据跨境服务平台"，积极为企业构建数据跨境安全合规路径。2023年5月20日，成立全国首个超大城市数字安全运营中心，切实筑牢数字政府的数据安全"堤坝"。但是，随着广州数字经济快速发展，数字经济中数据暴露面不断扩大、数据风险来源日益复杂，面临越来越多的数据安全挑战。广州需要站在新的起点看待数字经济发展中的数据安全问题。

（二）存在问题

一是数据安全协同治理机制不健全。目前治理主体局限于政府部门或下属企业，行业组织、企业和个人参与数据安全保护工作的程度有限，一些企业的合理诉求与建议难以被吸纳，带来执行偏离、制度失灵等问题。监管主体责任划分不明确，主要监管机构之间职能重叠、重复监管、尺度不一，甚至存在监管要求互相矛盾的情况，给企业安全合规工作带来困扰。中小微企业监管缺位，监管机构对大企业数据安全重视程度高，促使大企业对数据安全投入较多，其数据安全得到更多保障，而数量众多的中小微企业，政府监管则相对缺位，导致中小微企业和大企业之间在数据安全实践上的差距不断拉大。

二是数据安全保护政策体系不完善。广州数字经济体量大、线条多且系统对稳定性要求高，数据安全治理牵一发而动全身，这对政策规制提出了更高要求，而现有数据安全相关规范仍待完善或细化，目前的《广州市数字经济促进条例》并没有设专章对数据安全进行规定，数据安全相关配套政策及合规指引也尚未出台，在制度设计、标准评估、边界设定上都缺乏明确规定。另外，由于数据跨境过程中所涉数据类型的多样化，运用场景的多元化，企业在数据分类分级、识别传输场景、盘点数据量、评估境外接收方等领域依然面临着规则模糊及法律冲突等困境，加大了企业完成数据出境安全评估的成本与难度。

三是数据安全防护意识和措施待加强。近年广州数据安全事件频发，课题组调研发现广州多数行业和企业对数据安全重视不足，很多企业缺乏多维度的风险感知能力，数据安全管理制度粗放，甚至数据已被大量贩卖还不知情。另外，数据安全投入严重不足，广州数字经济项目立项审批未明确要求数据安全投资在项目中的占比，导致加大数据安全投入一直无法真正落地。

四是数据安全人才缺口较大。随着合规性要求和业务安全需求的增加，当前广州数据安全相关的专业人员存在较大市场缺口，专业人员的缺失导致部分政企无法满足实际的数据安全工作需求。广州人力资源和社会保障局2023年5月发布的《广州市重点产业紧缺人才目录》显示数据安全相关类人才需求量大，这也意味着广州经济发展对数据安全类人才的迫切需求。

二、国内城市数据安全治理的经验借鉴

（一）北京：全方位开展数据安全治理实践

一是推进数字新型基础设施建设。积极利用大数据、区块链等信息技术手段，建设数字政府安全可信可控基础设施体系。二是开展数据跨境流动安全管理试点。以数字标杆企业为重点领域，通过北京市大数据交易所托管敏感个人信息，对出境信息进行匿名化处理，争取中央授权验证数据出境的合规途径，积极梳理企业意愿，遴选合适的企业作为流动试点。三是推动企业首席数据官制度建设上升至战略层面。率先打造政、产、学、研协同的企业首席数据官培育模式，引导数字经济重点企业做好内部数据治理、数据分级分类和个人信息保护。四是深化改革提升企业数据合规能力。支持大兴临空区以协同创新中心为核心开展技术攻关，探索切实可行的数据合规出境实施路径，同时加快建设集多种数据合规服务于一体的数据安全与治理公共服务平台，以一站式公共服务提升企业数据合规能力，降低合规成本。

（二）上海：筑牢制度、技术、管理三道"防火墙"

一是构建数字城市安全防护体系。以数据安全、隐私安全、技术安全为核心原则，围绕终端、网络、平台、应用、数据，强化"防御、监测、

打击、治理、评估"五位一体的动态防护能力，确保数据安全。二是落实"浦江护航"行业数据安全专项行动。重点任务包括在电信和互联网行业试点实施首席数据官制度、行业数据安全生态建设等，同时成立上海市互联网协会"数据安全工作委员会"，协助主管部门构建全市电信和互联网企业的数据安全治理体系。三是完善企业数据合规、算法合规指引。2022年2月杨浦区出台上海首份《企业数据合规指引》，引导企业加强数据合规管理；2022年9月发布试行《浦东新区人工智能企业数据安全和算法合规指引（试行）》，规范企业数据处理活动和算法研发应用。四是创建上海数据安全协同创新实验室。该实验室于2023年3月启动，主要围绕数字信任、区块链、隐私科技、智能安全等数据安全创新领域，开展课题研究、技术攻关、产品解决方案研制等，推动数据要素合规高效流通，促进数据安全产业创新。

（三）深圳：打造数据保护生态圈

一是完善数据安全治理政策体系。2021年发布《深圳经济特区数据条例》，把数据安全列为数据领域核心部分，并逐步建立起"负面清单"事项和制定《深圳市APP个人信息保护自律承诺书》，督促指导广大企业加强合规体系建设，将信息保护落实到隐私协议、管理制度和产品功能中。二是强化APP跟踪监管。探索推进"APP应用商店"上架前合规评估程序，从源头堵塞漏洞；委托专业机构通过远程监测、实地检查、技术巡查等方式，定期对属地下载量超过100万的APP运营企业开展检查；采用曝光、约谈、下架等阶梯处罚措施处置违法违规企业。三是政、产、学、研、民协同探索破解网络数据安全治理痛点。吸纳学界、行业、企业专业人员结合经典案例和常见场景，聚焦网络数据安全保护提供专业意见；借助网民等社会力量，持续追踪问效，凝聚网络综合治理合力。

三、广州全面加强数据安全治理能力建设对策

目前数据安全治理依然处于探索阶段，数据利用与数据安全的协同发展也成为数据产业发展的主要矛盾，需要统筹发展和安全，坚持以数据

开发利用和产业发展促进数据安全，以数据安全保障数据开发利用和产业发展。

（一）完善数据安全协同治理体系，保障数据治理适度安全

明确数据安全主体职责，建立数据流通全生命周期的安全审查制度，明晰监管底线和红线。加强对《数据安全法》《个人信息保护法》等数据安全相关法律落实情况的监督，严格规范各部门在数据处理过程中的行为，及时对危害到数据安全的行为进行处置，积极实施补救措施。畅通参与治理渠道，建立完善政府、平台、企业、行业组织和社会公众多元参与、有效协同的数字经济数据安全治理新格局。探索成立"珠江护航"行业数据安全专项行动，发挥行业组织在数据安全方面协调不同企业利益、担当政企关系媒介、引领行业自治的重要作用。

（二）构筑开放参与、收益共享的数据安全生态圈

全面加强数据安全产业体系和能力建设，发挥广州电子信息产业发展优势，通过技术奖励、税收优惠等措施，激发企业创新数据安全技术的积极性，开展数据安全基础理论创新、重大问题研究和核心技术攻关。提高行业数据安全管理水平，鼓励各行业建设数据治理流程和制度，提高数据安全技术保障能力。创新数据安全投入机制，明确要求数据安全投资在数字经济项目中的占比，统筹优化资源资金配置，形成企业投资建设为主体、政府专项政策支持的建设投入机制。加快数据经纪商、数据合规认证商等第三方服务机构健康发展，推动数据安全产业领域的经营主体和应用场景快速发展，全面提升数据安全产业供给能力。

（三）发挥南沙自贸区先行先试作用，探索数据跨境安全合规路径

立足企业数据跨境流动实际需求，针对数据跨境流动过程中所涉及的重要领域和行业，梳理数据跨境场景，掌握跨境整体情况，针对关键节点和重要领域开展多层次重点保护，在政策创新、管理升级、服务优化等方面试点试行。加强与粤港澳大湾区城市的数据安全合作，以南沙自贸区为依托，积极推动湾区数据安全治理规则体系的制定，探索通过建立湾区数据安全合作小组、信息交流共享、备忘录签署以及民间组织往来等多元

化、多层次形式，推动湾区间数据安全治理的交流，在湾区数据安全治理中展现广州担当。积极争取国务院批准在广州探索"监管沙盒"机制，仅放宽业务规范而不放宽机构准入，以鼓励相关机构和企业进行业务创新，同时要明确实行"监管沙盒"的目的是实现防范与化解数据安全风险，避免使其成为规避监管并进行监管套利的工具。

（四）创新人才引育机制，打造人才引聚"强磁场"

在企业和行业推行首席数据官制度，首席数据官可承担起将数据安全保护的法律法规翻译为具体可操作的措施并落实到业务的具体场景中，同时鼓励中小企业在企业内部设立1～2个数据安全保护相关职位，推动广州数据安全产业生态链的塑造和管理。夯实数据安全人才引育的制度保障，将数据安全领域紧缺人才纳入人才支持政策体系，将数据安全素养教育纳入公共管理和服务机构教育培训体系，完善专业技术职称体系，在基础教育阶段开设数据安全专业课程，鼓励职业院校与数据安全企业建设实训基地。设立数据安全法日，加强对公民数据安全的教育，引导全社会形成知晓数据安全重要性、重视数据安全的舆论环境，逐步提高公众数据安全意识，使社会积极参与数据安全治理。

（陈丽冰）

进一步做好广州数字经济招商稳商工作

【提要】做好广州数字经济招商稳商工作，对全面提升广州数字经济发展，稳定经济增长大盘尤为重要。当前广州数字经济招商稳商工作存在制约产业发展的"四大堵点"：一是新引进的数字经济产业重大项目不多；二是要素保障水平和营商环境还需进一步提升；三是数据资源开发利用与市场化配置机制尚需完善；四是对产业生态服务保障的"最后100米"没有打通。建议：一是优化招商稳商工作体制机制；二是大力开展产业链精准招商；三是营造包容审慎监管生态；四是加强数字经济企业培育；五是畅通数据要素共享渠道；六是以需求牵引开放应用场景；七是打造有温度的人才服务体系。

近三年以来，受国际国内形势发生深刻复杂变化影响，广州部分关键产业供应链受阻，集聚性、接触性服务业持续低迷，内外贸增长进一步放缓，亟需加大招商稳商工作力度，采取积极措施稳定经济基本盘。在经济下行压力下，数字经济作为引领新业态新模式的主力军，是经济稳定增长的关键支撑。坚持统筹发展和安全，充分发挥投资对经济增长的关键作用，聚焦重点领域，做好广州数字经济招商稳商工作，将为稳住广州经济增长提供有力支撑。

一、当前广州数字经济招商稳商工作取得一定成效

广州坚持把数字经济作为高质量发展的战略引擎，全面提升数字经济发展综合优势，出台一系列招商稳商举措，深入推动数字产业化、产业数

字化，加快打造数产融合的数字经济全球标杆城市。

（一）建立健全市级招商工作统筹机制

一是统筹协调全市招商资源和力量。2014年9月，成立由市长任总召集人，分管副市长任召集人，分管招商及国土规划副秘书长、各区政府、广州空港委以及市直部门负责人为成员的联席会议，并设立联席会议办公室。二是建立全体会议、专项工作会议等会议机制，月度通报、产业招商等工作任务制，信息共享、招商工作点评、"管行业就要管招商、管项目就要管招商"等工作机制。三是加大全市招商工作统筹力度。2021年以来，广州对企业迁移相关措施启动了修订工作，重点加大了企业市内迁移财政补偿力度和延长了补偿年限，加大对各区引进市外企业的鼓励力度，优化跨区迁移企业统计管理权属关系。

（二）开展重点领域靶向招商、资本招商

一方面，通过梳理全国人工智能与数字经济、数字医疗行业龙头企业相关材料，筛选头部企业清单，主动赴北京、上海、苏州、重庆、深圳、珠海等地对接项目进行实地考察。推动中航光电华南产业基地、新鸿基广州南站TOD、小鹏汇天飞行汽车研发基地、中石化高端材料研究院、成都欣捷、伯克生物等项目加快落地、增资扩产。2021年，全市新洽谈产业招商项目3147个，同比增长32.45%；签约项目1157个，同比增长24.27%；注册项目1267个，同比增长15.6%。另一方面，积极与头部投资机构合作，通过联合产业龙头企业、知名投资机构引进设立各类基金，发挥放大资本的杠杆作用，带动引入日本富乐德、志橙半导体、北京希姆计算有限公司等优质项目落地，实现"资本招商"。广州在全省率先启动7200亿元金融支持稳外资战略合作计划，已有近千家外资企业获得超过1000亿元融资。

（三）完善招商稳商扶持政策措施

制定《广州市加快打造数字经济创新引领型城市若干措施》《广州市加快软件和信息技术服务业发展若干措施》《广州市加快发展集成电路产业的若干措施》《广州市进一步加快5G产业发展若干措施》等政策文件。2021年，市级财政投入科技创新专项资金43.43亿元，投入促进工业和信息化产业高质量发展专项资金19.2亿元，投入新兴产业发展资金8.89

亿元，投入总部企业奖励资金7亿元，通过项目奖补、人才补贴、总部奖励等多种方式支持产业发展。

（四）"一门式"办理提高政策兑现效率

上线惠企政策"直通车"，以政策兑现事项为基础，覆盖咨询、受理、审核、督办等环节的兑现服务功能模块，推进政务服务线上线下深度融合。构建"一窗受理""一网申办"的一站式兑现服务，全市编制并公布政策兑现事项清单和办事指南1350份并全部纳入集成服务。截至2022年4月，全市累计受理政策兑现业务超29万件，涉及兑现金额超120亿元。印发《广州市"免申即享"改革工作方案》，截至2021年12月，全市累计发布"免申即享"事项共45项，累计拨付超4.6万笔，发放金额超5亿元，惠及企业超1500家、市民4.5万人。

二、广州数字经济招商稳商工作存在的不足之处

虽然广州已成为全国数字经济强市，但在招商稳商工作中存在着重大项目偏少、数字资源开发利用效率低、服务企业效能效率不高等方面的不足，制约了广州数字经济的高质量发展。

（一）新引进的数字经济产业重大项目不多

数字经济作为战略性新兴产业的重要支撑，是推动广州创新发展的关键力量。总体上看，广州新引进项目投资规模偏小，项目质量不高，特别是在数字经济方面，数字产业化和产业数字化补链、强链、补短板的大项目不多。从数据上看，广州公布的今年推动全市1583个"攻城拔寨"重点项目中，大部分以传统基建项目为主，主要的数字经济项目仅有华星光电T9、创维超高清显示等一批存量项目，以及广芯半导体封装基板产品制造项目、广州科达智能产业园等一批新项目。当前，全国各地将数字经济新基建重大项目建设当做重头戏，以5G、工业互联网、人工智能、云计算等数字经济新基建为重点，数据中心、产业园也蓄势崛起。各地对数字经济资源的争夺日趋白热化，倒逼广州在数字经济发展的风口，必须抢抓机遇，加强招商和稳商工作，持续优化数字经济发展环境。

（二）要素保障水平和营商环境还需进一步提升

一方面，受国内外疫情影响，前期众多项目通过"云签约"线上达成，未能及时开工，已存在部分项目累积；另一方面，项目开工受资金投入、要素匹配、政策瓶颈等问题的影响，加之面临新旧土地管理法交替、违法用地查处持续趋紧等诸多因素，导致项目落地转化率偏低。同时，从公司注册、买地建厂、装修进场、设备点亮的整个投资落地过程，本身涉及规划及国土、财政、城建、发改、经信、环保等多个政府部门相关审批办证事务，周期漫长，线下跑腿多。企业自己对项目购地建厂装修以及"跑政府"等问题缺乏社交资源、行业经验、专业知识，也极易造成项目落地难。

（三）数据资源开发利用与市场化配置机制尚需完善

广州数字资源开发利用效率低、数据开放的基础保障有待完善，是广州数字经济招商难、企业孵化难的重要影响因素。不同数据的监管单位不同，开放意愿、市场化配置程度水平不同，影响着数字经济企业进驻的意愿。在上海社会科学院绿色数字化发展研究中心发布的《2021全球重要城市开放数据指数》中，广州只排名第7（见表1）。

表1 2021全球重要城市开放数据指数排名[①]

城市名	总排名	综合指数	综合指数（百分制）	基础保障层指数		开放质量层指数		用户使用层指数		价值释放层指数	
				排名	指数	排名	指数	排名	指数	排名	指数
上海（中国）	1	0.5774	100.0000	3	0.2128	8	0.1175	1	0.1833	4	0.0638
纽约（美国）	2	0.5741	99.4285	1	0.2470	4	0.1264	14	0.0821	1	0.1186
芝加哥（美国）	3	0.5596	96.9172	5	0.1971	12	0.1091	5	0.1633	3	0.0901
首尔（韩国）	4	0.5093	88.2057	2	0.2420	9	0.1163	12	0.1000	6	0.0510

---

① 资料来源：上海社会科学院绿色数字化发展研究中心《2021全球重要城市开放数据指数》。

（续上表）

城市名	总排名	综合指数	综合指数（百分制）	基础保障层指数		开放质量层指数		用户使用层指数		价值释放层指数	
				排名	指数	排名	指数	排名	指数	排名	指数
贵阳（中国）	5	0.4855	84.0838	11	0.1804	1	0.1396	4	0.1640	22	0.0015
洛杉矶（美国）	6	0.4530	78.4551	12	0.1795	7	0.1221	7	0.1416	13	0.0098
广州（中国）	7	0.4421	76.5674	25	0.1018	3	0.1281	6	0.1616	7	0.0506
深圳（中国）	8	0.4420	76.5501	20	0.1321	5	0.1257	2	0.1821	21	0.0021
北京（中国）	9	0.4278	74.0908	9	0.1879	21	0.0692	3	0.1653	16	0.0054
青岛（中国）	10	0.3982	68.9643	14	0.1726	15	0.1012	9	0.1236	23	0.0008

但从指数排名具体分析来看，广州数据开放的基础保障层只排名第25，而开放质量层排名第3，用户使用层和价值释放层分别排名第6和第7。数据开放的基础保障层主要指的是数据开放的法规政策或数据开放的法规政策及组织工作，广州在这两方面都有进一步提高的空间。制度保障方面，广州数据开放平台上线时间较晚，并且与政府数据开放密切相关的法规政策推出时间较晚，一定程度上导致广州数据开放基础层排名较低。

在数据开发获取方面，企业参与城市数字化治理和场景创新都需要脱敏的城市公共数据支持，但是广州市城市公共数据开放度还不高，数据资源和应用场景等重点领域开放力度较弱。广州"城市大脑"仍存在功能和应用场景单一等问题，且主要应用于城市管理、交通管理和疫情监测等领域，在民生服务、智慧医疗以及产业发展等领域的应用非常有限。中国电子技术标准化研究院等机构编撰的《重点城市大数据发展指数报告（2021年）》在对各重点城市数据开放共享程度进行排名，从政务数据开放共享平台的开放数据部门覆盖率、开放共享数据集、主题库数量、开放数据覆盖领域数量、API（应用程序编程接口）数量以及平台数据总量等方面衡量时，广州以21.54的得分排名第14名，与得分为70.72的排名第1的北京相比，在数据开放共享程度方面差距不小（见图1）。

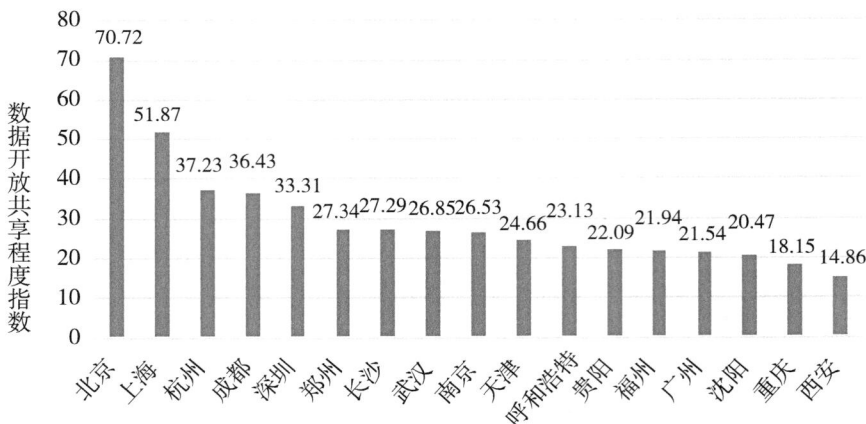

图1　重点城市数据开放共享程度排名①

（四）对产业生态服务保障的"最后100米"没有打通

在数字经济人才方面，广州不断出台优化人才准入和人才发展环境的政策，但有些政策条款因实施落地速度慢、条件不到位或协调性不够，使政策的效果显现得尚不够及时。比如，用人单位选人用人自主权下放问题就迟迟落不了地。同时，很多配套的细则并没有跟进，让新政只是"看起来很美"，导致人才在实际工作、生活中出现"落差感"，最终"引进来"却"留不住"。比如，政策中常常列出创新创业人才、工程技术人才及团队"享受优惠政策"，但具体的条件要求并不明确，单位选人、用人依然要经历申报、审批等繁琐流程才能落实相关待遇。人才优惠政策还没有很好地落实落细，人才服务保障政策制定滞后于人才引进工作，在人才落户、配偶就业、子女入学、医疗、社保、出入境等服务保障的"最后100米"仍有待打通，"引才难、留才难"等突出问题还没有根本扭转。

---

① 资料来源：中国电子技术标准化研究院《重点城市大数据发展指数报告》（2021年12月）。

三、做好广州数字经济招商稳商工作的建议

针对数字经济招商稳商工作中存在的问题，广州需要抢抓机遇，持续优化数字经济发展环境，加强招商和稳商工作，确保招商引资"不降温"，项目推进"不停步"。

（一）优化招商稳商工作体制机制

加快招商稳商工作制度创新，构筑科学、有序、高效的招商稳商工作体系，确保招商稳商工作提质增效。一是完善市招商工作联席会议机制，强化统筹工作的刚性和力度，滚动用好招商项目库，完善招商、稳商管理服务考核评价及反馈机制。设立市投资促进委员会，拟定全市吸引外来投资的优惠促进政策和有关资源整合政策，强化重大产业项目的集体决策和全市统筹。二是在"链长制"组织架构下落实招商和稳商工作主体责任，进一步强化"管行业就要管招商""管项目就要管招商"工作机制。建议"链长制"办公室通过设定产业链月份、季度、年度发展目标，建立不同产业链之间的评比机制，调动"链主"参与推动产业发展的积极性和责任感，并通过"一企一策"强化"链主"企业招商稳商的主导能力。三是优化全市产业招商工作任务和考核体系，更加突出数字经济等重点领域的招商，发挥风向标、指挥棒作用。在注重精准招商考核同时，对责任主体在安商稳商的制度建设、服务能力、工作措施，以及企业的稳定率和外迁方面加大考核力度和扣分权重。四是建立全市各部门服务评价反馈机制，邀请规上重点企业和随机抽取中小微企业对所有政府部门的服务水平进行匿名评价，评价分数直接与部门绩效挂钩。

（二）大力开展产业链精准招商

瞄准数字经济行业龙头企业、榜单企业、重点企业，力争引进一批能提升产业链、创新链、价值链的优质项目。一是聚焦数字经济产业按照产业聚集、企业集群的原则，聚焦重点产业，全力摸排策划一批重点项目信息，有的放矢进行产业链招商，着力拉长、增粗、补强产业链，加快产业集群集聚。二是聚焦数字经济重点企业，紧盯世界500强和大的央企、台企、民企，着力招引一批"顶天立地"的龙头型、总部型、专业配套型、

"高精特新"型企业。加快完善数字经济产业链头部企业矩阵，发挥头部企业产业链资源，打造产业互联网特色产业园区，完善产业人才政策、产业人才培训配套，强化信创、人工智能、工业互联网等新兴产业"磁吸力"和生态聚集。三是聚焦现有资源对招商线索进行全面梳理、逐个分析，建立ABCD四类台账，从中精选一批重点线索进行重点跟踪，对亿元以上重大项目线索，由相关区领导及时跟进，实现"线索向签约转化、签约向开工转化"的良性运行。

（三）营造包容审慎监管生态

紧紧围绕营商环境5.0改革细化任务，擦亮政务服务"广州品牌"，营造宽松开放准入环境、建立包容审慎监管执法机制等。一是破除"隐性壁垒"，平等对待数字经济主体。深化登记审批制度改革，激发市场主体活力，推行"一照多址"改革，支持企业集群登记，持续深化"一照通办"改革。同时，探索试行"极简审批"模式，在风险可控前提下，扩大低风险许可事项告知承诺制改革实施范围，实施承诺准营。二是深化"宽入严管"商事制度改革，实施"包容期"管理。在"包容期"内采取柔性方式执法，对实行承诺制不存在以不正当手段取得涉企经营许可的实行信赖保护原则，"双随机、一公开"检查减少比例、降低频次，对信用异常的企业主动提示和指导申请信用修复。三是创新制度供给，依法审慎开展行政执法。非特定情形不主动入企检查，对数字经济领域知识产权纠纷积极运用行政调解，扩充升级免罚清单，探索出台减轻处罚、从轻处罚清单和少用慎用行政强制措施清单三张清单，严格依法监管执法，维护数字经济健康发展良好生态。

（四）加强数字经济企业培育

培育建设一批高水平的数字经济企业，强化分层分级，在产业培育上立足优势、聚焦重点。一是支持领军企业在广州落户。支持国内外数字经济领域的领军企业在广州建立总部，重点扶持高端智能芯片、核心算法与框架等关键核心技术基础研究项目，培育一批具有国际竞争力的数字经济企业。二是建立健全"专精特新"企业培育库。每年遴选一批创新能力强、发展潜力大、成长速度快、核心竞争力强的企业入库，对在库企业提供政策解读、创新技术服务、数字化赋能、管理咨询、市场开拓等多方面的服务，同等条件下优先遴选"专精特新"企业培育库中的企业申报国家级、省级"专精特新"资质评定，促进企业在主营业务细分领域持续深耕细作，培育其成为行业单项冠军。三是加大对企业开展创新活动的支持力度。在人工智能、芯片、云计算、网络安全、高性能计算等细分领域，对于新获批建设企业国家重点实验室、国家级企业技术中心等重大创新平台的企业，财政给予贴息、奖补或股权激励。优先保障纳入省重点建设项目的数字产业建设用地，对符合条件的各类数据中心、超算中心等给予电价优惠。

（五）畅通数据要素共享渠道

全力推动数据要素整合共享工作，推动区域间、部门间数据共享交换，畅通政府、企业及个人等不同层级数据通道。一是强化数据要素资产属性，健全数据共享责任制清单，进一步完善共享标准、数据项目、共享方式等，对涉及教育、医疗等民生事项的市直重点部门（如教育局、卫健委等）建立定期数据交换制度并统一数据出入口，对其他类型数据建立申请制度，允许其他政府部门、企业和个人在依法依规的限度内合理获取数据。二是明确数据要素价值。贯彻落实《广州市数字经济促进条例》，保护数据权益，将数据作为生产要素参与分配，并在数据资产质押融资、数据资产保险、数据资产担保等领域开展数据要素价值化先行先试。同时，支持发展联通政府、企业、个人的数据平台交易、数据银行、数据信托和数据中介服务模式，多途径探索数据资产价值的评估方法。三是加强数据要素管理。针对重大领域、重点区域或特定场景建设专题数据区域，加强对金融、交通、信用、位置等数据专区的监管，针对不同专区制定专区内数据的采集、交易及流通标准，构建数据要素全流程保障规则。

（六）以需求牵引开放应用场景

通过需求牵引开放应用场景，使数字经济领域的企业能够找到技术应用空间，在实际验证应用中实现产品快速迭代、功能不断优化、加速推向市场，实现广州数字经济创新发展。一是加大应用场景的培育，瞄准智慧城市、智慧交通、智慧医疗等民生需求领域，以需求导向培育未来场景，构建多领域交叉融合、多维度的场景应用体系，培育跨界应用。为企业开展技术创新创造条件，搭建从研发到中试到场景应用的产业中试平台，推进技术在应用场景中的验证，加速市场化进程。二是探索建立基于场景应用的科技攻关机制。围绕数字经济未来产业的重点领域组织设立场景应用专项项目，搭建应用场景试验场，深化"任务定榜、挂帅揭榜""前沿引榜、团队揭榜"等"揭榜挂帅"新机制。三是加大应用场景的示范试点。依托海珠区、黄埔区等有基础的产业集聚区，在数字经济赋能制造业转型升级、智慧园区建设等方面开展先行先试。

（七）打造有温度的人才服务体系

对标补齐并切实兑现数字经济人才保障措施，适当升级数字经济人才政策、平台与服务，全力打造优质人才发展生态。一是探索设立数字经济人才专项基金，加快补齐在产业人才扶持、研发成果转化激励等方面的政策短板，提供更加精准有力的专项政策支持，鼓励与吸引更多优秀团队来穗发展。二是对数字经济企业的高层次技术人才和高级管理人才，在人才认定、人才落户、人才公寓、子女教育、个税奖励、技术研发贡献等方面，加速出台完整的人才引进政策。如以年薪为基准出台补贴政策，实施人才租赁住房五年行动计划，单列部分房源专门用于集成电路产业人才，鼓励和支持数字经济企业自建人才公寓等。三是加快打造高新高质数字产业园区和公共服务平台，在园区内形成核心企业、研发机构、相关基金等要素齐全的产业生态体系。

（杨姝琴，曾业翔）

广州纺织服装产业数字化转型路径

【提要】作为千年商都的广州，素有"中国时装窗口"的美誉。近年来，受国际市场需求增速放缓、节能环保要求趋严、行业竞争激烈和生产要素成本上升等因素影响，加之企业创新能力不强、数字化程度不高，纺织服装产业尤其是制造业规模逐年萎缩，如不加快转型升级，必将全面退出，对广州外贸和产业体系造成冲击。广州市增城区作为全国最大的牛仔服装生产基地和国家级纺织服装外贸基地，纺织服装产值由2013年的461亿元下降到2021年的100亿元。为贯彻习近平总书记关于利用数字技术打造传统产业转型升级高地的重要讲话精神和市党代会精神，建议市层面牵头争取省相关部门的支持，将增城纺织服装产业作为省的数字化转型试点，整合各方资源指导支持增城区利用数字化技术推进纺织服装产业稳链强链，探索广州传统产业数字化转型之路，推动广州数字经济发展。

近年来，由于我国供应链受到局部地区疫情的影响，以越南为代表的东南亚国家，在服装、家具等领域对我国出口形成明显替代。长期来看，大国博弈以及产业链重构下，部分产业转移日趋明显，对我国的出口和产业体系造成冲击。而随着工业互联网、大数据、云计算等新一代信息技术在传统制造业深度应用，数字化转型已成为传统制造业赢得当下和未来发展的关键所在。习近平总书记强调，促进数字技术与实体经济深度融合，赋能传统产业转型升级。广州市十二次党代会提出推动城市全面数字化转型，支持纺织服装等优势传统产业数字化改造。广州作为国际消费中心城市（试点），更应全力推动纺织服装等传统产业的数字化转型高质量发展，为我国纺织工业成为世界纺织科技的主要驱动者、全球时尚的重要引领者探索新路、贡献力量。

一、推动纺织服装产业数字化转型的战略意义

（一）推动纺织服装产业数字化转型升级是大势所趋

推动纺织服装产业数字化转型升级是大势所趋，有利于我国纺织工业成为世界纺织科技的主要驱动者、全球时尚的重要引领者。纺织服装产业是国民经济与社会发展的支柱产业。我国是全球纺织服装产业第一大国，也是世界纺织产品最大出口国，但"大而不强"也是不争事实。为改变这一现状，近年来，国家工信部与省市政府出台一系列支持纺织服装行业转型升级政策。2021年工信部发布第二批"5G+工业互联网"典型应用场景和重点行业实践，其中五大重点行业实践就包括纺织行业。2020年9月，广东省出台行动计划支持现代轻工纺织产业，通过数字化赋能、创新提升、要素布局、三品提升、骨干企业培育等加快发展现代轻工纺织战略性支柱产业集群。

2022年1月，广东省工信厅主要领导考察增城产业发展情况，高度重视增城纺织服装产业数字化转型升级，明确提出要将增城这项工作作为省的试点，给予专项支持。2021年6月，广州市印发构建"链长制"推进产业高质量发展的意见，着力推动纺织服装产业数字化，着力推进时尚产业高质量发展。因此推动纺织服装产业数字化转型是扩大开放，提升产业国际竞争力的有力举措，也是广州"产业第一，制造业立市"的有效路径。

（二）推动纺织服装数字化转型高质量发展是民生所向

推动纺织服装数字化转型高质量发展是民生所向，有利于广州打造时尚、设计和定制之都。纺织服装行业是保障民生需求与提升生活质量的基础产业。尽管近两年受新冠疫情影响，我国纺织服装行业整体景气向上，2021年我国规模以上纺织企业实现营业收入51749亿元，同比增长12.3%。全国限额以上单位服装、针纺织品类商品零售额13842亿元，同比增长12.7%。2021年纺织品服装出口额3156.9亿美元，占世界的三分之一以上。

面对全球数字网络经济、新消费观崛起大趋势，广州市委、市政府积极推动纺织行业数字化转型，高度关注和全力支持希音集团（SHEIN品牌、中国全球化品牌50强中排名11位）和致景科技公司的快速成长，推动数字技术与传统制造业各环节深入融合。如希音集团采取独立站+精品策略+数字化赋能的跨境电商B2C模式打通国际国内市场（全球150多个国家和地区），依托互联网平台，实现了国外服装个性化消费市场和国内纺织服装生产企业的无缝对接，得益于强大的数据分析系统，提前抢占流量高地，希音以更快、更便宜、更流行的优势快速成长，2021年平台销售额超1000亿元；致景科技公司牵头建设运营广州纺织服装产业集群平台，打造"2+1+1"体系（云设计创意中心、云版房生产中心+云工厂+面辅料供应链），实现面料数字化和纺织全产业链数字化升级。全力推动纺织服装的数字化转型，有效推动整个行业的设计时尚化、生产智能化和贸易国际化，促进整个产业向价值链高端迈进，提升国际竞争力。

（三）推动纺织服装产业数字化转型升级是经济高质量发展所需

推动纺织服装产业数字化转型升级是经济高质量发展所需，有利于广州擦亮千年商都名片和建设国际消费中心城市。截至2020年，包括纺织业、服饰业、鞋履皮革业在内的广义纺织服装产业增加值约占我国制造业总量的6%，这个占比接近汽车制造业。经过几十年的发展，广州拥有最为完善的服装产业链和供应链。近年来，广州率先开展国际消费中心城市（试点）建设，纺织服装产业也成为广州助力我国对外开放和国际合作的优势产业。

2021年广州市服装制造企业达22492家，营业收入656.59亿元，其中规上服装制造业企业648家，规模以上工业总产值429.61亿元，占广州市规模以上工业总产值（22567亿元）的2%。据行业协会统计，2020年涉及纺织服装在营市场主体61.32万户，占广州市场主体数量269.66万户的22.74%，拥有全国规模最大、种类最全（150家）的服装批发市场，限额以上服装批发和零售商品销售超过400亿元。因此，推动纺织服装等传统产业数字化转型是广州构建现代产业体系、实现高质量发展的重要支撑。

二、广州市增城区纺织服装产业数字化转型的优势和不足

广州市增城区纺织服装产业历经四十年的发展，已经成为全国最大的牛仔服装生产基地和出口基地，曾有"世界牛仔看中国，中国牛仔看新塘"的美誉，增城区新塘镇先后获得"中国牛仔服装名镇""广州唯一的国家级纺织服装外贸基地"等称号，也是第一批国家级外贸转型升级基地之一。但长期积累的资源要素不足、环保问题日渐凸显，产业链洗漂印染环节因环保问题断裂，又受中美贸易摩擦等因素影响，生产企业外迁和产能萎缩态势明显。

（一）增城区纺织服装产业数字化转型的优势

一是产业规模大。2021年规上纺织服装企业数280家（其中亿元以上企业17家），占全区规上企业数量的34%，实现工业产值100.36亿元，占全区规上工业总产值的6.24%，实现工业增加值37.32亿元，占增城区GDP（1266.66亿元）的3%。根据统计数据，纺织服装、服饰业的增加值率0.3858，在增城区主要行业中对GDP贡献率排名第二，单位工业产值的纺织服装比汽车、电子等产业对增城区GDP的贡献率大。

二是行业市场活跃。根据行业协会统计，2020年增城区纺织服装相关的市场主体登记数有3.97万户，占广州市（61.32万户）的6.47%，其中牛仔布料及服装生产企业3949家。增城区拥有4个牛仔服装专业市场，2021年全区限额以上服装、针纺织品类批发和零售企业商品销售68.2亿元，占全区商品销售总额0.98%。据淘宝天猫平台统计，该平台销售增城牛仔服装的、以发货地为新塘的天猫店铺约有2000家、淘宝店铺2000多家，合计年销售额约120亿元，是全国牛仔服装销售额最大的地区。近年来服装产业与电商、与直播深度结合，服装产业向东部转移，形成了一条很长的传统产业与新兴电商、直播结合的商贸带，增城新塘成为新产业、新业态的承接地。疫情期间，在省市有关部门的推动下，新塘许多传统档口和电商都转型为"直播带货"直播间。依托强大的服装生产配套物流能力及附近9条淘宝村数万电商从业人员为支撑，"直播带货"推动增城服装商贸产业快速发展。

三是品牌创新力较强。经历多年发展和沉淀，广州已培养了一大批服装产业工人和研发设计人才。增城区纺织服装行业拥有4个研发设计中心及1个广东省质量监督牛仔休闲服装检验站，自发展以来累计注册商标10601个，但中国驰名商标仅有康威、广英VIGOSS、创兴3个，以及有一定影响力的增致牛仔。

四是产业链供应链完整。增城纺织服装产业链除棉花生产外，具备纺纱、织布、印花、制衣、水洗、漂染、防缩、辅料等完整链条，ODM生产、批发市场、电商销售、资讯、物流和品牌应有尽有。2018年2月环保整治后漂染环节缺失，但经2019年分两批实施洗漂印染项目改造升级后，补链效果显现。

（二）增城区纺织服装产业数字化转型的不足

一是规模逐年下降。行业规模逐年下降。2013年、2017年、2021年增城纺织服装规上制造业企业总产值分别为460.67亿元、217.72亿元、100.36亿元，年均降速为−9.7%，占规上工业产值比重分别为25.3%、17.62%、6.23%，占比逐年下降。2021年增城区限上服装、针纺织品类批发和零售企业商品销售为68.2亿元，2020年65亿元、2019年72亿元、2018年74.1亿元，总体呈逐年下降趋势。规上企业数量逐年下降。受节能环保、生产要素成本上升和产业转型等因素影响，规上工业企业数量急剧减少，近九年减少208家，平均每年减少23家，亿元以上企业减少51家。

二是创新力有待提高。研发投入少。经调查增城区200家纺织服装企业，其中90%以贴牌代工为主，10%有研发设计团队。据统计，2020年增城区规上纺织服装企业（269家）中上报研究开发经费的企业只有9家，合计3990.6万元（占全区1%），2021年只有8家，合计2569.7万元（占全区0.5%）。品牌影响力不强。增城纺织服装产业目标为中低端市场，高端市场影响力不够，品牌大而不强，多而不精，虽有上千家纺织服装企业，却没有一家具有全国影响力的龙头品牌。

三是生产数字化程度不高。产业布局分散，纺织服装洗水漂染环节的企业多分布在新塘环保工业园（园区约1500亩），经2018年环保整治后转型为科技产业园，其他环节的服装生产制造企业多分布在大墩村、沙埔村等村级工业园，这些村级工业园缺少统一规划和功能协同，园区集中供热、处理污水等专业化水平不高，生产智能化提升难度大。缺乏龙头企业带动。既没有致景科技公司这种纺织产业数字化服务商，在工业互联网等数字科技加持下，联动全区纺织服装上下游企业实现转型升级，也缺乏牵头带动其他企业实现产业转型升级的龙头企业。

四是智能设备投入不足。经过近十年的城市发展，原占有土地和厂房的纺织服装企业主开始将厂房和设备出租经营，而第二代以年轻人为主的新生力量进入市场承租后，负担较重、缺乏资产，融资成本高，加大投入改造升级意愿低。

三、推动广州市增城区纺织服装数字化转型的建议

（一）积极争取上级政策扶持

建议市政府牵头争取省相关部门的支持，充分利用数字化技术，推动纺织服装、家具、食品等传统产业的转型升级。

一是请市工信局牵头积极争取省工信厅支持，将增城纺织服装产业数字化转型升级作为省的试点，给予专项支持。特别是争取从省的层面给予增城500亩的产业用地指标，规划传统产业数字化转型示范园区，打造一批"灯塔工厂"，推动传统产业与数字经济的融合发展，力争建成具有全球影响力的传统产业数字化转型生态圈。

二是从市的层面出台纺织服装、家具、食品等传统制造业数字化转型升级的行动计划、实施方案以及相关政策，充分发挥市属国有企业的作用，通过设立数字化转型产业基金、政策扶持等有效手段，着力解决传统产业数字化转型的"难点""痛点""堵点"，充分激发传统制造业的活力，实现高质量发展。

（二）推动产业链稳链强链

加大力度支持增城纺织服装产业链稳链强链，着力向"微笑"曲线两端延伸产业价值。一是建议市有关单位牵头成立工作专班，加快推进希音集团供应链总部项目落地。尽快完成土地报批和加快供地，确保希音业务

尽早落地和纳统。同时，加大暖企和服务力度，优化外综服平台，争取希音将更多的环节和业务，如数码工厂、IT研发中心和数字智能中心、结算中心等落地广州。此外还要发挥好希音的龙头作用，通过设立产业园区、完善各项配套、专项政策等措施，带动更多的纺织服装制造企业、外贸企业、电商、直播平台等在希音项目周边聚集，形成强大的产业生态和聚集。

二是建议市工信局协调广州服装产业链主单位及相关企业等加大对增城区4000家纺织服装企业数字化转型的指导支持。争取链主单位省服装服饰行业协会、广州纺织工贸企业集团重点支持增城区纺织服装产业数字转型，集聚行业优势和国企资源，在"研产供销服"等各个环节实现数字化给予指导支撑。同时，引入类似致景科技公司的纺织服装产业数字化服务商，运用丰富的实战经验以及数字化技术和资源，通过"纺织服装集群生态化"和"纺织服装生产数字"的双元驱动，推动服装生产服务体系的智能化升级、产业链延伸和价值链拓展，进一步促进大中小企业融通发展，带动产业向高端迈进。

三是建议市商务局大力支持增城区纺织服装产业直播电商发展。充分发挥增城区强大的服装生产贸易、配套物流能力和数万电商从业人员的优势，积极发动行业商协会和本地重点企业，培育引进一批头部直播机构、MCN机构、孵化一批网红品牌，培养一批网红带货达人，努力把增城区打造成全国纺织服装直播电商产业示范区。

四是建议市有关单位协调市属国企，协同市内有成功运营经验的公司（如广州国际轻纺城），与增城区合作改造升级增城区内村级工业园（现有2000亩，建筑面积约130万平方米）和旧厂房用地（1500亩，建筑面积约150万平方米）等，推出存量工业用地高质量利用实施办法，在招商项目、租金补贴、厂房分割转让等方面给予专项支持，建设高品质的纺织服装产业集聚园区，共建服装设计创意工场，培养或引进全球时尚设计师、设计机构和时尚科技研发机构，打造产业全球顶尖的设计"智核"。

（三）提高行业服务水平

提高行业服务水平，打造具有国际影响力的品牌。一是建议市有关单位牵头推动行业协会、龙头企业、智库、金融单位等机构团体，建设专业化、市场化的产业链战略咨询支撑机构。支持其承担产业规划和政策研究、产业创新资源链接、产业技术服务平台建设、产业促进活动组织，同时联合行业内相关企业，共建B2B+O2O的产业链全球网上集采平台，提升产业效率和资源集中度。

二是充分整合时尚展会、时尚发布、时尚传媒等多维元素，构建时尚制造发布平台。支持纺织服装企业参与新品时尚发布，打造潮流风尚标杆、时尚制造名片。支持全球时尚"名师""名品""名店"落户增城，带动本土纺织服装产业品牌提升。

三是充分发挥增城广州科教城等职教单位的优势，为传统产业数字化转型提供人才支撑。发动相关职校开设数字化转型相关专业，加大数字技能人才培养培训力度。

（四）全力推进"两个枢纽"建设发展

全力推进"两个枢纽"建设发展，为纺织服装业数字化转型提供有力支撑。一是建议市牵头高起点推进广州东部枢纽规划建设和产业发展。市委要求强化东部枢纽建设，促进各类资源要素聚集发展。充分发挥增城联结穗莞深的区位优势，高水平规划建设枢纽周边200平方千米，汇聚人流、物流、资金流等资源要素，在全力打造"车""显""芯"产业集群的同时，推动纺织服装、家具、食品饮料等传统制造业数字化转型，进一步做强做大增城国家级纺织服装外贸基地，推动广州东部枢纽打造成为枢纽型国际特色商圈。

二是市区联动积极争取国家和省的支持，全力推进广州东部公铁联运枢纽建设发展。围绕增城西铁路站场，建设生产服务型和陆港型国家物流枢纽，大湾区国际班列集结中心，努力把广州东部公铁联运枢纽打造大湾区科技创新和先进制造业供应链组织中心。随着希音项目的落地，推动更多纺织服装上下游企业进驻，依托公铁联运枢纽和白云机场的强大物流功能，有力提升纺织服装供应链条的整体效率和速度，大幅提高我国纺织服装业的国际竞争力。

（张文杰，康达华）

推动广州新型储能产业高质量发展

【提要】广州新型储能产业发展既面临储能赛道竞争加速的"内忧"，又面临国际碳壁垒和欧盟《新电池法》加快落地等"外患"，推动广州新型储能产业高质量发展，不仅是长久之计，也是当务之急。当前广州新型储能产业发展存在四大问题：一是产业链薄弱，本地龙头企业数量少规模小；二是新技术路线难以找到落地场景，需求侧牵引作用受到制约；三是未建立体现储能价值的价格补偿机制，商业模式创新滞后；四是各类储能技术发展均存在短板，非锂储能技术布局落后。借鉴深圳、长沙、杭州、厦门等地做法经验，建议：一是聚焦产业培育，上延下拓壮大本地储能产业集群，内外并举为储能企业出省出海创造条件；二是聚焦场景应用，稳步拓宽新型储能应用领域，通过新场景推广带动产业多元化发展；三是聚焦市场支撑，加快健全新型储能价格机制，探索市场化商业模式；四是聚焦技术突破，抢先布局多技术路线，力争实现长时储能核心技术突破。

新型储能是支撑新型电力系统的"稳定器"，关乎能源安全发展大局和"双碳"目标实现，也是催生能源工业新业态、打造经济新引擎的突破口之一。2023年3月，广东省出台《推动新型储能产业高质量发展的指导意见》，明确指出要把新型储能产业打造成为我省"制造业当家"的战略性支柱产业。广州市能源需求量大、用能波动性大，抢占新型储能产业制高点，既有利于缓解峰荷用电压力与矛盾，也有利于培育经济高质量发展新动能。

一、广州新型储能产业发展现状与问题

2023年被称为新型储能爆发元年。近期多个省（市）提出"十四五"新型储能实施方案，产业发展迎来政策红利期。数据显示，2022年广东省新型储能产业营业收入约1500亿元，装机规模达到71万千瓦（全国排名第三，仅次于山东、宁夏）。广州的新型储能产业主要围绕中游（储能电池、储能系统集成）和下游（新型储能电站）领域布局，聚集了因湃电池、工控孚能、巨湾技研、南网科技、南网能源、鹏辉能源、智光电气、天赐材料等一批重点储能企业，储能制造端已建成及待建项目10余个（见表1），已建成应用端储能电站8个。

相较于全省乃至全国抢先布局新型储能产业的地区，广州对内面临储能赛道日渐拥挤且加速"内卷"，对外面临国际碳壁垒、欧盟《新电池法》带来的巨大挑战，要在这万亿级新赛道中抢占产业前沿与制高点，以下问题不能忽视。

表1　广州市新型储能产业重点项目投资（单位：亿元）[①]

项目方向	项目名称	已建	在建	签约待建	拟引进
电池	融捷南沙新能源制造及研发总部项目		153		
	广汽自主电池项目		109		
	巨湾技研储能器件与系统总部及生产基地项目		34.55		
	孚能科技年产30GWh动力和储能电池生产基地项目			100	
系统集成	智光新能源与高效变流技术产业化项目			8.76	
	华能储能PACK生产基地项目				3.5

①　资料来源：根据调研情况整理。

（续上表）

项目方向	项目名称	已建	在建	签约待建	拟引进
电池回收	有道汽车循环利用全产业链生态基地项目	6.38			
	广汽商贸电池修复及再利用项目	/			
	广州环投动力电池梯次利用项目				4.45
其他	黄埔储能产业园项目			21	
	南科智能大厦			6.15	

（一）产业链较为薄弱，本地龙头企业偏少偏小

广州新型储能产业链的完整性和龙头企业规模不仅同国内先进城市还有较大差距，同省内的深圳、东莞、惠州等地市也有差距。一是已有项目绝大多数处于在建、待建阶段，产业链仅涉及电池制造、系统集成和电池回收环节，在原材料、非锂储能技术装备等关键环节还需要补强打通。在电池制造方面，我市主要是生产动力电池，产能还没有及时向储能电池转换。二是企业数量较少、规模较小。根据企查查数据，截至2023年6月底，广东省储能企业以1.79万家位居全国第一（占比14.43%），其中，广州（1262家）在全省排名第三，与居前的深圳（8928家）、东莞（2385家）存在较大差距，与随后的惠州（1074家）、佛山（966家）拉差不大。目前广东省拥有36家市值过百亿的锂电产业链上市企业，约占全国总数的28%，其中深圳为21家，广州仅5家。三是缺少具有全国知名度龙头企业，上游控制不足、中游话语不强、下游渗透不力，对配套产业链的发展吸引力不足。相比之下，深圳在储能电池制造环节有比亚迪、欣旺达，在基础性材料生产环节，正极材料有德方纳米，负极材料有贝特瑞，隔膜有星源材质、中兴新材，电解液有新宙邦、比亚迪，辅助材料有龙电华鑫，变流器有古瑞瓦特、盛弘股份，矿产资源有格林美，形成了全产业链的竞争优势。

（二）新技术路线难以找到落地场景，需求侧牵引作用受到制约

当前除锂电池以外的储能技术尚处于应用示范阶段或大规模应用起步阶段，亟须通过示范应用加快技术落地。我市新能源禀赋有限、用电需求较大、工商业相对发达，电网侧和用户侧对新型储能这种调节性资源的需求极为迫切，但现实应用场景开发不足。当前不仅电网负荷中心储能应用规模较小，而且最早实现商业化并常见于充电站、工商业园区、5G基站、分布式光伏等用户侧应用场景的储能项目也未实现规模化发展，一些新技术路线难以落地，限制了产业发展。调研发现，除锂离子技术以外，我市钠离子技术已有自主研发成果，但是相应产业生态和应用需求缺乏阻碍了自主技术迭代，氢储能发展也受制于加氢站和下游应用端体量小和数量少的问题。

（三）未建立体现储能价值的价格补偿机制，商业模式有待创新

在广州电力系统增加储能虽已成为共识，但尚无完善的价格机制支撑，额外增加的储能设备缺乏投资回收渠道，难以吸引资本投入。当前不论是电源侧、电网侧、还是用户侧，都没有实现储能价值的市场机制，储能的市场主体地位不明确、收入模式单一、可持续的盈利机制缺乏，已成为制约产业发展的关键问题。电源配建储能方面，受调度机制与回报机制均不明确，且储能设施大多与发电机组联合，独立运营机制未完全理顺。储能参与电力市场交易的独立身份方面，省里主要是原则性规定，具体的价格、调度、结算等细则不清晰，落地执行难度大，新建项目将面临无电可充、无电可放的困境。用户侧储能方面，调研发现，我市工商业储能项目7年左右能收回成本，除峰谷差套利外尚无其他盈利模式，没有体现"谁受益、谁付费"的原则，缺少成熟的电力辅助市场机制及市场化的体系，造成用户侧储能投资积极性不高。

（四）各类储能技术发展均存在不同程度短板，非锂储能技术布局落后

相比于已经成熟并且日渐拥挤的锂离子电池赛道，钠离子电池、液流电池等新型储能技术正受到后发城市的青睐，多种储能新技术已经陆续通过示范应用，逐步实现规模化应用。例如，钠电池具备能量密度高、支持快充、安全性强、原材料自主可控、循环次数多等特征，吸引许多城市纷纷布局。珠海已经布局钠离子电池生产线，韶关数据中心集群规划钠离子电池储能项目等。再如，液流电池具有长寿命、高安全性、能超长时储能等优势，在大连、上海和北京等地发展较好，全球容量最大的液流电池储能电站——大连恒流储能电站I期工程已正式并网运行。调研发现，广州各类储能技术发展均存在不同程度短板和滞后，锂电池生产线总体处于规划或建设期，投产有限；钠离子电池尚未走出实验室，暂未开展示范应用、进行科技成果转化；氢储能还没有突破效率低、造价高等技术难题，也尚未部署其他4小时以上长时储能技术路线的研发攻关。

二、典型城市推动新型储能产业发展的做法

（一）深圳：升级产业政策，前瞻性布局新型储能产业发展

政策是产业发展的驱动力和风向标。深圳在新型储能产业领域不仅介入得早，而且政策规划清晰。一是在国内率先开展新型储能示范应用。2011年深圳宝清储能电站建成并网，由比亚迪和南方电网合作建设，是当时全球最大的削峰填谷储能电站，也是全国首个兆瓦级锂电池储能站，从磷酸铁锂兆瓦级电池储能系统集成技术路线应用到推进模拟电池储能独立参与电网调频，既为锂电池技术发展提供了"实验平台"，也为比亚迪在全球进行电池储能系统推广打下了坚实基础，还带动了上下游企业发展。二是迅速出台产业规划和实施办法。2022年6月以来，先后出台《深圳市培育发展新能源产业集群行动计划（2022—2025年）》《支持电化学储能产业加快发展若干措施》，即将出台《深圳市推动电化学储能产业发展行动计划（2023—2025年）》，并且发布了2023深圳市战略性新兴产业储能专项扶持计划，聚焦"四个中心"，即先进储能总部研发中心、新型储能高端智造中心、多场景示范验证中心和全球储能优质产品及方案供给中心的建设目标，计划打造万亿级世界一流新型储能产业中心。三是加快完善配套支持措施。发布了总规模超过200亿的深圳新型储能产业基金，加大对电化学储能产业集群核心企业和项目投资力度；上线了全国首个电力充

储放一张网、深圳虚拟电厂管理平台2.0，实现实现分布式资源可观、可测、可控，精准动态调控；成立了深圳市电化学储能产业联盟、深圳市储能标准化技术委员会，促成产学研用跨界融合，助力打通电化学储能上下游全产业链。一系列政策措施打开了产业的发展成长空间。

（二）长沙：首提打造世界"钠电之都"，锂钠"比翼双飞"

在赛迪顾问发布的"2022新型储能十大城市"中，长沙位居首位。长沙新型储能产业发展不仅限于领跑全国的锂电池产业，还在于对钠离子电池等前沿领域的超前探索。一是深耕先进储能材料这一细分领域。2003年引进奥博新材料项目，抢先布局先进储能材料产业。近年来先后发布《长沙市"十四五"先进储能材料产业发展规划》《长沙市先进储能材料产业集群三年行动计划（2022—2024）》《关于支持先进储能材料产业做大做强的实施意见》等系列文件，提出"用电支持、供地优先、金融服务、创新鼓励、应用推广、龙头培育"等政策支持，设置先进储能材料专项资金、产业基金进行产业扶持，进而以点连链，形成国内产业链条最完备的先进储能产业集聚地之一。二是加速布局钠离子电池的研发与生产。2021年以来，长沙本土企业湖南钠邦、长远锂科等开始布局钠离子电池产业。长沙支持龙头企业、高校、研究院所先后创立国内首个钠离子电池创新联合体、打造湖南首家钠电研究院，通过企企合作、校企合作，加快推进钠离子电池技术攻关、成果转化、产业化项目落地实施，打造世界"钠电之都"。并且依托产业基金杠杆作用，参与投资钠离子电池企业最新技术研发，推动新技术加速产业化。

（三）杭州：以开发区（园区）新型电力系统建设为重点，丰富用户侧应用场景

2023年以来，杭州将开发区（园区）新型电力系统建设纳入年底能源绿色低碳发展和开发区（园区）建设考核，16个开发区（园区）对区内企业用电规模、负荷特性、变压器容量、接入条件等进行了全面摸底。各区县和开发区（园区）上门服务、集中宣讲、典型示范，向企业介绍新型储能项目在保证用电安全、降低用电成本等方面的优势。本着企业自愿的原则，采取第三方代建、收益共享、市能源集团兜底等方式，加快推进新

型储能项目建设。目前梳理出用户侧项目共46个（已建成7个、在建8个、拟建31个），装机容量22.6万千瓦，包含光储一体化、氢电耦合等创新模式。杭州计划利用两年时间，以开发区（园区）为重点，通过新型储能、太阳能光伏、余热综合利用、天然气分布式能源、空调负荷柔性管理等多种方式开展源网荷储一体化和多能互补的新型电力系统建设，形成200万千瓦负荷调峰能力。

（四）厦门：发挥龙头企业链式效应，以商招商

以商招商是厦门新型储能产业招商引资的特色做法。通过深挖行业龙头上下游供应链，围绕宁德时代、中创新航、海辰储能等龙头企业供应链，充分发挥龙头企业"朋友圈"资源优势，实施精准招商，吸引产业链上下游企业来厦布局，扩大产业集群发展规模与质量。2021年以来，厦门以优质的营商环境和服务吸引宁德时代先后布局了厦门新能安、厦门时代、时代电服、厦门时代研究院等一系列项目，再依托宁德时代引入一批新能源产业上下游配套企业落地。2022年底，一年一度的宁德时代供应商大会首次在宁德以外的城市厦门举办，充分调动宁德时代的资源，来自全球近400家上下游企业聚集到厦门，"零距离"招商。海辰储能是厦门本土培育的新型储能龙头企业，2022年项目交付量和出货量增速均排行业第一，是厦门首家独角兽企业。2023年6月，经过海辰储能的推介，又引入储能整机制造领域新锐企业和储能源的总部落户，为储能产业链补上关键一环。目前厦门已成为国内锂电池产业发展较为完整的头部城市，新能源产业已经成为对该市工业经济增长贡献最大的行业。

三、推动广州新型储能产业高质量发展的对策建议

针对广州新型储能产业发展面临的现实问题，借鉴先行地区经验从产业培育、场景应用、市场支撑、技术突破方面提出四点建议。

（一）产业培育：上延下拓壮大本地储能产业集群，内外并举为储能企业出省出海创造条件

广州布局储能产业的核心思路不在于产能规模，而在于培育本地储能

产业集群，将产值留在广州。要紧扣储能新材料、储能智造、电池系统集成等核心、高附加值环节，一是通过产业基金、资金补贴、税收减免、土地使用倾斜、金融产品投入等多样化支持政策，积极引入并培育做大储能产业龙头企业，支持鹏辉能源、智光电气等骨干企业集中力量在产业链薄弱环节进行重点突破，通过产业联盟、产业链链长等形式引进一批产业辐射带动能力强的配套型项目，带动上下游企业聚集。二是推动与本市新能源车、绿色石化、期货交易所等战略产业形成联动构建补链闭环，引导和组织开展储能合作示范项目，并依托广州期货交易中心搭建储能相关矿产资源的交易平台，提升产业链安全性。三是支持企业出省、出海。可依托广交会开设储能产业专场，打造有影响力的行业会议和交流平台，指导企业积极应对国际碳关税、欧盟《新电池法》，率先对储能电池产业链开展碳足迹评估和碳标签认证，保障新型储能企业的绿电指标，吸引能对储能产品开展国际市场准入检测认证的国际机构落户，做好储能企业进军国际的准入服务。

（二）场景应用：稳步拓宽新型储能应用领域，通过新场景推广带动产业多元化发展

需求是牵引技术创新和产业发展的根本动力。广州工商业储能及电网储能相关应用场景广阔，要引导具备条件的产业园区、大工业用户、交通枢纽场站等建设储能应用设施，结合示范项目运行情况研究制定并适时调整相关支持政策，在重点行业和领域予以推广，形成需求拉动型产业发展模式，以丰富的应用场景推动储能产业做大做强。一是推动南网电网将新型储能纳入电网总体规划中，根据负荷发展和电源装机结构确定电网侧储能应用位置和配置规模，引导储能电站合理布局、有序发展。二是深挖"零碳园区+储能""数据中心+储能""5G基站+储能""医院+储能备用电源""光伏+储能+充电一体化充电站"等多元化应用场景需求，参照部分先进城市做法，建立储能项目运行数字化管理平台，将分散储能项目统一接入管理平台统一调度与管理，探索新型储能聚合利用、共享利用等新模式新业态。三是推动将电动汽车作为移动储能电站纳入新型储能范畴，以市公交、出租车为试点，探索电动汽车反向充电、反哺电网模式，并鼓励参与电网调度运行以及需求侧响应。四是继续推进黄埔、花都、从化屋顶分布式光伏开发试点工作，开展家庭储能示范应用（与落实"百千万工程"结合），推进"光伏+储能"规模化发展。

（三）市场支撑：加快健全新型储能价格机制，探索市场化商业模式

我市对于储能项目上网电价和用电电价无定价权限，因此要从市级层面探索可操作的成本消纳和传导机制，完善储能投资回报机制，以合理补偿机制激励配储需求。一是推动发展共享独立储能。参考平台经济模式，探索推动多法人主体"众筹共建、集群共享""一站多用、分时复用"的共享、循环商业模式，按照装机规模给予适当容量补偿，并按照"谁受益、谁承担"的原则，由源、网、荷共同承担成本。二是健全需求侧响应补偿机制，在用户侧鼓励采用"自发自用为主，余量上网"模式或虚拟电厂并网发电，按实际上网输送的电量给予补贴，支持分散的能源资源以聚合的形式参加系统的调节，通过"峰谷套利+需求侧响应补贴"激发用户侧储能投资积极性。三是依托广碳所积极探索储能减排核证减排机制，强化储能环境效益的市场转化机制，全面形成对储能各类应用场景的经济激励。

（四）技术突破：抢先布局多技术路线，力争实现长时储能核心技术突破

广州要实现新型储能赛道弯道超车，必须准确把握核心技术和新技术的发展趋势，在新的技术路线尚处于发展初期阶段进行提前布局。要支持我市高校资源、国家重点实验室、省部共建实验室开展关键技术攻关，支持南方电网在广州建设新型储能科研示范基地，支持掌握储能自主核心技术的中小微企业在细分领域加快形成优势，为新产品新技术应用创造环境，重点推动锂离子电池、钠离子电池、液流电池、氢储能等技术路线的试点示范。一是加大对新型锂离子储能电池材料、系统、设备以及核心芯片等关键技术研发及产业化的财政资金投入，支持锂电企业加快布局半固态、固态锂电池，抢占下一代锂电技术制高点，解决现在磷酸铁锂电池的经济性和安全性问题；二是前瞻布局新一代储能技术及装备，以"揭榜挂帅"方式调动企业、高校及科研院所等各方面力量攻关钠离子电池、液流电池、氢储能技术，突破长时储能关键技术瓶颈，加快培育新技术路线的产业生态，通过鼓励示范应用迈过当前从0到1的初期阶段。

（李　杨）

推动广州氢能产业高质量发展

【提要】氢能是一种来源丰富、绿色低碳、应用广泛的二次能源。发展氢能产业对广州构建低碳产业体系、实现碳达峰碳中和意义重大。广州氢能产业已初具规模，到了加快发展的关键时点。但仍存五个方面的制约，即加氢站的审批和监管复杂、氢气的管理制度有待完善、全产业链成本过高、氢能汽车数量少、氢能关键材料和技术仍被卡脖子。建议：组建市氢能产业发展领导小组；打破制氢站建设政策壁垒；推动氢能交易市场化；加大政府补贴和扶持力度；推动氢能技术发展和交流。

2020年9月习近平总书记郑重宣布我国在2030年实现碳达峰、2060年实现碳中和目标，这是我国向世界作出的庄严承诺，这标志着我们将加大绿色转型发展的力度。绿色发展，能源为要。氢能是一种来源丰富、绿色低碳、应用广泛的二次能源。发展氢能对重构低碳产业体系、应对环境挑战、推动能源革命、保障能源安全等具有重大战略意义。习近平总书记在中共中央政治局第三十六次集体学习上强调，要把促进新能源和清洁能源发展放在更加突出的位置，积极有序发展氢能源。国际上，以美、日、德为代表的发达国家已将氢能提升到国家能源战略层面予以推动。广州作为国家中心城市和综合性门户城市，落实"双碳"战略，积极推动氢能产业发展势在必行。

一、国内氢能产业发展现状

从全国看，我国已初步掌握氢能制备储运加注、燃料电池等关键技术，当前氢能发展方向主要集中在氢燃料电池汽车及配套加氢站建设方向。其中氢燃料电池汽车与纯电动汽车或将"双轮并行"，形成我国新能源汽车未来发展的态势。氢能还将在电力、工业、热力等领域构建起未来低碳综合能源体系。2022年3月23日，国家发改委最新发布《氢能产业发展中长期规划（2021—2035年）》，统筹谋划、整体布局全国氢能全产业链发展。

从全省看，广东省氢燃料电池汽车产业总体发展水平处于国内领先，已建成加氢站39座，在建10座，数量居全国第一。氢燃料电池关键零部件和材料研发制造体系基本建立，氢燃料电池汽车产业链比较完整，八大关键零部件企业均有布局。特别是广州、深圳、佛山和云浮等城市率先引进培育氢燃料电池汽车企业，积极开展应用示范。全省汇集超过300家相关企业，产值已超过百亿元，已成为我国规模最大的氢燃料电池汽车产业集群。广东探索制定了全国首个加氢站行政审批验收流程，出台了全国首个加氢站建设运营及氢能源车辆运行扶持政策等。

从市层面看，在氢气供应方面，目前已有中国石化广州分公司、广州工控集团广钢气体能源公司、普莱克斯、空气化工产品等氢资源供应企业。加氢站建设方面，在黄埔区内已建成7座加氢站，全市十余座加氢站正在开展建设或前期工作。广州开发区正在建设新能源综合利用示范区，打造"中国氢谷"。2020年7月，广州市编印了《广州市氢能产业发展规划（2019—2030年）》和《广州市氢能基础设施发展规划（2020—2030年）》，明确将广州建成大湾区氢能研发设计中心、装备制造中心、检验检测中心、市场运营中心和国际交流中心的发展定位。规划到2030年，广州建成集制取、储运、交易、应用一体化的氢能产业体系，实现产值2000亿元。

二、广州发展氢能产业的优势

广州属于典型的能源输入型地区，能源资源十分匮乏，本地可利用的可再生能源资源十分有限，能源结构调整压力巨大，但对于二次能源的氢能，广州已具备开发的良好基础条件。主要体现在以下四个方面：

（一）资源较丰富

粤港澳大湾区具有强大的市场需求驱动力与完备的制造业基础，不论是加氢站的建设数量，还是氢燃料电池汽车的推广规模都处于国内领先地位。而广州具备深厚的汽车产业基础，将引领带动氢燃料汽车的发展。目前广州制氢资源量约占全省的10%，年制氢能力超过10万吨，已有一批资源供应企业。同时借助东莞、茂名等其他城市的低纯度副产氢资源，可形成多渠道氢源供给。

（二）研发基础较好

广州是我国高校及科研院所最集中的地区之一，现已有华南理工大学、中国科学院广州能源研究所等十余所高校和科研院所开展氢能产业相关研究。其中黄埔已成功引进国际著名电化学及燃料电池专家，致力于攻克低铂催化剂、膜电极和电堆等方面核心技术。中能建广东院、广东省科学院稀有金属研究所、华南理工大学等有关团队，正开展着相关的技术研发并取得一定的成绩。广州汽车集团、广州供电局、广州发展集团等企业，也主动开展产学研的课题研究。

（三）产业链已具雏形

广州氢能产业已有近百家创新主体，包括上游氢气制备、储运、加注环节，中游氢燃料电池系统（关键材料与组件）、电堆及辅助系统，下游氢能源汽车、能源供应等应用领域。2020年中，广汽集团已经率先发布了旗下首款氢燃料电池乘用车——Aion LX Fuel Cell，占据了市场先机。环顾周边，佛山已形成从制氢、储氢、加氢到零部件、整车制造的完整产业链，展开了规模化的燃料电池汽车商业化示范，东莞、茂名等城市也在加紧布局中。各氢能城市之间展开优势资源的协作，有助于推动氢能产业链的形成和发展。

（四）产业发展先行区已形成

黄埔区和天河区集聚了广州氢能产业60%以上的创新主体。黄埔区有雄川氢能科技（广州）有限责任公司、鸿基创能科技（广州）有限公司等一大批氢能企业，产业链相对更完整。天河区不仅有广州发展集团、广东能创科技有限公司等龙头企业，还集聚了一批研发实力强的高校及科研院所，集聚了大量氢能专业人才，助力产业快速发展。

三、广州发展氢能产业的主要制约因素

氢能产业是战略新兴产业，产业发展所需标准、规范体系尚待完善，核心技术尚需攻关，管理职责尚待明确，制约氢能基础设施发展的因素客观存在，主要有以下五个方面：

一是在监管层面，加氢站审批管理还有"漫漫长征路"。加氢站等终端设施需要靠近用户分散布局，加氢站的氢气供应需要运输解决，加氢站的选址、立项等环节，从土地审批到安评、环评，从特种设备许可到运营人员资质，涉及国土、住建、规划、安监等多个部门，缺乏统一管理、流程复杂，目前国内多地已先后出台相关管理办法，而广州一直缺乏明确统一的审批流程，导致一些项目"胎死腹中"。

二是在政策层面，危化品管理的"氢"规戒律有待破除。由于特殊属性，目前国内对氢气按危化品管理，未归属于国家的能源管理体系。依照《危险化学品安全管理条例》，氢能的制备、存储设施均需在化工园区集中建设，导致氢气作为能源管理方面的法规和标准缺失，制约了行业的健康有序发展。

三是在商业层面，全产业链成本"高处不胜寒"。从制氢环节看，现有制氢技术大多依赖煤炭、天然气等一次性能源，经济性和环保风险依然存在，利用可再生能源则存在效率低、综合成本高等问题。从储氢环节看，虽然加压压缩储氢、液化储氢、有机化合物储氢等技术均取得较大进步，但储氢密度、安全性和储氢成本之间的平衡关系尚未解决，离大规模商业化应用还有距离。从用氢环节看，燃料电池汽车发展缓慢，技术尚不成熟；建设加氢站所需关键零部件没有量产的成熟产品，导致建设成本过高（一座日加氢能力为1000公斤的加氢站，不含土地费情况下，估计投资额约达1000万～1500万）。

四是在市场层面，氢燃料电池汽车推广步入"恶性循环"。由于氢燃

料电池车造价较燃油车高，加上加氢站等氢能基础设施网络尚未形成，导致氢燃料电池车推广应用困难，氢能汽车未成为新能源汽车主力车型。投放市场的氢燃料汽车总量不足，又导致已建加氢站负荷过低，无法维持加氢站正常运营。加氢设备产业化能力不足、成本偏高，导致企业投资建设加氢站意愿不足，基础设施不足反过来又影响氢燃料电池汽车推广应用。

五是在技术层面，关键材料和核心技术仍被"卡脖子"。与发达国家相比，我国关键零部件主要依靠进口，燃料电池的关键材料包括催化剂、质子交换膜以及炭纸等材料大都采用进口材料。关键组件制备工艺急需提升，膜电极、双极板、空压机、氢循环泵等和国外存在较大差距。关于氢品质、储运、加氢站和安全标准较少，氢气品质检测和氢气泄露等重要测试装备欠缺，权威检测认证机构尚未形成。

四、加快推动广州氢能产业高质量发展的对策建议

针对广州氢能产业高质量发展的几方面制约因素，提出以下几点建议：

（一）建议组建氢能产业发展领导小组

立足广州资源禀赋和制度环境，完善政策体系，明确牵头部门，明晰产业链各环节的归口管理部门职责，明确制氢站、加氢站等基础设施建设和运营审批政策及流程，参照国内部分先进地区做法，抓紧出台氢能产业安全监督和管理办法，统筹推进加氢站、氢油电综合能源补给站和液氢站建设，形成加氢网络，优化氢能产业发展环境。

（二）打破制氢站建设政策壁垒

加快解决现有"制氢项目需进入化工园区"政策制约问题，抓紧推进制氢（含制氢、加氢、储氢一体化）项目发展。在保证安全的前提下，对于符合广州氢能基础设施规划的有关站点用地项目，可视同危化品园区项目，通过特批允许动工建设。

（三）推动氢能交易市场化

积极向省里争取，打破地方保护限制，统一调度氢源供给，同时将氢

气纳入能源品种，实施价格监管调控，切实降低氢气价格。发挥黄埔氢能产业创新核心区、南沙氢能产业枢纽优势，辐射带动珠三角及周边城市氢能产业链供需平衡，打造多点联动、优势互补的湾区氢能走廊。为氢能产业链的上下游企业提供公开、透明、高效的氢能交易服务，率先打造全国"氢能价格交易指数"，加快推动氢能产业商品化，打造氢能交易中心。

（四）加大政府补贴和扶持力度

进一步加大氢燃料电池车辆推广应用支持力度，参照纯电动汽车推广模式出台具体和可操作性的政策扶持。运用金融手段，在市层面出台政策对加氢站运营给予一定补贴，对采用融资担保方式运营的氢燃料电池生产、研发、运营企业给予一定的利息补贴等。出台有针对性的产业扶持政策，设立专项产业基金，大力培育具有产业基础和优势的企业，构建产业链完整、分工协同、共同发展的产业生态体系。

（五）推动技术发展和交流

加大基础科研投入，突破关键材料和关键部件的技术瓶颈，促进产品国产化。实施"走出去"战略，响应国家"一带一路"倡议，借助大湾区地理区位的优势，利用本土龙头企业制造能力，选择具有产氢成本优势的国家开展实质性合作，以产业链完整性与庞大的市场优势换取发达国家的技术优势。鼓励本地企业和海外氢能企业合作，促进人才交流，汲取技术溢出，实现优势互补，促进国际国内双循环。

（郑　康，吴兆春）

推动广州数据中心绿色高质量发展

【提要】数据中心是驱动经济增长的重要引擎，也是关系新型基础设施节能降耗的最关键环节。目前广州数据中心绿色高质量发展存在着五大问题：一是统筹规划不足，行业高质量发展定位和路径不清晰；二是能耗水平偏高，存量数据中心节能改造任务艰巨；三是约束激励机制缺乏，绿色能源替代内生动力不足；四是能耗数据采集不够真实全面，未形成系统有效的监管体系；五是考核与评测机制缺乏，数据中心质量参差不齐。堵不如疏，借鉴北上深杭等数字经济一线城市的做法经验，建议：一是加强规划引领，形成服务数字化转型的数据中心集聚区；二是加快战略衔接，打造大湾区低时延数据中心核心区；三是深挖节能潜力，提升数据中心能效水平；四是优化用能结构，健全绿色能源激励和市场化交易机制；五是强化考核约束，注重数据中心全链条能耗与碳排放管理。

数字化与绿色化是经济复苏的主旋律。2020年，全国数字经济规模占GDP比重高达38.6%，2021年预计超过40%，成为驱动经济增长的重要引擎，北上广深杭稳居数字经济一线。数字化为绿色化提供全链条支撑，然而数字化与绿色化协同发展任重道远。作为数字经济核心基础设施与坚实底座，近年来我国数据中心需求以年均约30%的速度增长，随之而来的是年均约28%的耗电量增速，成为能源消耗和碳排放大户。广州市具有国家骨干网核心节点优势，新技术、新应用落地带动数据中心发展，数据中心机架规模约占全国的6.4%，数产融合加快布局以及粤港澳大湾区数据加快融合还将催生指数级数据处理需求。如何使数据中心在满足城市算力需求、赋能城市活力的同时，符合节能降耗约束、实现绿色高质量发展是迫切需要。

一、广州数据中心行业发展现状与问题

广州积极推动数据中心绿色发展，但随着经济社会数字化发展提速，数据中心能耗总量仍在大幅上升，2020年全市数据中心用电量为21.36亿千瓦时，占工业用电量的4.94%，绿色转型面临挑战。

（一）统筹规划不足，行业高质量发展定位和路径不清晰

为统筹数据中心发展，北上深相继出台一系列相关指导意见、规划方案、评价标准等，相比之下，广州尚未出台引导数据中心中长期发展的政策文件，缺乏统筹的空间布局、战略定位和整体能力打造。一是对于数据中心如何优化布局缺少量化、细化指导，并且没有及时与广东省相关政策要求有效衔接。例如，《广州市加快推进数字新基建发展三年行动计划（2020—2022年）》提出"重点发展低时延、高附加值、产业链带动作用明显的第一、二、三类业务数据中心"，而省里明确"广州、深圳原则上只可新建中型及以下的数据中心，承载第一、二类业务，第三类业务逐步迁移至粤东粤西粤北地区"。二是中小数据中心建设标准缺乏，集约化程度不够。虽然数量可观，但数据中心发展（特别是自用型数据中心）存在专业化程度低、单体规模小、能耗高、运营能力弱、利用率低等问题。数据中心平均利用率低于北上深，且低于全国平均水平。三是行业本地龙头企业数量和竞争力有待提升，示范引领、上下游延伸以及增值业务拓展能力相对较弱。从全国排名前10的数据中心第三方运营企业看，广州仅有1家（排名第8），与北京（5家）和上海（3家）相比存在差距。

（二）能耗水平偏高，存量数据中心节能改造任务艰巨

广州市属于典型能源输入地，数据中心高能耗带来碳排放和供电安全双重挑战。部分数据中心建成较早、能耗水平偏高，随着对PUE（电能利用效率）值的监管愈加严格，节能改造边际效益在逐步降低，进一步提高能效需要投入更多成本，数量庞大的老旧数据中心节能改造任务非常艰巨。数据中心不完全等同于传统"两高"[①]行业，不能照搬管理工业项目

---

① "两高"行业即高污染和高耗能的行业。

的方式，且数据中心关联诸多信息产业，改造的同时确保业务连续不间断是一个现实问题。广州对数据中心节能降耗意愿明确，但没有提出明确指标和实施路径，缺少行之有效的手段策略。再者，地理位置、气候等客观因素也影响着数据中心自然冷源利用时长和运维成本。实践中，广州数据中心IT设备负荷使用率低于北京、上海，但是运行PUE指标高于北京、上海，全市在用数据中心运行PUE平均约为1.7，离先进值存在较大差距。

（三）约束激励机制缺乏，绿色能源替代内生动力不足

随着能耗"双控"向碳"双控"转变，数据中心发展要求也从能源总量控制转为能源总量控制和结构优化并重。从已经发布的政策文件来看，广东省对于数据中心发展，主要以机架数、能耗指标、上架率、业务类型等指标为规划依据，缺乏对绿色能源使用的具体指引和激励机制，而广州对于数据中心的绿色能源使用也没有做出明确要求，只是笼统提出要打造绿色数据中心。受本地清洁能源禀赋欠佳的客观因素影响，更为重要的是约束激励机制缺乏，广州数据中心绿色能源利用比重偏低，企业绿色能源替代方向不明晰、内生动力不足。

（四）能耗数据采集不够真实全面，未形成系统有效的监管体系

当前数据中心数量规模和应用范围都十分庞大，但是广州尚未搭建统一集中的数据中心能耗数据实时监测系统，没有建立对数据中心能耗及二氧化碳排放的监测、预警、管理机制，对于设备运行状况难以形成系统性的能源管理。实践中，数据中心各类用能指标，不同来源出入较大，且实际能源消耗较统计数据更高。再加之能耗、碳排放信息披露非常有限，一些企业在节能减排宣传时将PUE（电能利用效率）值作为最重要的指标进行宣传甚至夸大，导致PUE的可参照度严重降低。有企业宣传设计PUE值可降至1.1甚至更低，但实际运行中的能耗严重不符。全市在用数据中心设计PUE平均为1.6，实际运行PUE平均为1.7。由于PUE值不能约束数据中心IT设备能耗，随着IT设备能耗占比越来越高，仅评价PUE值的片面性凸显。

（五）考核与评测机制缺乏，数据中心质量参差不齐

数据中心管理从粗犷发展进入精细管理阶段，例如，北京对数据中

心管理，不再单纯依据PUE值，而是综合考量业务功能、能耗、水耗等因素。然而，对数据中心的考核评价具有一定区域特性，特别是PUE值和节能措施等受本地气候、自然资源禀赋等影响较大。广州市没有针对数据中心绿色等级、安全可靠、服务能力等方面的评测机制，考核约束缺乏导致数据中心质量参差不齐。一些数据中心缺乏能评手续擅自开工建设或投入使用，用能情况长期脱离监管。尤其在当前形势下，节能改造迎来爆发期，有些项目是实打实真改造，有些只是应付了事，看上去做了改造，但因缺乏后续监督管理，节能改造效果既无考核标准，也未开展追踪，相关评价机制、配套监管亟待跟上。

二、国内城市优化数据中心行业发展的政策措施

数字化转型带动各行业对数据中心需求呈刚性增长，多个城市围绕数据中心高质量发展出台规范、管理的政策性文件，对数据中心合理布局、绿色发展做出具体要求。

（一）统筹推动数据中心建设与区域功能匹配，规划建设功能明确的数据中心集聚区

数据中心发展应面向城市需求，北上深杭因地制宜找准自身定位开展数据中心规划布局，聚焦打造具有地方特色、服务本地的数据中心。例如，定位于打造世界领先的高端数据中心发展集群，北京市推动新增前瞻布局和存量优化提升，在空间上划定功能保障区、改造升级区、适度发展区和协同发展区，并确定新建、关闭、升级改造、整合等不同优化方式的具体指标区间，严格执行分区分类差异化管理措施。深圳则结合大湾区国家战略，定位于建设粤港澳大湾区大数据中心，提出按照"一核两带边缘点"总体布局，形成数据中心核心集聚区、产业发展和科技创新支撑算力带，建立多层级数据中心集群体系。通过具体规划统筹推动数据中心建设与国家重大战略结合，形成功能明确、规模适度的数据中心集聚区，引导数据中心发展与城市资源基础、产业结构、经济水平相适应。

（二）以能效监控为抓手，实现数据中心能耗在线实时监测

将能耗情况纳入统一监控平台是数据中心节能减排的重要前提，北京、上海在全国率先实现能耗在线实时监测。2021年上海发布《数据中心能耗在线监测技术规范（征求意见稿）》，对数据中心能耗在线监测系统相关的配套设施建设提出具体要求，并推动新建和存量数据中心尽快接入市级能耗监测平台，实时监测运行状态。并强化能源及碳排放审计，搭建"上海市数据中心在线能源审计平台"，通过在线填报或数据接口掌握数据中心用能情况，进行达标监测、节能挖潜工作。该平台已经涵盖全市112家互联网数据中心，形成规范的数据中心能耗及碳排放监管机制。2021年北京印发《北京市进一步强化节能实施方案》，提出"年底前完成全市重点用能单位中提供第三方数据中心服务的企业实时电耗数据接入北京市节能监测服务平台，实现实时准确电耗监测"。已有26家企业共40栋数据中心的电耗实时数据接入市节能监测服务平台，助于对用能效率进行及时检查、诊断和评估，提升数据中心节能节电管理时效性和精细化水平。

（三）加大力度推动数据中心可再生能源利用

优化用能结构可以从源头上提高数据中心绿色低碳水平。浙江省将数据中心可再生能源使用率作为绿色节能关键指标，提出到2023年年底，全省数据中心可再生能源使用率高于25%以及到2025年年底高于30%的目标。北京则明确要求项目节能报告中应体现可再生能源利用方案，鼓励2021年及以后新建及改扩建数据中心通过自建分布式可再生能源设施、绿色电力交易或可再生能源绿色电力证书认购等方式，每年按10%逐年提高可再生能源利用比例，到2030年实现100%。从2022年第一季度北京通过节能审查的数据中心项目看，均有可再生能源利用方案，且绝大多数提出2030年实现100%的目标。

（四）政策支持数据中心绿色技术应用和能源综合利用

绿色技术应用和能源综合利用是降低数据中心能耗的重要方式，上海市对此进行诸多制度、金融创新。编制《上海市数据中心先进适用技术目录》，按照各项技术对提高能效的贡献率、技术成熟度、经济性等因素进行分级。建立对于采用不同先进节能技术的数据中心项目享受差异化利率的服务体系，为优质的数据中心项目提供精准的金融服务。技术目录与产业绿贷为数据中心加大绿色技术应用给予了明晰指导和优惠信贷支持，还能带动相关节能环保产业发展。同时为推动能源综合利用，上海将数据中心纳入城市能源系统框架，倡导CPUE（综合电能利用效率）指标，鼓励数据中心利用周边余热，在PUE监管时进行抵扣，推动数据中心与周边余热／冷资源协同，实现全市总体能耗绝对下降。目前对于新建、在用和改造数据中心CPUE的要求分别为≤1.3、≤1.7、≤1.4。

（五）健全评测机制倒逼数据中心高质量发展

以绿色数据中心评测作为推动绿色数据中心建设的重要手段，北京、浙江、深圳等地先后出台绿色数据中心评价地方标准。北京于2019年印发《北京市绿色数据中心评价规范（试行）》，以此为依据开展数据中心自评价与第三方评价，并且打造出一批优质的绿色数据中心第三方评价、评测和咨询服务机构。深圳市于2021年印发《深圳市绿色数据中心评价规范（征求意见稿）》，对不同规模的数据中心从能源资源高效利用、绿色供应链管理、绿色运维等方面进行等级划分，并对获得市绿色数据中心称号的企业给予资金奖励。既可有效引导新建数据中心的绿色建设，又可以评促改，推动既有数据中心的绿色化水平提升。

三、推动广州数据中心行业绿色高质量发展的对策建议

"十四五"时期是推动数据中心绿色高质量发展关键时期，要统筹全市数据中心规模和布局，提升能效和清洁能源水平，形成布局均衡、功能聚焦、高效绿色的发展格局，支撑广州数字化与绿色化协同转型。

（一）加强规划引领，形成服务数字化转型的数据中心集聚区

统筹节能减碳和数字经济发展需要，尽早制定数据中心建设指导意见、规范和中长期发展规划，赋能城市运营与重点产业。一要结合城市规划，制定数据中心准入导则，明确数据中心等新型基础设施"三线一单"生态环境分区管控和准入清单，推动做好新建数据中心和改造升级存量

数据中心的资源环境承载能力评估与空间布局。二要统筹算力资源部署规模，聚焦数据中心功能定位引导分区分类统筹发展，严格限制新增存储型数据中心业务，重点部署支撑智慧城市、工业互联网、人工智能等计算型数据中心和人工智能算力中心。三要适度引导数据中心集约化建设，土地、电力和能耗资源相对宽松区域规划集中发展区，打造上下游企业聚集发展的产业园区，实现上游数据中心高端设备制造，以及下游工业互联网、区块链、人工智能等全产业链式协同发展。

（二）加快战略衔接，打造大湾区低时延数据中心核心区

"东数西算"国家战略推动下，数据中心将呈现两极化发展模式，一是大型化、集中式，二是小型化、分布式。一方面，加快建立与韶关以及周边城市跨区域的算力调度与政策衔接机制，积极引导满足中、高延时业务的新增数据中心（如存储类）向外迁移。另一方面，鼓励数据中心向"云+边+端"分布式架构演变，在全市合理布局边缘计算节点，与韶关集群错位发展，重点发展超低时延数据中心，助力构建优势互补的大湾区数据中心聚集区。针对广州边缘计算数据中心的政策空白，亟须研究制定边缘计算数据中心建设规范和标准，加快形成技术超前、规模适度的边缘计算节点布局。

（三）深挖节能潜力，提升数据中心能效水平

对目前已建和在建数据中心的存储容量、运算能力、能耗水平、使用效率、下游产业数字化拉动能力进行全面摸底、建档、动态更新，设置合理过渡期，形成关闭、整合、改造清单。将数据中心作为节能改造项目支持的重点领域，推动改造试点示范，对积极参与改造的数据中心项目，提供土地、资金以及新建项目用能指标优先支持。对于难以在规定时限通过改造达到基准要求的低效率、小规模、高能耗小散老旧数据中心，通过法治化、市场化方式推动其加快退出。鼓励按照"以高（能效）代低、以大（规模）代小、以新（技术）代旧"方式，实施减量替代，根据数据中心PUE值建立阶梯扶持机制，即PUE值越小，新增能源消费量给予更高程度支持。

（四）优化用能结构，健全绿色能源激励和市场化交易机制

将数据中心可再生能源使用和"双控"目标挂钩，建立可再生能源

使用硬指标，并逐年调整。基于此，在数据中心节能审查环节增加对可再生能源使用计划的考察，综合考虑总能耗和用能结构（碳排放量或可再生能源使用及采购量），优先支持可再生能源供电达到50%及以上的数据中心新建和扩建。利用广州电力交易市场先天优势，配套落地数据中心企业绿色电力交易等相关细则，结合碳排放量核算中将绿电相关碳排放予以扣减、或在能耗量核算中予以抵扣等政策措施，激励数据中心企业投资可再生能源项目、建设分布式可再生能源设施，或通过绿色电力交易、认购绿色电力证书等方式，提升可再生能源利用比例。

（五）强化考核约束，注重数据中心全链条能耗与碳排放管理

加大数据中心立项、审查、运营等各个环节的专业评估，强化事中事后监管与考核。加快制定广州数据中心电能利用率、水利用率、碳排放强度和可再生能源利用率等核心指标组成的绿色低碳综合评价体系及绿色数据中心评价标准，完善能效碳效水效标准硬约束，建立数据中心运行定期与不定期评测机制，并充分发挥碳交易、差别电价等市场机制作用。重点抓好能耗实时监测，建设市级数据中心能耗动态在线监测管理平台，分期分批实现已建、新建、节能改造的数据中心安装整体的能耗在线监测系统，尽快接入能耗在线监测管理平台。还要积极开展数据中心碳排放自查和第三方核查，逐步建立碳信息公开和披露制度，规范数据中心碳排放管理。

（李　杨）

推动广州生物医药产业创新发展

【提要】习近平总书记强调，要加快推进生物科技创新和产业化应用，推进生物安全领域科技自立自强，打造国家生物安全战略科技力量。广州生物医药产业发展中存在缺乏产业整体谋划、缺乏专业载体和专业园区、缺乏专业产业化平台、尚未形成有利于项目落地的工作机制等问题。建议通过加强生物医药产业整体谋划布局、深耕核心产业要素、整合资源并新设生物医药产业发展部门、充分发挥国资作用等对策，加快广州生物医药产业创新发展，为打赢疫情防控阻击战歼灭战提供科技支撑。

生物安全关乎人民生命健康，关乎国家长治久安，关乎中华民族永续发展，是国家总体安全的重要组成部分，也是影响乃至重塑世界格局的重要力量。习近平总书记在2022年3月17日中共中央政治局常务委员会会议上强调，要提高科学精准防控水平，不断优化疫情防控举措，加强疫苗、快速检测试剂和药物研发等科技攻关，使防控工作更有针对性。广州要胸怀"国之大者"，充分发展多种新型疫苗技术，做好研发及生产储备，确保应对手段充足有效，促进生物医药产业创新发展。

一、广州生物医药产业发展中存在的主要问题

自2017年广州开发区国际生物医药价值创新园开园以来，成功引进丹纳赫—思拓凡（原GE Healthcare Co.）生物科技园、百济神州大分子工厂、瑞士龙沙（CDMO）工厂、赛默飞、恒瑞、绿叶、诺诚健华等创新药和产业链高端项目，呈现出大分子产能跃升至50万升、诊断试剂产业国内

形成较大规模、医学检验实验室连锁集团蓬勃发展、基因编辑和细胞治疗及相关CDMO公司方兴未艾等四大特点，取得瞩目成绩，逐步进入高端高效绿色循环发展。与此同时，由于广州生物医药产业发展实践时间较短，涉及生物安全方向的内容并不多，短板也比较明显。包括：创新药和前沿技术研发、开发能力比较欠缺，生物制品特别是疫苗、抗肿瘤药物等研发、生产能力处于起步阶段，国际化的高端生物医药前端研发、产品注册、生产和质控、高端生产装备和高端科学仪器等方向人才比较欠缺等。

对比先进地区的经验做法，广州还存在一些影响生物医药产业落地发展的因素。

（一）缺乏产业整体谋划

与上海、苏州等行业发展领先地区相比，广州缺乏针对生物医药产业，统揽全局、与时俱进的战略规划方案。例如上海市2009—2018年来，连续制定3个生物医药产业三年行动计划、2个实施意见；苏州市2018—2020年颁布3个生物医药产业规划方案类文件。相比起来，虽然广州市在2018年颁布了《广州市加快IAB产业发展五年行动计划（2018—2022年）》《广州市加快生物医药产业发展实施意见》，但从产业支持，例如在药监、医保、卫生等行政审批程序上并没有在真正意义上出现像苏州、上海等政府部门之间协同和有创新举措的做法，未能充分体现产业规划的引领作用。

（二）缺乏专业载体和专业园区

习近平总书记指出，要加强应急物资和能力储备，既要储备实物，也要储备产能。在与相关生物安全产业项目，特别是疫苗项目对接时，发现符合GMP标准的通用生产厂房，或者配套成熟、参数符合的专业生产厂房对企业落户吸引力最大，提供这样的厂房能极大节约企业建设时间。上海张江、苏州工业园等行业发展先进地区均已集中规划、建设一批可承接生物医药产业化的专业园区和厂房，而广州恰恰缺乏这类规模较大、连片开发建设的生物医药专业园区及专用生产载体基地。例如，广州开发区在洽谈引进国药、科兴、康希诺等已获批上市的新冠疫苗企业时，由于广州现存疫苗生产企业少，也缺乏现有符合疫苗安全生产条件的疫苗GMP生产厂房，导致来穗增资扩产的项目无法落地。相反，北京、天津得益于园区厂房提前建设，能够利用已有场地转化为生产场地，安排生产设施，承接国药、科兴、康希诺等新冠疫苗品种快速扩充生产。广州开发区2021年6月份能够成功引进魏于全院士团队的威斯克重组蛋白新冠疫苗项目，也正是黄埔区委区政府充分调研，提前决策，半年前启动了知识城疫苗基地建设，极大为重要客户压缩了基建时间，提升企业的产能和生产竞争力。

（三）缺乏专业产业化平台

与先进地区相比，广州市欠缺生物医药公共技术服务中心（平台）、GMP标准载体，欠缺可供使用的标准实验室甚至是P3实验室，综合运营的CRO公司布点稀缺，医疗机构临床实验服务整合度不高等等。总体上，对生物医药创新成果转化综合支持力度不足，创新成果从研发到生产跨越大，成功率较低。

（四）对初创型高端生物医药企业用于发展生产的资金支持和投资均较欠缺

生物医药产品，除了有商品经济属性，也有比较强的公益属性和专利限期的紧迫性。尤其用于治病防控的疫苗项目，具有应对疫情的公共性和急迫性，为了抢抓时间，需要在研发的同时，提前建设生产厂房和购买生产设备，在投资上要求更高的投入，有一定的投资风险。个别有关键技术和重要意义项目，存在起步体量小，自行投融资耗时长、难度大，难以实现快速投产，及时应对公共安全事件。例如2021年疫情发生后，北京市举全市之力支持国药中生北京公司和科兴公司开展疫苗研发，一周内完成了应急立项和经费下达，这些"救命钱"大大坚定了企业研发的信心。此外，支持企业提前筹备生产厂房及设施建设，正是在对疫苗研发生产全链条大力支持下，大大加速了疫苗研发和生产。上海、天津、苏州等地各级政府给予全力支持研发和生产投入。广州开发区在洽谈威斯克、艾博生物，以及推动区内锐博生物mRNA疫苗、恩宝生物腺病毒载体疫苗等研发品种时，发现企业面临建厂及购买生产设备资金短缺、疫苗临床研发资金需求大等问题比较突出。目前黄埔区政府虽通过引导国企投资、给予政府扶持等措施，但企业起步过程中仍存在一定的资金压力。

（五）尚未形成有利于项目落地的工作机制

生物医药的研发生产涉及多个部门的审批，协调难度较大。例如科技负责遗传伦理审批，药监负责产品注册和生产管理，工信负责生产要素调拨和产业支持，卫健和大型医疗机构负责创新型生物医药产品使用等事项。单靠企业一味自行解决，难度大、效率低、进展慢，迫切需要各级部门统一认识、勇于作为，并形成工作协调机制，积极助推项目顺利落地。

二、促进广州生物医药产业创新发展的对策建议

习近平总书记指出，要完善国家生物安全治理体系，加强战略性、前瞻性研究谋划，完善国家生物安全战略。广州应高度重视生物医药产业培育和疫苗等高端生物医药产品的引进工作，采取有力措施，补齐产业化缓慢短板，加快推进广州生物制品高质量发展，逐步形成平台技术百花齐放产业链端人才高地集中，争取弯道超车，提升生物安全治理能力。为加快推进广州生物医药产业发展，提出如下对策建议。

（一）加强生物医药产业整体谋划布局

美国马里兰州罗克维尔市是美国食品药物管理局（FDA）主要所在地，同时也是全球核心的生物制品以及疫苗开发中心。该州享有创新药监管审批便利等优势，龙头企业葛兰素、阿斯利康等集聚，P3、P4实验室数量众多，CMO代工生产疫苗产能富足，人才储备充足。国内很多创新药企业例如亚盛医药、天境生物等也把研发和注册总部放在该地。生物医药产业的企业具备占地面积不太大，基本无特别排放污染，产品体积尺寸小，亩产值产能突出等特点。建议广州考察马里兰州生物医药产业，以打造发展生物医药产业和疫苗为广州一项重点工程，整体谋划大力推动相关产业发展，力争成为国内顶尖的创新药聚集和产能转化中心。此外，广州也应借鉴"中国药谷"北京大兴区生物医药产业发展的成功经验。大兴区2021年经济增速位列北京第一名，以生物医药为龙头的主导产业起到了强势推动作用。2021年底，大兴生物医药产业基地全年规模以上工业产值达到1565亿，至今已入驻5000余家企业、机构，集聚上百家创新研发团队。建

议由市发改、商务等部门牵头，尽快完善生物医药产业整体布局规划，以2～3个细分产业为突破口，全市统一规划设定专门发展产业园区，提前建设适用生产型工业载体，指定有关部门定期服务。大力引进国内外高质量生物医药研发企业落地生产，把生物医药里面的创新药、疫苗研发及生产作为广州市"一号工程"重点推进。

（二）深耕核心产业要素

一是重点倾斜细分市场，寻求高质量招商突破口。建议由市商务、科技等部门牵头以创新药、创新型新冠疫苗产业为突破口，加大引进和培育力度，通过扶持关键企业落地带动全产业链发展；对落户以及本土成长的优质核心创新药、创新型新冠疫苗企业，市、区两级给予核心品种不应再一视同仁，应该给予"一企一策"的专项品种扶持。例如，2018年广州开发区引进百济神州项目使用"招商4.0"策略。一方面，该区评估认为百济神州替雷利珠单抗多肿瘤临床方向的客观缓解率（ORR）、完全缓解率（CR）数据极可能比当时美国知名药企核心产品O药、K药要强。数据和分子结构表明：替雷利珠单抗与PD-1的结合面与PD-1 / PD-L1结合面高度相似，能够更彻底地阻断PD-1 / PD-L1相结合。且替雷利珠单抗设计目的是为了最大限度地减少与巨噬细胞中的Fcγ受体结合，减少抗体依赖的细胞介导吞噬作用（ADCP）效应。另一方面，针对企业落户紧迫的资金需求，开发区投促局联手区内国企、省建设银行、第三方专业机构对替雷利珠单抗做出知识产权估值，并以此推动后期的投资融资决策。此案例也成为广州开发区接受知识产权估值作决策参考最大一宗成功案例，也是广东省建设银行近年来最大宗参考知识产权估值发放的大额贷款案例。从此，广州生物医药产业以点带面，闯出全国名声，加速进入绿色循环新境界。二是加强专业载体建设。建议广州开发区、南沙区牵头，参考苏州生物医药产业园BioBay模式，提前建设高标准产业厂房（非目前传统孵化器），吸引专精特新的创新药研发企业入驻并聚集发展，形成申请用地、IPO上市、载体退出或2.0版新载体建设的良性循环。三是增设贴心产业政策。建议由市发改部门牵头出台产业政策，自上而下支持产业发展。例如2021年9月16日，江苏省出台的《关于促进全省生物医药产业高质量发展的若干政策措施》，从产业发展目标、产品开发、审评审批、生产制造、终端使用、引才育才、产业生态7个方面提出了30条政策措施。重点在加大资金支持，强化原始创新和关键核心技术攻关能力、鼓励临床研究，加速成果转化等方面给予支持。上海和深圳等地也出台了类似的产业支持政策。四是设立产业专用的应急启动资金。为加快形成适应公共卫生安全事件的快速响应机制，建议由市工信局在急情况下给予对疫苗和治疗药物等项目设立小型的应急启动资金和投资引导支持，专门用于关键生产线的购置扶持。

（三）整合资源并新设成立生物医药产业发展部门

参考国内其他省、市做法，突破原有组织架构，整合相关职能部门人力资源，形成全生物医药产业链的专业服务队伍。例如：四川成都专门成立了市一级成都高新区生物产业发展局；湖北省在武汉东湖高新区成立副厅级的武汉国家生物产业基地建设管理办公室；上海市设立市一级生物医药科技发展中心；苏州市市监局内设生物医药产业发展处、市监局领导挂职苏州高新区；江苏省政府则同意江苏食品药品监督管理局成立泰州直属分局专门支持泰州药品、医疗器械申报工作等。建议成立市一级生物医药发展促进部门或机构，做好企业引进、研发、临床、生产、销售等阶段的全链条服务。

（四）充分发挥国资作用

广州开发区自2017年以来，通过区国企战略投资引进百济神州、诺诚健华等创新型生物科技企业，带动了生物医药产业实现高端化循环发展，充分证明了国资引导的强大作用。目前广州市、区两级均成立相关国企投资集团，但由于相关激励和容错机制不完善，国资活力尚未激发，市内还没有形成类似苏州元禾原点、深圳深创投等专门聚焦"专精特新"中小企业等投融资企业品牌。广州市一级国资的投入仍偏保守，偏向于投资传统产业和成熟企业，出于收入利润指标考核压力和投资容错机制缺失的担忧，近年鲜有对生物医药产业做出重大投资。对于扶持战略新兴产业中小企业则缺位，对于国资做大做强容易错失机遇。因此，建议由市国资部门牵头，增加完善国资风投考核和激励相关机制，建立鼓励国资"肯担当、敢作为、能容错"的合理机制，鼓励积极投资疫苗等公共安全事业和战略新兴产业。通过合理的机制设定，平衡投资风险和收益，进一步推动国企聚焦战略新兴产业，实现专业化发展；同时，也建议市、区国资加强协同，共同扶持产业发展。

（李志清，黄伟坚）

加快广州集成电路产业人才队伍建设

【提要】破解广州集成电路产业人才发展堵点、完善广州集成电路产业人才政策，对推动广州数字经济发展尤为重要。当前广州集成电路产业人才队伍建设发展存在"五大堵点"，严重制约产业发展：一是高端领军人才短缺，人才引进的主体和渠道单一；二是人才供给不足，产教融合有待增强；三是行业内薪酬差异大，人才跳槽频繁；四是职称申报专业受限，人才评价机制不尽合理；五是人才政策细则落地跟进速度慢，服务保障"最后100米"没有打通。借鉴上海等城市出台集成电路产业人才政策的做法经验，建议：一是补齐短板，尽快制定广州集成电路人才规划；二是加大高端人才引进力度，建立行业激励机制；三是加大本地人才培养力度，促进产教融合体系建设；四是以能力、业绩为导向，创新职称评价体系；五是优化全周期服务，打造有温度的人才服务体系。

近年来，广州集成电路产业取得突破性进展，拥有芯片设计细分领域龙头企业，封装测试和材料产业不断发展，初步形成规模集聚效应，正全力以赴打造成为中国集成电路第三极核心集聚区。然而，在面临外部关键技术和设备紧缺、国产化替代暂未达到一定规模经济的情况下，稀缺而又急需的专业人才成为广州集成电路产业发展的第一短板。破解广州集成电路产业人才发展的堵点，构建集成电路专业人才培育、储备、发展的路径，提升广州产业链与人才链契合度，激发专业技术人才的创新活力，显得尤其迫切。

一、广州集成电路产业人才建设发展的五大堵点

当前广州集成电路产业在引才、育才、留才等方面存在五大堵点，在很大程度上制约了广州集成电路产业的高质量发展。

（一）高端领军人才短缺，人才引进的主体和渠道单一

近年来，广州集成电路行业不断加大对领军人才和高端人才的引进力度，多措并举出台了大力度人才引进政策，但城市间人才政策同质性问题严重，人才引进效果并不明显。据了解，广州的产业发展环境、配套政策，以及股权激励机制、薪酬等情况都是影响人才引进的重要因素。同时，由于受到中美经贸摩擦和新冠疫情的双重影响，广州集成电路企业从境外引进专业人才数量下降明显。以产业龙头制造企业广州粤芯半导体技术有限公司为例，企业早期很多高端领军集成电路人才来自海外，但国际人才持续吸引力不足，国内的集成电路产业人才更多的聚集在长三角地区，到广州工作意愿不强烈。

当前，引进海内外高层次人才的竞争更加激烈。而广州人才引进的主体和渠道的市场化配置不高，且缺乏对需求情况的精准研判。一方面，在引才目录编制过程中，习惯照老办法召开用人单位人事部门座谈会和专家座谈会等征求意见，但引才工作中集成电路企事业单位的参与往往不够，政府引才部门对相关行业领域的认知有限，导致最终发布的人才需求目录难以反映集成电路行业（设计、生产、封装、检测）细分需求。另一方面，由政府主导的信息平台普遍存在知晓度不高、信息量不足、更新滞后等问题，市场化的信息交流平台尚未建立，导致人才、项目、政策、资金等要素信息难以整合，资源共享不畅。

（二）高校人才供给不足，产教融合有待增强

集成电路是知识密集型行业，目前高校培养的人才缺口较大，制约了广州集成电路产业的发展。广州地区高等院校集成电路相关专业毕业生从事集成电路产业的比例仍然较低，据不完全统计，2020—2021年间，广州地区高校所学领域与集成电路专业相关毕业生求职者仅占广州人才供给总量的15.13%。广州目前在建的粤芯半导体二期项目建设生产线2～3

条，到2024年前后，广州集成电路行业人才需求规模约为2万人左右，而广州现有人才存量1万人左右（设计业0.4万人，制造业0.3万人，封测业0.3万人），人才缺口将达到1万人。广州地区每年约有400名集成电路相关领域的毕业生，然而2020年只有12%的毕业生进入广州本行业就业。中山大学、华南理工大学、广东工业大学等高校均设有集成电路专业，招生规模每年都在大幅增加，但学科人才数量仍不能满足广州产业发展需求。自2018年开始，为满足产业人才的需要，华工、中大、广工集成电路专业和粤芯集团均采用联合培养的模式，但毕业生考虑到个人成长周期较长，薪资不高等原因，直接进入粤芯等半导体企业从事芯片制造领域的比例较低。

从师资队伍来看，目前广州地区高校掌握集成电路国际前沿理论和技术，且具备实战能力的师资较为缺乏，使得学生也严重缺乏实践能力。从实训基地来看，广州地区高校培养人才的实训环境缺乏，学生实操机会有限，很多集成电路专业毕业生基本不会在硅片上做晶体管，很难满足企业对成电路人才发展的实际要求。

（三）行业内薪酬差异大，人才跳槽频繁

集成电路行业抢夺人才非常激烈，由于职业前景受限，行业人才成长周期较长，技术类人员未来的职业发展受到一定制约，对优秀人员的吸引力逐渐减弱。一方面，与数字经济其他行业相比，广州集成电路行业由于投入大、研发投入高等因素，企业利润有限，人才薪资不及其他行业。据调研了解，2021年集成电路行业人才平均招聘薪资为12420元／月，十年工作经验的芯片人才平均招聘工资为20550元／月，仅为同等工作年限的软件服务类人才薪资水平的一半，大部分集成电路专业人才更愿意去互联网、计算机软件、IT服务、通信和房地产等行业。另一方面，从集成电路内部产业链看，产业链不同环节企业普遍存在较为严重的挖角现象，人才结构逐步形成设计类和生产类"前、中端重"、封装测试类"后端轻"的趋势，如设计类公司会去高薪抢夺生产类企业的人才。设计类依然是集成电路产业内薪资水平最高的环节，封装测试类、半导体设备和材料类相对较低。据调研了解，集成电路行业整体离职率15%，高于一般企业

5%～10%的人员流动率。其中设计类的主动离职率最低，为10.84%，生产类为15.89%，封装测试类人才流动性较高，高达18.2%。

（四）职称申报专业受限，人才评价机制不尽合理

广州现行的高层次人才评价机制，未能充分发挥用人单位主体作用，存在人才错配和浪费的问题。广州现行的高层次人才评价标准由市人社局单独制定，认定也仅通过市人社局受理审核。但市人社局尚无法全面把握广州经济社会发展阶段性目标和产业、人才需求状况，尚未根据集成产业对人才的需求及时增补制定人才认定标准。广州2019年新修订完善的工程系列职称重点行业中，没有增加针对集成电路、算力算法等重点领域的职称专业，集成电路领域人才参评职称有所困惑，一定程度上会制约技术交流和人才职业发展。据课题组赴广州粤芯半导体公司调研了解，公司技术人员在申请工程师、高级工程师等技术职称时，因为没有直接对应的集成电路专业门类，只能参加其他门类如仪电、计算机、人工智能等专业的评审，导致评审通过难度大大增加，职称晋升等受到限制。

（五）人才政策落地细则跟进速度慢，服务保障"最后100米"没有打通

2018年以来，广州市已制定了两轮关于集成电路行业发展的三年行动计划，在人才引进政策制定上也抓住了集聚高端人才这个核心，不断出台优化人才准入和人才发展环境的政策，但有些政策条款因实施落地速度慢、条件不到位或协调性不够，使政策的效果显现得尚不够及时。比如，用人单位选人用人自主权下放问题就迟迟落不了地。同时，很多配套的细则并没有跟进，让新政只是"看起来很美"，导致人才在实际工作、生活中出现"落差感"，最终"引进来"却"留不住"。比如，政策中常常列出创新创业人才、工程技术人才及团队"享受优惠政策"，但具体的条件要求并不明确，单位选人、用人依然要经历申报、审批等繁琐流程才能落实相关待遇。有的区出台集成电路人才政策，提出"完善社会化市场化人才认定机制"、实施"集成电路设计企业人才奖补"等措施，但对产业链上下游企业人才需求不清楚、人才分类评价指标也不明晰，政策难以落地。

同时，随着人才引进力度的不断加大，广州加大了对人才服务保障的力度，但在人才服务保障政策执行和落实过程中，还存在着"温差""落差"等跟踪服务不到位问题。据调研了解，集成电路人才引进时承诺的优惠政策和服务事项并没有完全兑现，人才优惠政策还没有很好地落实落细，人才服务保障政策制定滞后于人才引进工作，在人才落户、配偶就业、子女入学、医疗、社保、出入境等服务保障的"最后100米"仍有待打通，"引才难、留才难"等突出问题还没有根本扭转。以集成电路行业集聚的中新知识城为例，公共配套不足与产业人口数量激增带来的矛盾削弱了该区对高端人才群体的吸引力。由政府为主导建设的人才公寓项目谋划不足、建设滞后，不能满足高层次人才享受的人才公寓政策红利，一些高层次人才每天需要花费三小时左右通勤时间往返市区。

二、先进城市集成电路产业人才政策的做法经验

（一）上海：着力突出人才支持政策

上海是我国集成电路产业高地和人才高地，是国内集成电路"产业链最完整、企业集聚度最高、综合技术能力最强"的区域，产业规模占全国22%，产业人才占全国的40%，约20万人。上海市政府在2000年、2012年、2017年、2022年出台的四轮综合性支持政策，以促进上海市集成电路和软件产业做大做强。2022年1月19日，上海公布第四轮综合支持政策——《新时期促进上海市集成电路产业和软件产业高质量发展的若干政策》把人才政策放在首位，作为继总则之后的第二章节内容，占据全篇政策接近1/4，制订实施完备的集成电路产业人才政策和人才培育专项，要求在全方位培养、引进、用好产业人才上下功夫。包括将优化研发设计人员和企业核心团队奖励，重点支持承担国家及上海市重大攻关任务的集成电路生产、装备、材料、设计、先进封装测试企业研发设计人员。

（二）南京：构建产教融合新生态

南京充分发挥人才优势和科技优势，驱动集成电路产业高质量发展，江北新区作为南京集成电路发展核心区，聚焦集成电路人才培养。一是

2019年2月，南京发布《南京市打造集成电路产业地标行动计划》，在江北新区建成7000平方米人才实训基地，举办"集成电路设计高级研修班"等各类培训，培育适用型人才。二是2020年10月，江北新区管委会根据当地产业发展需要，在创新学院的基础上成立南京集成电路大学。作为一个衔接高校和企业、推进产教融合的开放平台，以实训带教为主，进行多维度、全方位的产业人才的培养。三是2021年5月，教育部发文正式批复同意南京大学等四所高校承担的"国家集成电路产教融合创新平台"。南京大学将整合高校和产业优质资源，集人才培养、学科建设、科学研究三位一体，形成集成电路工艺实训、设计实训和协同创新的完整体系。

（三）成都：突出产业导向深化职称制度改革

2019年10月，成都市委、市政府出台《关于深化职称制度改革的实施意见》，明确提出了"优化职称系列专业，紧紧围绕'5+5+1'现代产业体系建设，在战略性新兴产业领域新增设职称评审专业"的要求。一是聚焦重大战略，增设职称专业。为深化职称制度改革，吸引更多优秀人才投身人工智能、大数据、集成电路领域工作，助推科技与经济融合发展高位推进，成都在全国副省级城市第一个制订了集成电路等三个专业的职称评定办法。二是突出产业导向，改革评价标准。明确职称评价标准的基本条件和各级别所需资格条件。着力破除"唯学历、唯资历、唯论文"限制，建立体现以能力水平和业绩成果为导向的职称评价指标体系，突出产业需求、企业需求和市场认可，重点考核工作绩效、实际贡献、创新成果，将业绩成果推动行业发展的影响力、对产业发展的实际贡献、产生的经济效益和社会效益作为重要评价指标。

三、破解广州集成电路产业人才发展堵点的对策建议

充分发挥人才引领发展重要作用，激励集成电路产业人才在广州干事创业，推动全市数字经济发展，建议借鉴上海、南京、成都的经验，完善广州集成电路产业人才政策。

（一）补齐短板，尽快制定广州集成电路产业人才专项规划

积极融入国家发展战略，主动对接省的部署安排，在原来出台的若干措施基础上，完善广州人才发展与集成电路产业发展深度融合的有效机制。一是尽快制定既符合广州集成电路产业定位又与其他城市差异化发展的集成电路人才专项规划，加强对广州集成电路产业人才的政策引导激励。积极构建集成电路全产业链"金字塔"人才梯队和人才发展"生态圈"，聚焦研发设计、晶圆制造、封装测试、材料设备、终端应用等全产业链人才需求，定制一张从顶尖到基础、国内到海外、上游到下游的"金字塔"式"人才地图"，全面形成"四张清单"，即集成电路头部企业清单、高等院校集成电路专业清单、集成电路人才需求清单、集成电路重点攻关项目清单。二是建设广州人才大数据中心，定期发布集成电路人才供需指数，推动人才招引数字化转型。尤其是制定政策时要贴近市场主体需要和满足产业人才需求，精准把脉梳理企业人才需求，增加政策可操作性，助力企业引进人才、培养人才，在人才招聘、就业、培训等方面给予支持。

（二）加大高端人才引进力度，建立行业激励机制

进一步制定更具力度的引才政策，充分发挥高端人才的领军作用，及时建立人才梯队体系和评价手段，完善行业激励机制。一是设立专门机构引进服务人才。借鉴黄埔区委人才工作局建设经验，推动广州各区设立专为人才引进和服务的机构，从全球引进集成电路等领域的创新人才及团队；畅通与国内顶尖人才的对接渠道，积极赴长三角地区、京津冀地区等重点地区进行宣讲招聘；开辟高层次人才引进"绿色通道"，吸引全国数字经济领域的高层次技术人才、产业人才、复合型人才及研发团队来穗。二是打造集成电路专项人才项目。紧紧围绕"珠江人才计划"等人才引进工程，不断吸引高水平的集成电路人才落户广州市，并且为其提供相应的"一站式"服务项目，努力形成全球集成电路人才集聚区。如广州市南沙区政府实行的"人才+平台"项目，通过实施"集聚千亿级AI产业"以及"99类数据资源无条件开放"等措施，以吸引数字化企业与人才不断入驻南沙区。

（三）加强本地人才培养，促进产教融合体系建设

通过多种渠道和方式，推动和拓展产学一体化进程，促进产教融合体系建设，形成符合广州实际的本地集成电路人才电路培养格局。一是搭建平台，加强高校与企业之间的联动。建议依托华南理工大学、中山大学等高校，与数字产业化领域的粤芯半导体等企业，通过产学研合作补齐广州市集成电路人才短板和产业创新短板。增设建立人才中心、科研中心、联合攻关实验室，打破传统产教分离的壁垒，通过继承性地加大专项扶持、放开标准条件等政策的落地，持续实施优化升级的人才政策。建议联合数字经济领域标杆企业、高校和科研机构、智库论坛等单位的数字经济方面专家学者，通过课堂讲授、实地走访、经验交流相结合的培训方式，为制造业企业、数字经济企业中从事技术研发或生产管理的中高级专业人才和管理人才提供培训服务。二是开展订单式人才培养，实时贴合产业发展需求。针对处于不同发展阶段的人才，设立多元化的产学融合模式，促进企业的需求向人才培养领域延伸。企业主导建立合作研究机构，并将自身的人才需求直接反映给有产出能力的高校和科研机构，从而有效促进尖端技术研发和专业人才培育，达到以产促学、以产促研的效果。

（四）以能力、业绩为导向，创新职称评价机制

深化职称制度改革，吸引更多优秀人才投身集成电路等领域工作，助推科技与经济融合发展。一是尽快增设集成电路等专业职称，建立健全广州集成电路专业技术人员职称评定办法。拟新增的集成电路专业可分为集成电路材料、装备、设计、封装、测试和生产制造6个方向，涵盖集成电路全产业链，通过完整的人才评价链条助力集成电路产业接链串链、协同发展。二是实行重点企业人才单独评价。紧盯数字经济和新产业、新动能发展，为广州集成电路龙头企业"高精尖缺"急需紧缺工程人才开展单独评价，为龙头企业参与项目招标、科研项目申报、科创板上市等提供人才保障。三是推进评价方式、评审机构、评审监管等评价机制改革，切实提升职称评价的公正性和有效性，实现"谁用人谁评价"。合理下放评价权，进一步扩大企业在人才认定方面的自主权，让企业可以依据行业标准和企业特点自主设置人才评价标准。除国家规定的以考代评系列外，对所有用人单位实行初级职称自主聘任，为大专院校、重点企事业单位和黄埔区下放职称自主评审权，切实发挥用人主体作用。

（五）优化全周期服务，打造有温度的人才服务体系

对标补齐并切实兑现集成电路产业人才保障措施，适当升级集成电路行业人才政策、平台与服务，全力打造优质人才发展生态。一是市、区两级对标上海、深圳等其他先进城市，探索设立集成电路人才专项基金，加快补齐在产业人才扶持、研发成果转化激励等方面的政策短板，提供更加精准有力的专项政策支持，鼓励与吸引更多优秀团队来穗发展。二是对集成电路行业的高层次技术人才和高级管理人才，在人才认定、人才落户、人才公寓、子女教育、个税奖励、技术研发贡献等方面，加速出台完整的人才引进政策。如以年薪为基准出台补贴政策，实施人才租赁住房五年行动计划，单列部分房源专门用于集成电路产业人才，鼓励和支持集成电路头部企业自建人才公寓等。三是加快打造高新高质集成电路产业园区和公共服务平台，在园区内形成核心企业、研发机构、相关基金等要素齐全的产业生态体系。落实省"对产业带动作用明显的国家级公共服务平台，可按照'一事一议'的方式予以支持"的意见，支持黄埔区牵头建设广州市集成电路公共服务平台，营造好产业发展和人才服务生态。

（杨姝琴，徐小雅）

打造广州东部"智能网联+"新能源汽车产业集群

【提要】汽车与能源、交通、信息通信等领域有关技术加速融合，"智能网联+"新能源汽车将成为主流。广州东部拥有两个国家级经开区和两个汽车零部件产业基地，已布局广本、小鹏、北汽（广州）等新能源整车及100多家规上汽车零部件企业，但新能源整车企业发展不达预期，核心零部件本地化配套较低、自主把控能力弱。建议广州抢抓"智能网联+"新能源汽车发展机遇，乘势而上，在广州东部布局"智能网联+"新能源汽车整车企业，协调北汽集团，促使北汽（广州）生产基地与新能源头部企业（如小鹏汽车）加强合作，共同盘活资源要素。支持广州东部在汽车及核心零部件产业上稳链补链强链、集中力量开展关键核心技术攻关、完善公共创新支撑体系，推动产业能级提升，将广州打造成为具有国际竞争力的万亿级"智车之城"。

当前，全球新一轮科技革命和产业变革蓬勃发展，汽车与能源、交通、信息通信等领域有关技术加速融合，"车能融合""车路协同""车网互联"聚合赋能，推动汽车从一个"硬件为主"的单纯交通工具向"软硬兼备"的移动智能终端、储能单元和数字空间转变，长远来看，基于电动化的智能化汽车必将成为主流。汽车产业作为广州第一大支柱产业，发展基础扎实，产业体系完善，"十四五"时期是智能与新能源汽车产业发展的重要战略机遇，是广州汽车产业由大变强、抢占发展制高点的关键突破期，必须抢抓机遇、加强谋划、统筹兼顾、精准发力，以时不我待、只争朝夕的精神，打造具有国际竞争力的万亿级"智车之城"。

一、广州东部发展"智能网联+"新能源汽车产业集群的战略意义

（一）发展"智能网联+"新能源汽车产业是我国汽车产业重点发展方向

国务院办公厅印发《新能源汽车产业发展规划（2021—2035年）》，明确以新能源汽车为智能网联技术率先应用的载体，着力推动新能源汽车产业高质量发展。国家发展改革委等11个部门出台《智能汽车创新发展战略》，明确智能网联汽车已成为全球汽车产业发展的战略方向，提出建设智能汽车强国。碳达峰碳中和目标将深度影响我国经济结构转型升级和产业发展路径，对汽车产业在新时代的低碳发展提出更高要求。为抢抓汽车产业发展机遇，加速我国汽车产业智能网联化，目前，我国正在从政策扶持、制定路测法规、建设示范区、基础数据平台、产业创新联盟和批准重点项目等多个方面建立健全智能网联车产业的多层次多级别发展体系。因此，"智能网联+"新能源汽车是我国汽车产业重点发展方向，也是我国从汽车大国迈向汽车强国的必由之路，是应对气候变化、推动绿色发展的战略举措。

表1 国内智能网联汽车组织架构体系

四大产业群	京津冀、长三角、渝湘鄂和珠三角
十个国家级智能网联测试基地	上海、京冀、长沙、武汉、重庆、无锡、北方、嘉善、浙江和广州
四个国家级车联网先导区	无锡、长沙、天津和重庆
一个智能网联政策先行区	北京（无人驾驶车可在6条高速公路和城市快速路上路测试）
六个试点城市	北京、上海、广州、武汉、长沙和无锡等6个城市为智慧城市基础设施与智能网联汽车协同发展第一批试点城市

（二）发展"智能网联+"新能源汽车产业是广州加快建设制造业强市的重要抓手

"十三五"以来，广州工业增加值总量居七城市（北京、上海、广州、深圳、重庆、苏州、杭州）第五位，是工业大市上海、深圳和苏州的六成左右，为重庆的八成多，广州工业增加值占GDP的比重下降5.5个百分点。虽然2021年广州工业增加值占GDP的比重提升至23.8%，但在七城市中仍然偏低（见表2）。汽车产业是广州第一大支柱产业，发展基础扎实、产业体系完善、品牌质量稳步提升，发展路径从全盘引进到模仿探索，从合资合作到自主创新，正从"跟跑者""并行者"向"领跑者"阶段奋力挺进，形成了以整车制造为核心、零部件企业聚集、智能创新企业汇聚的汽车创新产业体系。"十四五"时期是智能与新能源汽车产业发展的重要战略机遇期，是汽车产业转型升级的重要窗口期，广州坚持发展汽车产业，全链式布局"智能网联+"新能源汽车产业有利于广州制造业立市、实体经济提质增效，有助于加快实现广州老城市新活力、"四个出新出彩"。

表2　2021年七城市GDP及工业增加值

城市	2021年GDP		2021年工业增加值		2016—2020工业增加值年均增速（%）	2021年工业增加值/GDP占比（%）
	总量（亿元）	增速（%）	总量（亿元）	增速（%）		
广州	28232	8.1	6717	9.1	4.8	0.238
上海	43215	8.1	10739	9.5	3	0.249
北京	40270	8.5	5693	31	3.6	0.141
深圳	30665	6.7	10356	5	6.3	0.338
重庆	27894	8.3	7889	9.6	6.4	0.283
苏州	22718	8.7	9963	11.2	5.6	0.439
杭州	18109	8.5	4805	9	5.1	0.265

（三）广州东部发展"智能网联+"新能源汽车产业是助力广州汽车产业集聚，加快建设全球知名"智车之城"的战略选择

2021年，广州实现汽车制造业总产值6124亿元，但汽车产业整车零部件营收之比均约1：0.33，与全国水平（全国为1：0.95）差距较大。广州汽车产业链较低端且分散，如广汽集团（含合资品牌）共有一级供应商2856家，其中广东省内954家（占比0.33），广州市内496家（占比0.174），一二三级供应商共有24104家，其中广东省7609家（占比0.316），广州市2894家（占比0.12）。受上海及长三角城市疫情影响，一些汽车关键零部件供应链阻断导致广州汽车产业大面积减产停产，广汽集团在上海市的零部件供应商共307家停工停产，导致广汽集团汽车产量减产10.7万辆，广州工业总产值减少138.6亿元，广州在地产值减少133.2亿元。广州东部拥有两个国家级经济技术开发区和两个汽车零部件产业基地，目前已布局广汽本田、小鹏汽车、北汽（广州）、宝能汽车等整车企业，拥有较为完整的汽车产业体系和较为充足的工业用地资源。抢抓新能源汽车产业发展机遇，在广州东部全力发展"智能网联+"新能源汽车产业，开展关键核心技术创新攻关，着力引进补齐核心零部件短板，推动汽车产业核心零部件近地化供应，有利于打造自主可控、高质量、高效益协同发展的现代化产业链，有利于加快打造万亿级汽车产业集群、建设全球知名"智车之城"。

二、广州东部发展"智能网联+"新能源汽车产业基础

（一）广州东部汽车产业发展的基础

在汽车产业布局方面，广州东部汽车产业已布局广汽本田、小鹏汽车、北汽（广州）、宝能汽车等整车企业，建设有两个广州汽车零部件产业基地（黄埔、增城），拥有广本发动机、东本发动机、日立电机、广州明珞等129家规上汽车零部件企业和600多家贸易企业，2021年汽车制造业实现产值2044亿元，已逐步形成以整车制造为核心，零部件企业广泛聚集，智能创新企业蜂拥汇聚的高质量汽车产业链体系。

在新能源汽车方面，广州东部拥有小鹏汽车、广汽本田新能源、北汽（广州）、宝能汽车等新能源整车企业和日立汽车马达、广州电装、松下电子、加特可变速箱、斯坦雷电气、现代氢燃料电池等核心零部件企业，已基本形成涵盖新能源整车生产、三大电（电池、电机、电控）以及电池关键材料等完备的新能源汽车产业体系。

在智能网联产业方面，广州东部拥有百度阿波罗、文远知行等国内排名靠前的自动驾驶公司。广州采取了全国最开放的政策许可方式，开展智能网联汽车的测试验证工作，发放测试牌照142张、有效测试里程超过350万千米。

在公共服务平台方面，广州东部聚集了工信部电子五所、中汽中心华南基地、广本研发中心、中国电器院、威凯检测技术、中国机械、国机集团、莱茵认证等一批拥有智能网联汽车和车联网领域国家级公共检验检测平台的机构，数量居全国前列，能力覆盖智能网联整车软硬件系统、零部件、汽车电子等全链条，以及可靠性、功能安全、信息安全等全面性能检测。

在新基建方面，广州东部在科学城、知识城、生物岛、长洲岛区域的133千米城市开放道路，选择102个路口路段部署面向高等级自动驾驶的C-V2X网络，建立一套智慧交通AI引擎，支撑六个城市级智慧交通生态应用平台。

（二）广州东部发展"智能网联+"新能源汽车产业的优势

广州作为全国汽车生产第一大市，其东部拥有两个国家级经济技术开发区和两个汽车零部件产业基地，汽车产业集群发展优势明显：一是汽车制造业规模大，拥有整车及零部件研发、设计、生产、销售等较为完备的产业链。二是电子信息制造业基础雄厚，广州东部布局有粤芯半导体、乐金光电、超视界、华星光电、视源电子、捷普电子等众多电子信息制造业，与新能源、智能网联汽车等新兴领域的跨行业融合合作具有领先优势。三是汽车产业集聚效应不断增强，广州东部已集聚了129家规上汽车零部件企业和600多家贸易企业，且高度集聚在两个国家级开发区内。

（三）广州东部发展"智能网联+"新能源汽车产业集群的不足

一是新能源整车企业发展有待加强。已量产的北汽（广州）生产运营不达预期，广本新能源工厂、小鹏汽车、宝能新能源汽车正在建设，新能源整车企业发展有待加强。二是产业链供应链有待完善。核心零部件本地化配套较低、自主把控能力弱，整车与零部件产值比约为3∶1，持续低于全国、全省水平。车规级MCU、IGBT芯片等高端核心组件高度依赖进口，整车控制系统、线控转向系统、智能座舱等关键部件仍是空白。三是节能与新能源汽车产品车型尚需拓展，七座商务车等无可选产品，面向中远途的中巴车以及环卫、医院、市场监测、港口作业、执法执勤等专业用车方面，新能源性能指标还难以满足实际使用需求。四是"智能网联+"新能源支撑体系有待完善。检测与研发平台共同合作推动产业创新的动力不强，无人驾驶相关的管理规范需进一步明确，充换电和供氢加氢等配套服务设施尚不完善，充电桩整体利用率不高与区域分布不合理并存。

三、推动广州东部打造"智能网联+"新能源汽车产业集群的建议

（一）全力招引"智能网联+"新能源汽车整车企业

一是协调北汽集团，促使北汽（广州）生产基地与新能源头部企业（如小鹏汽车）加强合作，加快推进工厂实现量产。北汽（广州）生产基地于2010年12月落户增城区，占地面积1247亩，建设冲压、焊接、涂装、总装四大工艺车间，拥有轿车、SUV、MPV、新能源车全牌照的生产资质，设计年产能10万辆，由于市场销售惨淡，2021年产量仅1.66万辆、产值仅18亿元，产能利用率低，经济效益差。鉴于工信部不再新批新能源生产资质，多个新能源头部企业有意与北汽集团合作，建议市政府出面协调北汽集团，促使北汽（广州）生产基地与新能源头部企业（如小鹏汽车）加强合作，共同盘活资源要素，既能新增百亿工业产值，又能集聚新能源汽车零部件产业。二是加强与广汽集团及其他新能源头部企业的战略合作关系，吸引广汽集团及新能源头部企业在增城区投资布局新能源整车。三

是靶向招引新能源商用车，开发生产七座商务、商用车等车型的节能与新能源汽车产品，更好满足粤港澳大湾区市场需求。

（二）精准招引"智能网联+"新能源产业延链补链项目

一是积极协调广汽集团在广州东部投资布局"智能网联+"新能源汽车零部件产业园区。2016年广州市政府发布《广州国际汽车零部件产业基地建设实施方案》，在番禺、增城、花都、南沙和从化布局建设广州国际汽车零部件新产业园区，经过六年发展，广州东部规上汽车制造业产值已超过2000亿元。近期广汽集团提出聚焦资源，在番禺、花都、南沙建设汽车零部件产业园区，考虑到广州东部汽车产业发展势头好，建议积极协调广汽集团在广州东部投资布局"智能网联+"新能源汽车零部件产业园区，进一步提升广州汽车零部件产业的核心竞争力。二是充分利用两个国家级开发区和两个国际汽车零部件产业基地的叠加优势，全力引进汽车产业链项目，重点引进一批"三电"系统、车规级芯片、激光雷达、自动驾驶、智能座舱等项目，提升汽车零部件制造业产值。

（三）集中力量开展"智能网联+"新能源关键技术攻关

一是加快设立200亿规模的智能网联与新能源汽车产业发展基金，引进更多战略投资机构和风险投资机构，积极用于新能源和智能网联汽车有关核心与关键技术的研发攻关，如车规级芯片、智能网联等高端核心组件等产业化。二是依托华南理工大学、湖南大学粤港澳研究院、广东省电动汽车整车技术工程实验室等重点研发平台，实施"揭榜挂帅"制度，深度合作开展智能与新能源汽车前沿技术研究，持续提升"三电"轻量化和集成技术能力，突破智能汽车电子电气架构平台、计算平台、线控底盘与线控系统、智能驱动、车载专用网络、多源传感信息融合感知等核心技术。

（四）完善公共创新支撑体系，推动产业能级提升

一是依托电子五所、中汽中心、中国电器院、中国机械等检测与研发平台，不断推动汽车与零部件产业向电动化、智能化、网联化方向创新发展，引进更多汽车检测认证、技术咨询、汽车产业大数据、汽车及新能源汽车关键技术研发及产业化等功能平台，打造区域性汽车产业创新中枢。二是加快出台无人驾驶相关的管理规范，为无人驾驶等前沿技术研发提供环境支持，推进无人驾驶半开放测试区、开放测试区规划建设，优先在广州东部开展区域智能汽车道路测试，推动智能汽车商业化运营，建设"5G+车联网"示范区。三是投资建设布局换点设施，优先在广州东部开展智能有序充电插座应用试点工作，科学合理投资建设公共充换电基础设施网络建设。

（张文杰，康达华）

完善南沙港核心承载区建设
助力南沙国际航运枢纽建设高质量发展

【提要】《广州南沙深化面向世界的粤港澳全面合作总体方案》出台以来，广州市委、市政府举全市之力推进南沙高水平对外开放，对广州高水平建设国际航运枢纽、南沙打造航运枢纽核心承载区寄予厚望。新形势下，南沙港区应通过集约化打造港口岸线，强化港口重要基础设施和重要枢纽功能作用；以高质量人才为依托，加快智慧绿色平安港口建设；完善集疏运体系，保障产业链供应链稳定畅通；完善供应链物流综合物流服务，大力培育现代航运服务业；推动班轮公司增加欧美俄等远洋航线，提升国际影响力。

一、南沙国际航运枢纽建设的现状及基础性优势

因港而起，因港而变，南沙港凭借着港口基础设施、空间资源、区域区位和腹地经济体量等发展优势，不断提升自身发展，成为广州市"南拓"战略实施的龙头。作为广州港主力港区和国家港口型物流枢纽的核心承载区，南沙港区2022年完成集装箱吞吐量约1839万标箱，居世界集装箱单一港区前列。依托深水良港优势，南沙开发区吸引了汽车、机械装备以及造船、钢铁等一大批临港工业进驻，与此同时，南沙以现代物流为代表的现代服务业体系也初现雏形。经过20年南沙港区建设，广州港完成了从内河港向深海港蜕变，南沙国际航运枢纽建设初具规模，物流大枢纽、能源大动脉、粮食大通道作用不断凸显。

（一）港口综合性基础优良

港口综合基础设施等级高、规模大、功能全，辐射范围广。南沙港区作为华南沿海功能最全、规模最大、辐射范围最广的综合性枢纽港，货物吞吐量名列前茅，涉及货物种类多样，在干散和液散货物吞吐量方面已超过香港和深圳，在集装箱运输方面与两者也差距甚微。南沙港还是华南地区汽车进出口业务枢纽港，南沙汽车码头成为全国平行汽车进口第二大口岸。另外，南沙国际邮轮母港年接待旅客已连续多年稳居全国第三。

（二）空间资源相对丰富

土地成本相对低，具有可拓展空间。相比香港、深圳已饱和的泊位岸线资源和较高的土地成本，南沙港具有天然的港口航道和岸线资源优势，尤其是南沙港区建港土地成本较低，同时广州市政府采用政策和资金支持也在另一方面降低了建港成本。此外，南沙港一大批关于港口基础设施、航运物流、航运服务业、智慧港航等建设项目稳步推进。南沙粮食及通用码头扩建工程已基本完工。南沙国际邮轮码头工程已建设完成并开港运营。南沙国际汽车物流产业园汽车滚装码头均已通过竣工迈入运营阶段。华南地区首个全自动化集装箱码头南沙港区四期工程也已基本完工并开始运营。南沙港区国际通用码头工程已完成前期工作并开工建设。南沙港区五期工程、海铁联运码头工程已开展前期工作。未来港口货物吞吐能力将进一步增大，彰显出广州土地成本和南沙港可拓展性的巨大优势。

（三）区域区位优势明显

南沙港地处粤港澳大湾区中心，以南沙港为中心的100千米范围内几乎覆盖了珠三角地区最活跃的城市群。南沙濒临南海，毗邻香港和澳门，具有直接对接港澳的区位优势。通过珠江三角洲水网，南沙港与珠三角各大城市以及与香港、澳门相通，由西江可联系我国西南地区；通过南沙港铁路，可便捷通达江西、湖南、湖北、广西等华南广阔区域。

（四）腹地经济体量大

地处广深走廊、紧邻珠西基地、背靠华南市场。珠三角地区是南沙港的核心腹地，广东省其他地区、江西、湖南、湖北、广西等华南地区是南沙港的间接腹地。南沙港核心经济腹地是世界上最富经济活力的地区之一，广东省间接经济腹地是消费能力最强、最有市场潜力的区域之一。

二、南沙港区核心承载区高质量发展的制约性因素

（一）重点货类岸线储备等基础设施存在结构性问题

南沙港区以龙穴岛为主的、发展集装箱运输的深水岸线资源有限，珠江口共用锚地不足。与深圳港、香港港相比较，南沙港区的泊位数量、岸线长度及通过能力等基础结构性问题凸显，基础条件设施限制了航道等级，不适应当前最大等级船舶入港停泊作业。同时进港铁路建设相对滞后，存在设施规划单一、服务品类简单等结构性问题，难以适应南沙港建设，国际航运中心的发展定位，同时也无法顺利承接公铁，水多式联运的多元化物流需求。

（二）新业态、新模式等高质量港口发展尚未体系化

港口生产运营发展新业态、新模式待进一步创新发展。绿色港口发展尚处起步阶段，随着南沙港区四期自动化码头开工建设，南沙港智慧港口建设起步相对较晚，全港空间范围内自动化、智能化水平有待进一步提高；以港口为节点的整个货流、物流链上各个环节信息联通、实时、共享还有待加强，口岸、政府监管与码头、船公司、物流企业、代理企业等港航相关信息壁垒有待进一步打破，以港口为枢纽、沿货流各环节智慧物流网络待构建。

（三）海铁联运属起步阶段，多式联运发展差距较大

南沙港区当前海铁联运相关系统还有处于起步阶段，因此在今后很长一段时间内，海铁联运会成为南沙港口物流开发重点。相对于海铁联运机制，江海联运虽较为发达，但江海联运辐射范围有待拓展，运营组织有待提质增效。如集装箱的公铁、海铁联运，港口仍然是集装箱多式联运的重要纽带，铁路作为大运量骨干综合运输交通体系，随着南沙港口集装箱的货源地逐步延伸至中西部等地，更加应该大力发挥铁路优势。因此，南沙港铁路发展有待加强，南沙港区海铁联运机制体制待建立；多式联运全程

信息交互、口岸联通等高效模式待构建。

（四）综合物流服务功能、业态有待进一步丰富和聚集

与深圳、上海等港口相比，物流仓储设施规模较小，建设滞后，港口物流服务规模小，冷链物流发展不足；港口发展以装卸、仓储为主，增值服务能力弱。临港物流产业发展能级不够，以港口为主要节点的物流功能国际化、市场化、专业化、现代化程度较低，物流企业大部分业务仍以传统业务为主，增值服务较少，中转配送、流通加工、国际货物中转、集拼等业务发展不足；物流企业信息化水平、创新能力还有待加强。现代航运服务产业集聚数量较少，尤其对航运金融、保险和结算、海事法律、海事教育研发以及国际航运组织等总部性机构和功能性机构的培养、引进不足，产业价值较高的中高端现代航运服务要素有待进一步发展。

（五）国际影响力、国际竞争力有待大幅提高

南沙港作为单一作业港区，虽然货物吞吐量、集装箱吞吐量已排在前列，但对全球资源配置能力有限，港口国际竞争力和影响力不足。经过多年的发展，国际班轮航线取得较大发展，非洲、东盟航线成为特色，但欧美俄远洋干线航线数量和航班密度不足。且欧美传统国际市场多采用FOB（指定装运港）贸易条款，南沙港市场知名度相对较低，影响力有待进一步提升。根据《新华·波罗的海国际航运中心发展指数报告》，2021年南沙港所在的广州在全球43个国际航运中心城市综合实力中仅排名13位。

（六）与国际航运枢纽建设发展相适应的营商环境有待构建

根据国际先进航运中心的发展经验，港口物流发展也必须以供应链服务导向、现代物流化发展运营为思路，从基础物流服务逐渐向构建相适应的营商环境，以促进配套增值服务发展，最终实现土地增值以及金融运作。南沙港只涉及装卸、搬运等基础性物流服务，对现代国际航运枢纽建设有利的优良营商环境有待构建。与港深相比，南沙涉航政策体系和环境有待优化，如存在税收环境竞争力较弱、通关环境有待继续提升、人才政策吸引力不足、金融监管制度亟须健全、涉航管理部门多且缺乏高效协调机制等问题。对标香港，南沙的营商环境与国际商事规则接轨不够紧密，现代信息技术与航运产业融合度不高，政务、口岸、投资贸易便利化等服务水

平有待提高。尤其是自由贸易港建设方面，香港在财税政策、口岸监管、外汇流通、人才发展等方面都具有较大的竞争优势。对标深圳，南沙的制度环境有待突破，深圳在科技创新、信息化发展和创新环境等方面已经形成了较好的制度环境。因此，南沙涉航政策体系还需进一步探索与完善。

三、提升南沙国际航运枢纽能级的对策建议

（一）集约化打造港口岸线，强化港口重要基础设施和重要枢纽功能作用

积极推进港口布局优化和基础设施建设，增强国际航运物流枢纽功能。在高标准建设南沙港区四期自动化码头基础上，积极寻求国家部委支持，推进南沙港区国际通用码头、南沙港区五期工程新增围填海及项目规划建设，推动广州港20万吨级航道规划建设。积极推进龙穴岛中部挖入式港池岸线开发，建设南沙港区国际海铁联运码头，充分利用南沙港铁路，提升港铁联运能力。未来还将规划预留南沙港区六期、七期、国际邮轮码头二期等重大项目发展空间，为建设中国式现代化提供坚实的国际航运物流枢纽功能支撑。

（二）以高质量人才为依托，加快智慧绿色平安港口建设

依托南沙人才引进税务、住房等方面的优惠措施，吸引并留住港口科技高端人才，同步开展智慧港口建设专项战略研究，制定智慧港口建设、改造实施步骤与计划。推进完善南沙四期、南沙五期智慧码头建设。推进以南沙港区为中心的智慧物流系统建设。推进港口绿色发展转型，制定绿色港口发展目标、各阶段实施计划，通过港口机械和船舶绿色能源替代、岸电设施常态化使用、污水收集处理系统升级改造、建立绿色港口指挥管控平台等措施使得港口绿色发展战略逐步落地。

（三）完善集疏运体系，保障产业链供应链稳定畅通

完善江海联运、海铁联运、公水联运等港口集疏运体系，创新货物通关监管模式，健全多式联运体系，形成联通经济腹地、全面深度参与"一带一路"建设的陆海大通道。拓展珠江水系江海联运布点；拓展粤东西、

北部湾、海南等地沿海集装箱驳船运输。南沙港铁路已建成通车，后续还需解决好南沙港铁路与南沙港区集装箱码头、南沙港区粮食及通用码头、南沙港区国际海铁联运码头、广州南沙国际物流中心等的设施衔接、信息共享、协同运营问题。开通南沙区到珠三角各城市间的集装箱海铁联运班列运输，开通南沙港区至黔、滇、鄂、湘、赣等省外集装箱海铁联运班列，开通至广西等地商品汽车海铁联运通道。构建以南沙港为枢纽、陆向辐射中南、西南、延伸至西欧、中亚，海向联通东南亚、中东、非洲等地国际物流大通道，打造湾区新丝路国际集装箱海铁联运品牌。

（四）不断完善功能设计，提升供应链物流综合物流服务

拓展冷链货物保税仓储、集装箱进口查验监管功能，大力拓展冻品业务，逐步开展冷链加工、分拣、分拨配送等业务，适时开展冷链货物展示、交易、贸易金融，合作探索品质检验业务，打造集冷冻冷藏、保税查验、加工配送、商品展示及交易等一站式服务于一体的综合冷链物流基地。打造集汽车整车滚装、零部件、仓储配送、检测、改装、贸易、展示的汽车增值服务产业和商品汽车集散物流基地，做大做强整车进口和保税转口业务。抓住国家粤港澳大湾区建设市场机遇，加强供应链综合服务行业引领能力，积极开展端到端延伸业务。发挥粤港澳大湾区在全球价值链中举足轻重的作用，探索和培育"高质量发展、一体化运营、突破性创造"的综合物流供应链发展道路。

（五）以现代航运服务融合发展为契机，大力培育现代航运服务业

以粤港澳大湾区现代航运服务融合发展为抓手，大力发展航运金融、航运保险、离岸结算、航运交易、航运经纪、海事仲裁等现代航运服务业。以船舶交易为基础，拓展航运交易、航运人才、临港大宗商品交易及航运衍生品服务市场。培育和发展船舶交易、运输交易、航运人才服务、船舶评估、航运经纪、航运金融服务以及航运资讯咨询服务等现代航运服务业务。吸引具有较强专业能力的航运保险营运中心、航运保险经纪、保险公估、海损理算等机构入驻，鼓励船东互保机构在南沙发展。探索建立与国际接轨的海事仲裁制度，推广仲裁标准合同，引导港航企业在合同中选择南沙国际仲裁中心作为仲裁地，鼓励在南沙自由贸易区试验区内提供更为灵活的仲裁服务，打造国内一流的航运仲裁中心。

（六）积极推动班轮公司增加欧美俄等远洋航线，提升国际影响力

加强与港航主管部门沟通，争取地方港务局、口岸部门大力支持，大力"走出去"，积极推动马士基、达飞、中远海、地中海等国际班轮公司继续在南沙新增航线和运力，加密南沙港区至非洲、东南亚、东北亚、中东等区域集装箱班轮航线，巩固国际集装箱运输枢纽地位；大力拓展南沙港区至欧美远洋集装箱班轮航线，鼓励国际航运联盟及国内外班轮公司在南沙港区增加航线，鼓励国际航运联盟及国内外班轮公司在南沙港区发展国际中转业务，进一步提升欧美远洋航线密度，提高外贸货物和高附加值货物占比；同时可抢抓俄乌冲突契机，大力发展俄罗斯航线，高质量畅通"双循环"，提升大湾区产业链、供应链的韧性和稳定性。

（七）积极沟通、精准施策，不断优化口岸营商环境

为对接高标准国际经贸规则先行先试，持续提升南沙口岸跨境贸易便利化水平，口岸部门已印发《广州市南沙口岸2022年提升跨境贸易便利化水平工作措施》。措施提出南沙港区要依托"湾区一港通""启运港退税"等创新监管模式，加强与粤港澳大湾区内河码头的集装箱驳运合作，打造以南沙港为枢纽、各内河码头紧密结合的港口集群，提升区域通关便利化水平。依托南沙港铁路打造国际集装箱海铁联运品牌。措施提出，要推动国际航行船舶保税油供应基地建设，建设保税供油"一口受理"平台，推动"一船多供"等创新监管模式落地，推动供油审批手续全环节电子化、无纸化、可视化，满足企业需求。措施还提出，要推进离岸贸易先行先试，搭建离岸贸易平台，建立离岸新型国际贸易优质企业"白名单"制度，进入白名单企业可享受贸易结算便利化等优惠政策。结合措施要求，各港航企业还需保持与政府口岸部门的紧密沟通，确保在优化通关流程、降低进出口费用、提升口岸服务能力、改善整体服务环境等方面的措施能够精准落地。

（何晓涛，陈侨予）

以陆海统筹
高质量打造粤港澳大湾区蓝色增长极

【提要】习近平总书记在广东考察时提出"全面建设海洋强省"。广州市番禺区国家级沿海渔港经济区地处粤港澳大湾区"黄金内湾"几何中心，以"一港、两翼、三核、四区、五镇"空间布局，"港产城"为总体部署，力争建设成为广东省"十四五"渔业经济发展的重要增长极。课题组经过调研发现，番禺区国家级沿海渔港经济区目前存在总体规划配套滞后、设施管理不完善、产业结构单一、资金投入不足、渔民安置困难等方面的发展困境，需要通过加强规划引领、加强建设管理、推动产业升级、加大扶持力度、促进减船转产等举措，高质量打造大湾区蓝色增长极。

习近平总书记在广东考察时强调，要加强陆海统筹、山海互济，强化港产城整体布局，加强海洋生态保护，全面建设海洋强省。《粤港澳大湾区发展规划纲要》提出要"优化海洋开发空间布局，与海洋功能区划、土地利用总体规划相衔接，科学统筹海岸带（含海岛地区）、近海海域、深海海域利用，构建现代海洋产业体系，优化提升海洋渔业"。因此，在粤港澳大湾区高质量发展的新形势下，根据总书记指示和中央部署要求，广州市加快新型渔港经济区建设步伐，促进城乡区域协调高质量发展已势在必行。

一、广州市番禺区国家级沿海渔港经济区的发展历程、现状及总体规划

广州市番禺区莲花山脚下的莲花山国家级中心渔港地理位置优越、历

史悠久，它位于史称"省会海门"的石楼镇辖内，地处广州市番禺区石楼镇莲花山水道右岸，距广州市区30千米，距香港60海里，是狮子洋西岸的制高点，周边珠江河网纵横交错，由水陆可达珠三角河网的任一地区，经虎门口可直达伶仃洋及外海，曾是东汉时古采石场的运输码头，唐朝时成为丝绸、陶瓷贸易港。如今，这个地处粤港澳大湾区"黄金内湾"几何中心的渔港正在焕发新活力，孕育无限新机遇。

（一）发展历程

广州莲花山中心渔港是第一批国家级海洋捕捞渔获物定点上岸渔港。2010年7月23日，农业部认定莲花山中心渔港为国家级中心渔港，并批复同意广州市莲花山中心渔港建设项目立项，2019年3月7日该项目正式通过竣工验收。2021年底，农业农村部公布2021年中央财政补助资金支持建设的渔港经济区试点名单，广州市番禺区渔港经济区等15个项目入选国家级沿海渔港经济区试点项目。2022年6月10日番禺国家级沿海渔港经济区揭牌，标志着国家级试点项目正式启航。项目总投资合计14.1亿元，其中申请中央财政投资2亿元，地方套配财政资金2亿元，番禺区财政统筹和社会资金10.1亿元。中央、省级财政资金已下达2亿元。2021年底至2024年底将建设8个项目，分三年实施，计划将莲花山中心渔港打造为智慧渔港、平安渔港、绿色渔港、人文渔港、产业渔港。

（二）渔港现状

番禺莲花山中心渔港现有岸线长度1150米、有效掩护水域面积62.98万平方米、配套陆域面积41.08万平方米，港区水深良好，外海波浪传入受地形水深的影响，波能消减，波浪减少，是天然避风良港，能满足1000艘渔船安全避风需要。渔港所处珠江口海河重叠，位于咸淡水交汇处，形成了天然的渔场。珠江径流带来大量营养盐，利于多种经济鱼、虾、藻类繁育场。咸淡水交汇水域，水产品鲜度、口感较好，渔贸业发展具备突出优势。目前，莲花山中心渔港登记在册渔船565艘，其中，24米以上渔船14艘，12～24米的渔船296艘，12米以下的渔船255艘；未登记的渔船有1000多艘，均为小渔船。莲花山中心渔港现有4条渔村、7300多渔民，渔获卸港量来源于海洋捕捞和水产养殖，2021年海洋捕捞量为3.42万吨，海水养殖量为5.87万吨，淡水养殖量为6.33万吨，养殖面积6万余亩，2021年渔业总产值45.09亿元。目前，位于海鸥岛上的名优现代渔业产业园总投资超3.6亿元，已于2022年完成验收。

（三）渔港经济区总体规划

广州市番禺区渔港经济区在总体空间布局上，形成"一港、两翼、三核、四区、五镇"。其中，"一港"引领：围绕莲花山中心渔港发展珠江口渔港经济，发挥龙头渔港引领作用；"两翼"提升："种业王国"文旅休闲廊道、南部绿色观光廊道；"三核"推动：渔业科技创新核心（麦康森院士工作基地）、渔业文化展示核心（渔业文化风情园）、三产融合示范核心（岭南船厂、中南地块）；"四区"发展：国家级工厂化育种育苗样板区、国家级名优特色水产种业繁育区、国家级水产种业数字化示范区、名优水产种苗推广经济区；"五镇"协同：辐射邻近"石楼、石碁、桥南、沙湾、化龙"5个镇街，联动发展及承担渔业产业生产加工、交易交流、展示教育等重要功能。

沿海渔港经济区以"港产城"为总体布局。"港"指渔港经济区核心区，延续和提升传统产业，改善渔港，振兴渔村，引领启动区发展。"产"指一产二产三产协同区，海鸥岛，一产的"渔业王国"，二产的海洋科研中心、渔业加工基地与三产的海岛旅游，完美协同。"城"指城市建设协同区，以莲花山风景旅游区为核心，统领周边建设，打造独具特色发展节点。

沿海渔港经济区以莲花山渔港为功能核心区，项目建设范围包括番禺区东部五个镇街，面积280平方千米，约占全区面积的二分之一。预计到2025年，广州市番禺区渔港经济区将建设成为广东省"十四五"渔业经济发展的重要增长极。预计到2030年，构建产业效益显著的现代渔业产业体系，建成数字渔业总部经济和海洋渔业文化交流中心。

二、广州市番禺区国家级沿海渔港经济区建设中面临的问题和挑战

广州市番禺区国家级沿海渔港经济区建设，目前主要启动的是莲花山

中心渔港3千米范围内核心区8个项目的建设。由于历史原因，莲花山中心渔港早期建设规划定位与渔港经济区规划存在不匹配的问题，主要表现在总体规划配套滞后、设施管理不完善、产业结构单一、资金投入不足、渔民安置困难等方面，与现代化渔港经济区发展的要求尚有较大差距。

（一）总体规划配套滞后

莲花山中心渔港建设主要以提升渔业防灾减灾能力和渔获装卸功能为目标，存在经营性设施建设缺失，水产品交易交通物流、冷藏加工、休闲渔业总体配套不足，制约了临港型工业以及加工贸易、运输、旅游、休闲渔业等二、三产业的发展。同时，虽然东部快速规划出台，将大大改善渔港经济区的交通通达状况，但其具体走线与渔港经济区规划未做到同步规划、同步考虑。其线位从番禺国家级沿海渔港经济区核心地区穿过，将导致割裂片区功能布局、制约渔港经济区的开发建设等问题。

（二）设施管理不完善

莲花山中心渔港陆域多缺乏环境卫生设施，渔民生活习惯落后，渔港水质较差，港区环境"脏、乱、差"和渔船停泊条件落后的现象突出，影响了渔港形象和渔港功能的发挥。渔港避风功能还比较薄弱，渔船避风存在一定的安全隐患。渔港管理落后，目前难以施行渔船网格化或组织化监管。渔港陆域配套场地普遍严重不足，缺少生产所需晒网、补网、堆放等场地，装卸工艺设施有待提高，码头配套设施有待改善，现代化、信息化水平较为滞后。

（三）产业结构单一

现有渔港的产业以捕捞近海渔获为主，结构形式单一，产业没有形成链条或闭环，渔区产业定位不明确，与周边渔区发展关联度不高，休闲渔业仍处于起步萌芽阶段，缺乏有特色的休闲渔业口碑，水产品加工缺乏地方性特色品牌，渔港对生产性和生活性服务业的带动相对乏力。此外，海洋渔业资源长期处于过度捕捞状态，大大超过资源承载力，限制了可持续发展。

（四）资金投入不足

上下涌避风锚地工程项目范围内现有诸多棚房和房屋，完成安置房配套建设项目并落实好上下涌避风锚地项目范围内村民的拆迁安置工作，是上下涌避风锚地工程开工的前提条件。前期规划安排的14.1亿元项目资金，未包括安置房建设项目资金，目前番禺区正开展地方政府专项债申报工作，以落实项目资金来源。此前项目申请2023年提前批地方政府专项债，相关信息及材料已经广东省发改及财政部门审核通过并提交至国家发改委、财政部，已经国家财政部审核通过，暂未通过国家发改委审核，现正积极申报2023年第二批地方政府专项债。同时，由于番禺区工业用地价格高，导致了渔港经济区前期招商存在一定困难，特别是冷链物流企业落户意向不足，冷链物流引入社会资金尚存在较大缺口。

（五）渔民安置困难

近年来，由于限额捕捞，总量控制等政策的实施，大多数渔民的收入只能维持收支平衡，由于船机装备支出成本较高，一旦形势变化，就面临转产转业的抉择，但传统渔民的经济积累较为有限，转产转业后无法立即获得收入，可能面临生存危机。由于渔民普遍存在年龄偏大、文化水平偏低、技能偏少，又由于收入低，年轻人不愿从事渔业生产等问题，转产转业普遍偏难。因此，渔民的安置和养老等也已成为亟须考虑和解决的问题。

三、广州市番禺区国家级沿海渔港经济区发展的对策建议

《中共广东省委关于实施"百县千镇万村高质量发展工程"促进城乡区域协调发展的决定》提出要"支持沿海经济带有条件的县域建设一批海洋产业园区，打造一批渔港经济区"。在中央和省相关政策的支持下，我们要笃定信心、真抓实干、奋发有为，立足"一中心三区"（省级中心镇、莲花湾片核心区、国家级渔港经济区启动区、南大干线经济带和亚运大道经济带交汇区）的区位优势，抢抓全面建设海洋强省的契机，把广州市番禺区国家级沿海渔港经济区高质量打造成为大湾区蓝色增长极。

（一）加强规划引领

推动渔港经济区临港产业集聚片区规划研究工作，重点做好黄南快速

干线路网的规划方案对接，协调东部快速与下涌锚地施工图设计方案，以减少对渔港经济区及周边景观主体和视线廊道的破坏。进一步细化优化渔港经济区临港产业集聚片区的规划定位和发展策略，对渔港经济区临港产业集聚片区进行区域宏观环境分析、区域本底与竞合分析、类似区域的对标研究，对该地区总体发展定位和目标进行梳理。提前启动招商引资，为意向企业量身定制规划实施方案，引导意向企业参与渔港经济区基础设施建设，为推动产城融合高质量发展注入新活力。

（二）加强建设管理

搭建智慧渔港系统，建设砺江涌避风锚地、上下涌避风锚地、上涌休闲渔业码头，开展上下涌拆迁安置工作，完善渔港周边基础设施建设，打造集智慧、平安、绿色、产业、人文于一体的新型渔港，全面提升莲花山渔港治理效能。实施番禺国家级沿海渔港经济区项目分工方案，压实各级责任，挂图作战，所有项目按计划"倒排工期"，切实提升项目推进工作效率。实施"港长制"工作方案，开展全省首个渔业安全港长制管理平台试点建设，以港长制为统领压实各级党组织监管责任，建立完善常态化安全监管机制、渔业资源管护体制机制，促进依港管船、管人、管渔落到实处。

（三）推动产业升级

推动一、二、三产业融合发展，促进渔业产业转型升级。深入实施都市现代农业产业链高质量发展行动计划，通过工厂化育种、育苗、养殖车间等建设项目，巩固加强第一产业；加快发展第二产业，构建集生产、加工、营销于一体的产业化经营体系，进一步优化壮大渔业优势特色主导产业，促进水产产业转型升级；对标国际最优最强打造"全国休闲渔业标杆"，推动沿海渔港经济区建设成为集绿色健康多样化水产繁育养殖、绿色水产品加工流通以及差异化休闲渔业等为特色的现代化渔港经济区，成为集渔业总部经济、海洋渔业文化交流、休闲渔业与渔村振兴、科学研发与技术推广等于一体的创新型综合性渔港经济区。

（四）加大扶持力度

争取由区主要领导牵头，主动对接上级部门、金融机构，争取政策、资金支持，补齐产业短板。重点加强与国家发改委的沟通，积极申报2023年第二批地方政府专项债，争取尽快落实安置房配套建设资金。盘活低效用地建设水产品加工及冷链物流基地项目，促进冷链物流企业落户，补齐渔港经济区冷链物流产业短板，推动渔业产业链优化升级，提升渔业产业质量档次及市场竞争力，建设原产地、粗加工与终端销售环节之间的全程冷链流通体系，使渔业产业产前、产中、产后各环节联系更加紧密。

（五）促进减船转产

促进渔业减船转产，削减资源杀伤大、老旧的渔船，推进海洋捕捞从"增量"向"提质"转变，引导渔民从"多捕鱼"转向"捕好鱼"，从"捕鱼人"转化为"养鱼人"；研究制定休闲渔业、远洋渔业等产业扶持政策，引导减船转产渔民从事休闲渔业、服务贸易、自主创业、转产航运等。发展数字渔业，推广数字渔场，实现一塘一码，推广基于数据的精准养殖，全面提高养殖效率。主动对接广州黄沙水产品交易市场，打造莲花山渔港水产直播基地和交易平台，建立水产品价格发布机制，建立直通养殖场户的产销对接体系，推动建立预制菜订单渔业，多渠道解决水产品供求瓶颈，持续提升养殖户收入，推动形成集休闲渔业、渔业生产、滨海旅游、水产品加工、美食购物等为特色的广州沿海渔港经济区，探索出可复制可推广模式，向全国输出广州经验。

（钟　亮，李志清）

第二部分
城市综合功能
出新出彩篇

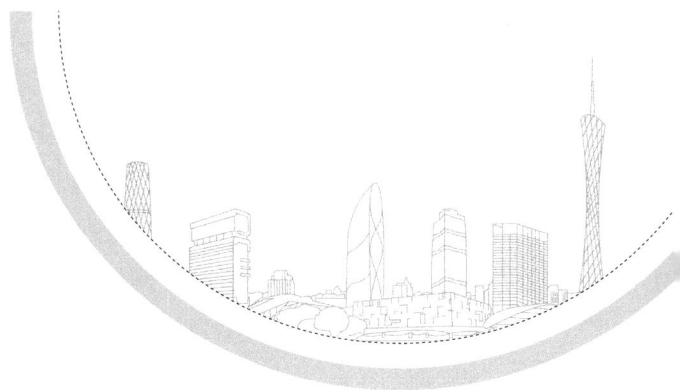

以乡村党组织振兴为抓手
全面推进广州乡村振兴

【摘要】乡村基层党组织振兴是乡村振兴的基础，基层党组织作为党在基层的神经末梢，在乡村振兴中发挥了重要作用。同时必须看到，乡村党组织建设也存在一些问题和短板，如基层党组织党建引领基层治理制度不健全；基层党建引领乡村治理能力不充分；党建引领村民自治机制落实不到位；党组织权力与责任不对等。建议从四个方面下力气推进乡村党组织振兴：一是进一步扩大农村党组织书记出口空间；二是进一步强化党组织和党员在乡村治理中的作用；三是进一步提高村民自治管理能力；四是进一步提高党建引领乡村治理的法律水平。

习近平总书记在党的二十大报告中指出，要"加快建设农业强国，扎实推动乡村产业、人才、文化、生态、组织振兴"。广东省第十三届委员会第二次全体会议提出"县域振兴"，实施"百县千镇万村"高质量发展工程，大力推进强县促镇带村，推动城乡区域协调发展向着更高水平和更高质量迈进。农村基层党组织是乡村振兴的最主要抓手，是农村有序治理的实施主体，也是农村基层治理现代化的责任主体。基层强则国家强，基层安则天下安，抓好基层治理现代化这项基础性工作，关键在强化农村基层党组织。

近年来广州市通过树立大抓基层鲜明导向，增强了党组织的政治功能和组织功能，推动党的组织和工作在农村全覆盖，农村党组织各方面能力有了明显提升，基层党建与乡村基层治理有机融合取得了一些成效。农村党组织换届后，党建队伍总体上得到了强化。如广州市白云区太和镇村党支部书记100%有大专以上学历，村干部当选的平均得票超过82%，实现组织意图和选民意志相统一；广州市增城石滩镇下围村选用党性原则强、热心家乡治理、一心为公、年富力强的优秀人才作为村两委"一把手"，通过"头雁"效应带动下围村实现了由大乱到大治的华丽转身。同时必须看到，一些农村基层党组织仍然受制于各方面的因素，难以在乡村有效治理方面发挥作用，乡村组织振兴仍然面临一些问题亟待解决。

一、乡村党组织存在的问题和短板

（一）基层组织党建引领乡村治理制度不健全

基层党建在引领乡村治理过程中缺少制度性的规定和针对性措施，乡村基层党组织在参与"顶层设计""系统谋划"方面不足，存在迁就群众思想认识的状况。党组织在议题提出方面不善于汇聚民意，提出议题遇到阻力后不善于影响群众。村民更看重直接的利益收获，一些想做的事情如生态环境治理、规模化经营所需要的土地收储，由于短期内不能带来直接的利益回馈，村民积极性不高，这样的项目往往由于达不到80%的支持率而搁置，基层党组织难有作为。一些村规民约束缚了基层党组织的功能，使基层党支部无法实现领导作用，影响了基层治理的有效实施。区县部门要组织力量审查清理村规民约中不适合促进乡村振兴的条款，并为农村制定新的村规民约提供通用模板。

（二）基层党建引领乡村治理能力不充分

农村各方面工作的推动，与村组织书记个人能力有很大关系，个人能力强，则乡村治理效果就好，个人能力弱，则乡村工作就推进缓慢。个别村书记考虑工作第一位的是效果，第二位才是过程的合法合规性，如果有些工作上面催得紧或者考核得很严，有的书记就会采取非常规的手段去实现目的。有些农村在推动一些重大或困难工作时仍然需要借助村中的宗族势力，这种操作可能能够实现结果，但是过程经常遗留尾巴。部分乡村党组织对辖内力量和资源的统筹力还不强，组织党员能力还不能满足精细化品质化治理的需要。在开展工作过程中基层党组织不仅不能提出创新的治理思想和方法，而且在基础工作的实施中也缺少科学、明确的引领指导。

（三）党建引领村民自治机制落实不到位

《中华人民共和国村民委员会组织法》明确了村委会的自治性质，规范了村级事务民主决策、民主管理、民主监督的制度，从而确定了农村基层村民自治机制。但因受教育程度普遍不高，使得农民的自治能力差异较大。并且大部分农村中坚力量外出务工，出现在家的不理事，理事的不在家，导致自我管理水平不高。乡村党组织在这样的背景下引领村民自治，就会存在"对人不对事""看人下菜碟"的情况。村民会议、村民代表大会会议缺乏权威性，民主决策机制难以运转。如果村党支部与集体经济组织关系不协调，也容易增加工作中的矛盾。如果上级对村自治有关政策解释不一致，就更容易使村自治搁置。如广州市白云区黄边村对外来车辆"落闸收费"的问题，村委会认为对村里空地停车场进行封闭管理，这完全属于村自治范围的事情，政法部门支持村搞封闭管理，但住建部门对此持反对意见，认为村集体的闸机影响了承租人的合法权利，区政府的一纸禁令要取消闸机。村里认为政府管理影响了村集体土地所有权、经营权、收益权的行使。诸如此类的问题，没有权威声音，没有人出面协调，造成党组织无所适从，间接地消解村民自治的动力。

（四）党组织权力与责任不对等

农村党组织（党群服务中心）承担了除国防和外交之外的所有政府服务职能，有的党组织门口挂的牌子有20多个，对接了20多个部门。农村基层党组织在资源有限、制度有限、空间有限、能力有限的环境中承担着无限职责，权力责任不匹配，压力无处释放。农村面临的"上面千条线，下面一根针"的困境已经转化为"上面千把锤，下面一颗钉"。如果上级给予村党组织书记的支持力度不够大，更是困难重重。村支书的工作有时两头不讨好，一方面村民有怨气都发泄到村支书身上，既然党领导一切，那么所有的问题都该由村支书来负责；另一方面上级对村支书为推动工作采取的灵活措施不理解不支持，动辄问责，没有容错激励机制。这种情况一方面导致农村党支部书记创新发展的动力不足，另一方面也导致农村优秀人才不愿意接手做支部书记这项工作。

二、推进乡村党组织振兴的对策建议

（一）进一步扩大农村党组织书记出口空间

基层党组织要强起来、壮大起来，关键在于有一个好的带头人。选好领头雁，配强带头人，是加强基层党组织建设的关键环节，是推进乡村有效治理的着力点和落脚点。根据《关于加快推进乡村人才振兴的意见》，国家鼓励农村大学生（大学生村干部）、退伍军人、返乡创业农民、农村种养殖能手（农民企业家）等四类人担任农村党支书记。对上述人选中的党员同志，组织部门要有针对性地进行对接，综合各自的优势，将工作能力强、责任心强、群众口碑好的同志委以重任，对上述人选中的非党员同志要作为后备干部储备，尽早纳入组织体系中，为乡村振兴"头雁工程"输入源源不竭的人才资源。目前，农村中一些优秀的高学历年轻人担任了农村党组织书记，但是他们不可能在这个岗位干一辈子，很多人有自己的职业规划，如组织部门不能安排一些有吸引力的出口，就会制约"头雁工程"长远发展。

（二）进一步强化党组织和党员在乡村治理中的作用

扎实推进新一轮基层党建三年行动计划、党员先锋工程，强化对村"两委"成员特别是"一肩挑"人员的监督，进一步提升村干部能力素质。充分发挥基层党组织统揽作用，把每个基层党组织都建成坚强战斗堡垒，不断强化基层党组织的政治引领和服务群众功能，不断夯实党的执政基础，选优配强镇街、村社两委班子力量，用好镇街"大工委"、村居"大党委"、经济社"大支部""三项机制"，推行经济社书记、社长"一肩挑"，常态化联系储备基层干部、党员、志愿者等"堡垒力量"，进一步加大对农村发展党员的倾斜力度。继承和发扬我们党联系群众的传统，组织党员在议事决策中宣传党的主张，执行党组织决定，在应对急难险重任务和重大考验时能够挺身而出，让老百姓切实感受到党员干部是在为村民群众干事情谋福利。在乡村治理中旗帜鲜明地把党的旗帜亮出来，把过去对宗族势力的依赖彻底转变为对党员干部的信任支持。加强对村社干部的定期全覆盖轮训，不断提升乡村党组织的治理能力。

（三）进一步提高村民自治管理能力

健全基层党组织领导的村民自治机制，坚持创新发展新时代"枫桥经验"，创新"民主商议、一事一议"治理新模式，深化拓展"四议两公开"工作法，贯彻落实好党的群众路线，丰富村民议事协商形式，激发村民参与治理的热情。充分发挥村民会议、村民代表会议等议事机构作用，形成民事民议、民事民管的民主管理格局。丰富完善矛盾纠纷处理的"组织建设走在工作前、调解工作走在激化前、预防工作走在调解前、预测工作走在预防前"的"四在前"工作法。发挥党员干部的监督作用，鼓励党员干部依法依规反映、处理乡村治理中不规范事项，稳步提升乡村治理现代化水平。

（四）进一步提高党建引领乡村治理的法律水平

如何盘活村集体资产，完善集体资产的继承、抵押、担保等权能，探索农村集体经济新的实现形式和运行机制，将集体经济组织管理和村民自治机制有机衔接方面，这些都是法律性较强的问题，都要纳入法治轨道。区县政府要统筹乡村振兴中的法律服务职能，构建起面向村集体和村民的公共法律服务体系，搭建区公共法律服务中心、镇公共法律服务站、村公共法律服务点、户公共法律服务册的集法律援助与法律服务于一体的法律服务平台，为乡村振兴保驾护航。要推进村集体法律顾问制度，借脑借智为村重大决策、经济合同等诊脉把关。组织建立村公共法律服务工作室，通过聘请执业律师为村委法律顾问、推进实施"法治带头人""法律明白人"培养工程等措施，组建起一支以律师、人民调解员、志愿者为骨干力量的乡村法律服务队伍，为村民零距离答疑解惑，引导村民"学法、信法、用法"，在法律框架内依法合规解决邻里、土地、家庭、婚姻等各类纠纷。推动法治和村民自治相融合，切实发挥村规民约在基层治理中的积极作用，推动农村各项工作步入法治化轨道，为全村发展注入不竭动力。以法治为党建保驾护航，以高质量党建持续推动乡村振兴高质量发展。

（敖带芽）

打造广州特色的
"城乡生态融合"发展新格局

【提要】党的二十大报告指出着力推进城乡融合和区域协调发展。城乡融合发展是广州乡村振兴的鲜明特色，尤其是城乡生态融合发展已成为全国的标杆。近年来从化区从空间规划、绿色农业和美丽经济三方面践行绿色发展理念，为城区提供了优质的水源、绿色农产品和优质生态休闲产品，走出了一条广州特色的城乡生态融合发展之路。但农业的经济效益仍有待提高、乡村环境基础设施短板仍在、生态产品的价值实现机制尚不完善。建议：聚焦城乡建设，塑造云山溪水城乡共融新风貌；聚焦美丽经济，积极推进城乡产业协同发展；聚焦公共服务，加快实现城乡资源优质共享；聚焦生态共建，探索生态产品价值新的实现路径。

党的二十大报告指出着力推进城乡融合和区域协调发展。农村是广州发展的重大战略空间和潜力板，也是广州相对于北京、上海、深圳等超大城市的比较优势。推动乡村振兴实现城乡融合发展即是广州的重大任务，更是重大发展机遇。从化是粤港澳大湾区北部生态核心区、广州市生态宜居后花园，同时也是2022年国家乡村振兴示范县，担当为广州市城乡融合发展战略打造样本、塑造典范的重任。近年来，从化区委、区政府深入学习贯彻习近平生态文明思想，在全力推进国家城乡融合发展试验区和全国全省乡村振兴示范区建设中，走出了一条广州特色的城乡生态融合发展之路，为广州提升城市发展能力和提升粤港澳大湾区核心引擎功能中作出了贡献。

一、从化推动城乡生态融合发展的现状

从化作为广州的水源地、生态屏障、农产品供应地和城市的休闲度假区，致力于推动广州城乡生态融合发展。优质的生态环境是实现城市绿色发展的前提和基础。2021年从化区在广州市2021年度环境保护责任考核中评为优秀，环境竞争力在广州市各区中连续4年保持第一。从大气环境质量来看，2021年从化空气质量综合指数为2.83，连续6年排名广州市第一，空气质量优良天数占比达到96.2%，PM2.5、PM10、臭氧等均处于广州市各区最低位。从水环境质量来看，饮用水源水质常年保持100%达标，流溪河从化段水质优良，良口、流溪河山庄断面年均水质均达Ⅱ类，国省考断面周边劣Ⅴ类支流全部清零，有效保障广州市上游水环境质量。从生态环境状况来看，全区2010—2020年生态环境状况指数（EI）连续十一年评级为优，排名广州市各区第一，2020年生态环境状况指数为85.1。污染防治攻坚战成效显著，生态环境保护助力城乡融合深入推进。

2021年从化区地区生产总值达到413.39亿元，同比增长3.5%，其中第一产业增加值为32.53亿元，同比增长8.8%。全区实现农林牧渔业总产值59.21亿元，同比增长12%。全年城镇居民人均可支配收入达到49399元，同比增长9.1%，农村居民人均可支配收入26381元，同比增长10.6%，增幅高出城镇居民人均可支配收入1.5个百分点。从城乡居民收入比来看，2015—2021年，城乡居民收入比由2.16∶1缩小到1.87∶1，收入差距持续缩小。从增长趋势来看，2015—2021年，农村居民人均可支配收入由14795元增加到26381元。从广州市情况来看，全市城镇居民人均可支配收入74416元，增长8.9%。农村居民人均可支配收入34533元，增长10.4%。城乡居民收入比为2.15∶1，城乡共富成效显著。

（一）以规划引领为根本，优化城乡"一核两翼三带"空间格局

习近平总书记指出："规划科学是最大的效益，规划失误是最大的浪费，规划折腾是最大的忌讳。"规划在城乡融合发展中起到战略引领作用。按照广州市的城市发展空间布局，从化区作为广州市北部生态屏障，主要突出城乡融合和生态屏障功能，需做优做强生态功能和绿色经济，同

时作为国家城乡融合发展试验区广清结合片区的重要组成，从化区需着力提升乡村振兴和城乡融合发展质量。从化区立足于区域功能定位，着力优化"一核两翼三带"总体空间布局，北部三镇严格控制新上工业项目，持续巩固流溪源头绿色本底。"一核"城市功能持续提升，城市生态更新深入推进，完成22个老旧小区和旧村庄微改造。"两翼"引擎作用日益凸显，初步形成以从化温泉总部集聚区为平台的生态价值创新翼和以广东从化经济开发区为牵引的科技创新驱动翼。"三带"建设取得新成就，尤其是"温泉—良口—吕田"美丽健康发展带促进康养、医疗、旅游等产业长足发展，流溪河全流域生态价值创新带有力推动绿水青山就是金山银山理念在从化形成生动实践。

（二）以绿色发展为导向，积极培育低碳绿色循环农业新业态

"绿水青山就是金山银山。"近年来从化不断加快农业发展方式绿色转型，推动农业绿色健康发展。广州市农林牧渔业总产值达到550.97亿元，从化区为59.21亿元，占比达到10.7%，农业总产值占广州市比重为12.5%，耕地面积占广州市比重达到23%，在全市排在第二位，仅次于增城，从化区的农业绿色发展对全市起到助推作用。落实农药化肥减量增效，2021年农药使用量456.88吨，化肥（折纯）使用量17934.49吨，减幅分别为0.49%和1.14%。大力推进秸秆还田；强化畜禽养殖污染常态化监管，督促养殖场做好粪污收集、贮存、处理和利用，开展畜禽养殖标准化示范场创建；加强农业固体废物回收体系建设，设置农药包装废弃物回收网点197个。2021年秸秆、畜禽粪污、农膜综合利用率分别为93.2%、93.17%和91.8%。成功打造8个省级现代农业产业园，创建全市首个国家现代农业产业园，现代农业产业园带动3万农户就近就业，园区农民人均年收入3.3万元。2022年9月从化华隆果菜保鲜有限公司获得广州市生态环境局颁发的国内首张农产品碳减量证书，披露碳信息的产品将成为越来越多企业发展的内在需求。

（三）以乡村振兴为抓手，以"美丽生态"激活全域"美丽经济"

产业兴旺、经济美丽是城乡融合的有力支撑和核心载体。根据广州市推进乡村振兴战略的实施意见，到2022年，广州市乡村振兴取得战略性成果，全面建成生态宜居美丽乡村，从化区基本建成全省乃至全国乡村振兴示范区。同时提出从化区重点围绕莲麻、西塘、西和、南平等实施连片建设，从化区积极贯彻落实广州市总体部署，为广州市"在全省乡村振兴中当好示范和表率"的定位谋篇布局。2021年，从化区获评为"全国休闲农业重点县"。生态从化休闲农业游入选2021年中国美丽乡村休闲旅游行（夏季）精品景点线路。已建成休闲农业与乡村旅游景区景点40多处，其中省级休闲农业与乡村旅游示范镇4个、示范点8个，省级农业公园2个、市级农业公园33个。推动6家景区成功创建国家3A级旅游景区。成功打造3条省级精品乡村旅游线路，米埗村、凤二村、锦二村3条村成功创建广东省文化和旅游特色村，西和村成功创建全国乡村旅游重点村。乡村民宿蓬勃发展，全区备案登记民宿88家，打造出米社·莫上隐、西和小院等一批网红精品民宿，节假日入住率达90%以上，米埗村在民宿业带动下，农民年人均纯收入达4.5万元，较2017年增长1.41倍。

（四）以民生保障为关键，夯实普惠共享的城乡基本公共服务

积极推进城乡基本公共服务一体化，着力破除城乡发展壁垒。根据广州市推进乡村振兴战略的实施意见，到2022年，城乡基本公共服务均等化基本实现。广州市制定村庄基础设施和公共服务设施分类配置指引，分级分类明确村庄公共设施基本配置要求，助力公共服务加快向农村覆盖和农村人居环境整治提升。从化区自然村集中供水实现全覆盖，农村饮用水状况得到明显改善。推动"厕所革命"落地落实，形成"乡村15分钟如厕圈"，农村卫生户厕普及率100%。建立"一个回收驿站+二级模式管理+三个回收机制+四类标准设施+五个保障机制"的"保障机制"农村生活垃圾分类模式，全区村庄保洁覆盖面达100%，生活垃圾无害化处理率100%。实施"一根管子接到底"，建成农村生活污水治理设施点1258个，农村生活污水收集处理率100%。健全农村人居环境长效管护机制，明确区、镇（街）、村（居）三级环卫管理责任，按每村每年30万元标准安排村庄清洁保洁专项费用。全区农村人居环境整治成效明显获得国务院督查激励，全区2021年生态环境较好、环境治理工作成效突出获广州市政府督查激励。

二、构建"城乡生态融合"发展新格局的短板弱项

从化经济总量在全市排名靠后，推动城乡融合发展存在产业协同发展、基础设施建设、生态价值转化等方面的短板弱项。

（一）城乡产业协同发展模式仍需深入拓展

从化经济规模和产业能级在广州市来看偏小，对乡村产业的带动和辐射能力不足。从化区农业资源和自然资源丰富，但受经济发展方式、产业发展水平限制，农业整体效益不高，农业大而不强、大而不优问题仍未得到根本解决，地域优势的特色农业产业体系仍有待优化。三产融合有待深化，产业链环节缺失、各端发展不平衡、模式单一等问题仍然存在，大部分企业初级产品多，深加工不足，加工转化率低。乡村振兴项目大多侧重于"硬环境"的改造提升，促农致富的"造血型"产业项目较少，无法较好地培育农村产业发展新动能，推进乡村长远发展。

（二）乡村环境基础设施建设短板仍然存在

受地形条件、保护地开发限制、区域功能定位、发达地区虹吸效应等因素影响，一直以来从化经济体量在广州市排名靠后，2021年全区GDP仅占广州市的1.46%，经济规模总体偏小，与经济强区差距明显。基于从化区财政的实际情况，资金投入比较困难，底子比较薄，全区污水处理系统与其他区相比差距明显，同时环境基础设施建设呈现不平衡不充分特征。虽然从化农村生活污水治理已达到221个行政村全覆盖，但农村生活污水治理设施尚未覆盖到所有农户，部分农村生活污水治理设施实际运行效率仍待提升，治污设施的运营维护仍需深入推进。

（三）生态产品的价值实现机制尚不完善

从化在广州市属于生态资源禀赋优先地区，生态保护贡献权重大于50%，但生态文明体制机制建设总体处于完善组织架构、落实国家和省市要求、先行开展相关试点的阶段，相关自然资源资产管理、推动生态产品价值实现、生态保护补偿等政策工具尚未充分发挥效力，富有从化特色的制度体系尚未完全成型，以至"生态利益失衡"，持续保护动力不足。其中，生态保护补偿机制是从化更好地利用生态优势获得经济效益的重要工

具，但是多年来从化参与的生态补偿模式较为单一，主要涉及流溪河流域从化段、生态公益林等方面，对于森林碳汇等生态产品价值实现机制较为薄弱，殷实的生态家底转化为发展优势的政策红利尚未完全激发。突出问题表现在激励或补偿机制法律基础薄弱、资源产权不明晰、补偿方式单一、下游积极性不高、补偿标准偏低、上游保护动力不足，政府引导与支持的政策、非政府组织及公民参与缺乏等。

三、对策建议

城乡生态融合发展是广州乡村振兴的重点，应当以城乡融合发展和乡村生态振兴为导向，深入开展美丽家园、美丽田园、美丽河湖、美丽园区、美丽廊道"五大美丽"行动，让绿水青山、广阔农村更好服务"双区"建设、"双城"联动，构建"城中有乡、乡间有城"的新型城乡形态，在全国、全省乡村振兴中当好示范表率。

（一）聚焦城乡建设，塑造云山溪水城乡共融风貌

充分用好广州市建设大湾区核心引擎城市、打造广州都市圈等多重政策红利和工作合力，因地制宜，创新促进广州片区建设发展。统筹城乡建设，推动构建以城带乡、城乡互促的新型城乡形态，促进城乡功能融合，让生态城市、美丽乡村成为广州国际大都市的重要功能承载区。用"绣花"功夫有序推进旧村、老旧小区改造，保护好古树名木、历史建筑和传统风貌建筑，促进城市更新向重点片区、重大项目集中，逐步实现空间优化、产业升级、配套改善与社区转型。因地制宜通过出让、租赁、合作经营等方式，盘活闲置村集体物业和宅基地。强化特色小镇战略顶层设计，全面提升特色小镇自身竞争力及对周边辐射带动能力，推动产业链、优质服务等向周边延伸覆盖。全面落实"三个主题六条线路"的乡村振兴精品线路图，打造城乡各美其美、美美与共的田园城市。

（二）聚焦美丽经济，积极推进城乡产业协同发展

坚定"面上大保护、点上高集聚、工业入园区"的思路，围绕生态产业化和产业生态化两大方向，加快推进从化区生态福地向经济高地的转

变，在助力广州打造跨区域城乡融合发展合作典范中体现从化担当、作出从化贡献。依托广东从化经济开发区、新老温泉一体化区域、特色小镇等空间载体，打造一批"专、精、特、新"产业平台，推动城乡生产要素跨界流动、高效配置，打造工农互促和农旅结合的城乡融合发展先行示范区。严格生态环境空间管控，深化"三线一单"实施应用，优化重大产业功能区布局。加快培育生物医药、智能装备、新能源、新材料等战略性新兴产业，积极培育新技术、新业态和新模式，加速提升发展质量规模。充分发挥优质生态资源优势，构建以北部生态功能区为主阵地、以生态设计产业为引领，以"生态+乡村""生态+文化""生态+旅游"等深度融合发展为支撑的现代服务业体系。

（三）聚焦公共服务，加快实现城乡资源优质共享

依托广州市"十四五"期间在生态环境领域关于污水、垃圾、危险废物、医疗废物、绿地建设等基础设施建设的部署，推进城乡基本公共服务高水平互融互通。落实从化区海绵城市建设实施方案，开展中心城区、流溪温泉片区、高技术产业园片区、明珠工业园片区系统化海绵城市建设。抓好农村人居环境整治，推动由"点上开花"向"面上结果"发展，促进更多干净整洁村向美丽宜居乡村、特色精品乡村扩面提质。巩固提升农村水电路等基础设施，开展"四小园"、美丽庭院和美丽村庄示范创建活动。在农村生活污水治理行政村全覆盖的基础上，开展农村生活污水治理查漏补缺，完善农村生活污水处理体系。推进农村生活垃圾分类和资源化利用，持续巩固14条市级示范村创建成果，高标准推进46条农村生活垃圾分类和资源化利用样板村建设，创建农村生活垃圾分类标杆示范区。

（四）聚焦生态共建，探索生态产品价值新的实现路径

筑牢广州市北部生态屏障，持续推进生态资源和自然资本保值增值，为广州市开展生态产品价值实现机制试点提供有益探索。持续配合省市开展自然资源基础调查和统一确权登记，建立生态产品名录，进行生态产品统计，探索建立生态产品价值核算体系。发挥价格杠杆引导资源优化配置的积极作用，加快建立健全能够充分体现生态价值和环境损害成本的生态产品价格体系。探索生态农业、生态工业、生态旅游、康养产业等生态产业化模式和路径，引导生态受益地区与生态保护地区、流域下游与流域上游之间，积极推动基于林业碳汇的生态补偿模式，通过资金补偿、对口协作、产业转移、人才培训等建立多元化生态补偿关系。

（巢赛红，吴兆春）

上海服务构建新发展格局的
经验及对广州的启示

【提要】党的二十大指出要加快构建新发展格局，着力推动高质量发展。借鉴上海聚焦经济密度、创新浓度、开放高度和市场强度"四个度"服务构建新发展格局的经验，建议以打造"高密度区域"和壮大新兴产业提升广州经济密度，增强国内大循环的内生动力；以落实科教兴国战略和人才强国战略提升广州创新浓度，增强国内大循环的可靠性；以落实南沙方案为契机提升广州开放高度，增强国际大循环的质量；以提升市场强度为突破口，提高国际大循环的水平，为国家加快构建新发展格局作出广州贡献。

高质量发展是全面建设社会主义现代化国家的首要任务，必须以推动高质量发展为主题，加快构建以国内大循环为主体、国内国际双循环相互促进的新发展格局，增强国内大循环内生动力和可靠性，提升国际循环质量和水平。近年来，以上海为代表的国内先进城市在服务构建新发展格局方面进行了有效探索，积累了多方面经验，对广州主动服务和融入新发展格局有一定参考价值。

一、上海服务构建新发展格局的主要做法经验

（一）着力提高经济密度，增强国内大循环的内生动力

作为全国最大的经济中心和长三角区域发展龙头，上海把握好"增能"和"示范"两个关键词，以提升经济密度为指挥棒，注重投入产出效

率，推进经济形态从平面发展转向立体发展，着力推动高质量发展，不断提高城市能级和核心竞争力，持续增强国内大循环的内生动力。一是提高全要素生产率。近年来，上海把人力资本的优势转化为城市竞争的优势、产业能级提升的优势，出台《加快推进"四新经济"发展的指导意见》《促进"五型经济"发展的若干意见》《上海打造未来产业创新高地发展壮大未来产业集群行动方案》，完善工作推进机制和推进模式，大力发展知识要素密集、创新动力强劲、网络效应突出的高阶经济形态，构建"3+6"新型产业体系，前瞻布局绿色低碳、元宇宙、智能终端三大新赛道，培育未来健康、未来智能、未来能源、未来空间、未来材料五大未来产业集群，强化高端产业引领功能，实现全要素生产率全国领先，夯实提高经济密度的基础。二是提升用地效率。上海综合施策，勇于突破，制定《关于促进资源高效率配置推动产业高质量发展的若干意见》《关于本市全面推进土地资源高质量利用的若干意见》，树立起"以亩产论英雄"以"效益论英雄"、以"能耗论英雄"、以"环境论英雄"的工作理念，致力于"向存量要空间、以质量促发展"，深化土地"二次开发"试点，实施土地全生命周期管理，完善土地循环利用机制，减量低效建设用地，提高土地资源开发利用效率。2021年，上海地均GDP达到6.82亿元／平方千米，稳居全国第二位。三是打造区域核心增长极。上海一方面挖掘自身的经济潜力，同时又立足长三角区域，不断增强上海与周边城市经济联系的角度来优化空间布局，出台《关于推动向新城导入功能的实施方案》，聚焦产业"强链、补链、固链"打造"五大新城"，加快高能级产业项目导入，推动总部经济、研发创新、要素平台、公共服务等功能和要素集聚，打造长三角城市群中具有辐射带动作用的综合性"高端节点"和区域核心增长极，赋能长三角高质量一体化发展。

（二）着力增加创新浓度，提高国内大循环的可靠性

构建新发展格局最本质的特征是实现高水平的自立自强，必须更强调自主创新，从根本上保障国家经济和产业安全。增加创新浓度是提高国内大循环可靠性的重要内涵。作为我国科技创新的排头兵，上海坚持以"强化科技创新策源能力"为主线，不断提高创新浓度，增强科创中心的集中度和显示度，努力成为全球学术新思想、科学新发现、技术新发明、产业新方向的重要策源地。在世界知识产权组织发布的《2021年全球创新指数报告》中，上海位列全球"最佳科技集群"第8位。一是抢占科学发现的战略高地。上海依托世界一流科学城、世界一流实验室和光子科学中心等世界级大科学装置群，出台《关于加快推动基础研究高质量发展的若干意见》，在全国率先试点设立"基础研究特区"，吸引全球顶尖科技资源，不断强化基础研究的厚度，在脑科学与类脑研究、人工智能、集成电路、航天航空、海洋工程等战略领域建设成效显著，张江综合性国家科学中心建设取得重大进展，全球规模最大、种类最全、综合能力最强的光子大科学设施群初现雏形。二是整合力量打破"卡脖子"技术。上海创新浓度最具价值的是在关键技术领域系统集成各方资源，努力取得重大原创性突破，打破外部封锁和垄断。上海聚焦集成电路、生物医药、人工智能三大产业创新高地，会同国家发改委、科技部、中科院等中央部委制定实施三大产业创新高地建设方案，成立推进科创中心建设办公室，坚持按季度调度协调、高位推进，充分发挥创新资源引领与整合作用，形成关键核心技术攻坚体制，在关键领域打造若干核心技术突破团队，狠抓关键核心技术联合攻关和科技成果转化，集成电路先进工艺实现量产，自主研发的装备材料取得突破，先进分子成像等高端医疗影像设备上市，加快补齐重点领域关键核心技术短板。三是打造创新生态高地。上海坚持制度创新与科技创新"双轮驱动"，出台《关于进一步深化科技体制机制改革增强科技创新中心策源能力的意见》《上海市推进科技创新中心建设条例》，围绕创新人才、创新投入、科技成果管理、科技成果转化等重点任务，深入推进国务院批准的上海全面创新改革试验方案，向全国复制推广的两批36项创新改革举措中，有1/4是"上海经验"。开展科技人才体制机制改革和政策试验，打造科技创新人才高地，引进外国人才的数量和质量均居全国第一；强化科技创新金融支撑，探索"政府资金引导+市场创投及券商跟投+商业银行贷款跟进"的全新投贷联动机制，促进科创中心与金融中心联动；扩大科研事业单位科研活动自主权，深入实施经费"包干制"、重点产业技术攻关项目"揭榜挂帅"等改革举措，开展赋予科研人员职务科技成果所有权或长期使用权试点，实施上海交通大学国家科技成果转化专项改革，一批可复制的经验做法加快推广固化；严格知识产权保护，对新技术、新产业、新业态、新模式实施包容审慎监管，营造良好的创新生态环境。

（三）着力提升开放高度，提高国际大循环的质量

高水平开放是构建新发展格局的必由之路。开放是上海的鲜明特质和最大优势，上海已成为我国对外开放的重要窗口和前沿阵地，尤其自2013年设立自贸试验区以来，上海坚持以制度创新为核心，加大压力测试力度，在构建与国际投资和贸易通行规则相衔接的制度体系上取得显著成效，在全国复制推广了一大批改革试验成果。一是积极探索自贸试验区深化改革升级版方案。上海以自贸区建设为突破口，率先构建与国际通行规则接轨的制度体系，形成了外商投资负面清单、国际贸易"单一窗口"、自由贸易账户、"证照分离"等一批基础性和核心制度创新成果并复制推广到全国。对标国际经贸最高标准、最好水平，不断拓展自贸区制度创新的链条和范围，积极参与国际规则的制定，着力在更多在公平竞争（如涉及国有企业、业绩要求、环境条款、劳工条款等）和权益保护（如涉及外汇转移、金融服务、征收补偿、透明度、仲裁裁决等）两大领域进一步加大制度创新力度，积极探索自贸试验区深化改革升级版方案。二是打造战略性开放平台。上海以落实国家重大战略任务为牵引，以战略性开放平台和重大标志性项目为带动，加快集聚重点产业、布局重大项目，尽快形成先发优势，实现更大功能突破，进一步增加显示度。出台"上海扩大开放100条措施"，纳入国家服务业扩大开放综合试点城市，全力推动浦东高水平改革开放，打造社会主义现代化建设引领区，深入推进临港新片区建设，加快建设虹桥国际开放枢纽，连续成功举办四届进博会，连续三年举办"上海城市推介大会"，持续扩大开放和营造国际一流营商环境，上海已经成为全方位高水平对外开放高地。三是打造外商投资首选地。出台全国首部地方外商投资条例，完善外资企业投诉中心、涉外服务专窗等精准服务机制，营造外商投资专业化便利化营商环境，形成全方位、多层次、宽领域的总部政策支持体系，吸引国际国内跨国公司总部集聚，上海已成

为我国内地跨国公司地区总部最为集中的城市。

（四）着力提高市场强度，提高国际大循环的水平

高效统筹国内国际两个市场、两种资源，不断提高市场强度，打造全球资源配置的强大"辐射源"和"引力场"，是提高国际大循环水平的重点。近年来上海出台《中共上海市委关于面向全球面向未来提升上海城市能级和核心竞争力的意见》《"十四五"时期提升上海国际贸易中心能级规划》《上海国际航运中心建设"十四五"规划》《上海国际金融中心建设"十四五"规划》《上海市建设具有全球影响力的科技创新中心"十四五"规划》《上海市社会主义国际文化大都市建设"十四五"规划》等系列规划和政策文件，以"五个中心"建设为基础和支撑，加大资金、货物、数据、人员自由跨境流动，已形成了以金融功能为核心，整合经济、贸易、航运、文化等领域高端要素，在全国范围内最完整、最丰富的市场体系，具备了较强的全球资源配置能力。一是金融要素市场齐备。上海成为全球金融要素市场最完备的城市之一。上海证券市场股票筹资总额位居全球第二，股票交易额和股票市值均位居全球第四。2022年第31期全球金融中心指数报告（GFCI31）显示，上海国际金融中心排名仅次于纽约和伦敦，排名全球第三位。二是大宗商品市场丰富。上海贸易投资网络遍及全球178个国家和地区，贸易要素加速自由流动，服务贸易、数字贸易、跨境电商等新型贸易加快发展，贸易资源配置规模全球领先。上海黄金交易所场内现货黄金交易量位居全球第一，上海期货交易所螺纹钢、铜、天然橡胶等10个期货品种交易量位居全球第一，上海钻石交易所成为世界第五大钻石交易中心，"上海金""上海油""上海铜"等大宗商品市场价格指数产品和定价机制的国际影响力不断提升。三是航运资源高度集聚。上海充分发挥对外开放最前沿的区位优势，持续加强国际枢纽港地位，在《新华—波罗的海国际航运中心发展指数报告（2022）》中排名全球第三。上海港集装箱吞吐量连续12年保持全球第一，且与紧随其后的新加坡港之间的差距逐年增大；上海浦东国际机场的货邮吞吐量位列全球第三。航运服务加快集聚，全球排名前二十的班轮公司、排名前四的邮轮企业、全球九大船级社、国有和民营主要航运企业均在沪设立总部或分支机构。

二、广州主动服务和融入新发展格局的建议

借鉴上海经验，应清醒认识广州潜力在国内大循环、优势在国际循环，坚持内外双向发力，把大国经济内需为主导、内部可循环的文章做足，着重提升对内辐射带动效应，为国内大循环发展赋能，加快形成与国际接轨的制度规则体系，提升全球资源配置能力，促进国内国际市场高效链接、双向开放，使国民经济循环更加顺畅，着力打造成为国内大循环的中心节点、国内国际双循环的战略链接。

（一）以打造"高密度区域"和壮大新兴产业提升广州经济密度，增强国内大循环的内生动力

近年来广州综合经济实力虽不断跃升，但对比上海等先进城市，广州单位土地的经济承载容量有限，经济密度相对较低且各区发展不平衡。2021年广州经济密度仅相当于香港的1／6、深圳的1／4和上海的1／2。广州高端产业总量和比重偏低，高端产业作为承载经济密度核心引擎作用不突出。广州现代服务业增加值占GDP比重分别比北京、深圳和上海低15.9个百分点、10.3个百分点和7.5个百分点。中心城区与外围城区经济密度差距悬殊，2021年越秀地均GDP分别是从化、增城、花都、南沙的513倍、137倍、58倍和39倍，天河地均GDP分别是从化、增城、花都、南沙的298倍、80倍、34倍和23倍。

建议以产业地图为抓手，实施要素差别化配置机制，增加增城、南沙、番禺、白云和花都的经济密度，打造"高密度区域"，大力培育和引进产业，做大实体经济，提升国内大循环的内生性。以共建若干城乡区域协同发展示范区为突破口，以项目合作为牵引、机制和政策创新为支撑，强化规划同频、空间联动和要素集聚，借鉴深汕特别合作区模式，探索城乡区际合作的新型飞地模式，携手提升城市能级和核心竞争力。发挥《南沙方案》和《中新广州知识城总体发展规划（2020—2035年）》联动效应，共同打造南沙和黄埔产业发展、科技创新、对外开放、历史传承、山海景观、空间拓展等要素聚合的广州科技创新"第三中轴线"。

把发展壮大战略性新兴产业作为经济工作的"首要工程"，打造世界

级新兴产业集群。做大做强新一代信息技术、智能与新能源汽车、生物医药与健康产业等新兴支柱产业，大力发展可再生能源、氢能、节能环保、智能电网、储能、碳金融、碳汇等低碳新兴产业，助力广州率先打造碳中和先行示范城市，瞄准数字经济、元宇宙、脑机接口、合成生物、细胞与基因、深海探采、空天技术、量子科技等新赛道未来产业，制定"一赛道一方案"，聚焦发展新技术、新工艺、新材料、新装备，牵住超级应用场景"牛鼻子"，培育重点企业，开发应用场景，构建特色产业园区，积极谋划以技术迭代推动"换道超车"，抢占产业发展制高点，培育壮大发展新动能。

（二）以落实科教兴国战略和人才强国战略提升广州创新浓度，增强国内大循环的可靠性

近年来，广州实施创新驱动战略取得明显成效，但广州整体创新浓度有待提升，仍存在研发投入强度不足、知识产权创造能力尤其是国际专利申请能力不强、科技资源优势未能有效转化为专利成果优势、创新要素高端化不足、重大创新平台支撑力度不强、创新主体协同化不高以及创新要素合理流动不畅通、高科技产业不强等突出问题。

建议着眼高水平科技自立自强，落实科教兴国战略，强化科技创新策源功能，探索关键核心技术攻关新型举国体制的"广州路径"。积极承接国家和省重大科技专项，实施重点领域研发计划，力争在人工智能、集成电路、生命健康等关键领域取得重大突破。开展制造业创新成果产业化中心试点，新建一批国家、省制造业创新中心，推进建设一批创新策源区和科技成果转化基地。同时，加大科技金融支持、产业化支持、营商环境支持力度，进一步培育优化高水平的科技创新生态圈，让这些创新的种子、树苗成长为参天大树。强化企业创新主体地位，支持企业实施"揭榜挂帅"机制。支持建设创新联合体，努力增设多家高水平企业研究院。强化企业家的创新意识，激励科技人员创新积极性。完善协同创新制度，建立科学有效的科研组织管理体制，实现由企业主导创新过程。加大对中小企业技术、人才、融资、营商环境等方面的扶持力度，加快培育战略性新兴产业领域的科技小巨人和成长型创新企业。充分发挥龙头企业的创新溢

出效应，搭建开放创新和资源共享平台，鼓励"龙头企业+中小企业"联合开展技术攻关和协同创新，形成上下游产业链互相依存、互助互补的关系，打造大中小企业共生的创新生态圈。

落实人才强国战略，着力培养和引进高端人才，重点引进海内外高层次留学人员，重视储备年轻人才，尤其需要制订大力吸引青年创新人才在广州创新创业的特殊政策，增强广州对年轻创新人才的吸引力。吸引全球创新人才，从构建全球人才网络的视角来谋划发展，从"集聚全球人才"向"配置全球人才"的战略转变，实现从建设国际人才高地向建设全球人才枢纽的战略跃升，着力集聚全球顶尖科学家，产生能够引领世界科技发展方向的原始创新成果。建设国际人才市场，以积极的姿态和气魄参与世界人才竞争。建立适应国际化的人才管理制度，形成科学、客观、公正的人才价值评价体系，着力从人才服务环境以及营商环境、城市环境、政策环境等多方面提高城市环境国际化水平。

（三）以落实南沙方案为契机提升开放高度，增强国际大循环的质量

广州南沙深化面向世界的粤港澳全面合作平台是广州改革开放的重大机遇，是提升广州开放高度的重要机遇，建议广州以提高国际大循环质量的角度高标准落实南沙方案。

第一，注重制度型开放，南沙建设内地与港澳规则相互衔接示范基地。以贸易和投资便利化推动对外贸易高水平发展，推动南沙等重点区域强化制度集成创新，深化全球溯源体系、全球优品分拨中心、全球报关服务系统等创造型引领型改革，推动自贸区与实体经济融合发展。

第二，打造形成一套比较完整成熟的投资和贸易规则体系。拓展自贸试验区制度创新的链条和范围，更多在公平竞争（如涉及国有企业、业绩要求、环境条款、劳工条款等）和权益保护（如涉及外汇转移、金融服务、征收补偿、透明度、仲裁裁决等）两大领域加大改革力度，打造形成一套比较完整成熟的投资和贸易规则体系。加快制定具有较强国际市场竞争力的"产业+园区"开放政策，结合打造国际一流营商环境，增强对国际高端资源要素的集聚力。

第三，有序推进服务贸易开放。进一步扩大产业开放力度。以更大的气魄和更强的力度推进金融、教育、医疗和数字服务贸易的开放，争取国家将更多的开放举措放在广州先行先试。

第四，围绕特色产业开展集成制度创新。壮大特色优势产业，明确产业定位和重点发展的产业，打好自贸区制度创新和实体经济发展深度融合特色牌，围绕特色产业开展产业链、价值链研究，聚焦集成制度创新，解决关键制度问题，形成解决产业发展的闭环式制度创新机制体系，壮大先进制造业和高新技术产业，为全市经济发展提供更强劲动能。

（四）以提升市场强度为突破口，提高国际大循环的水平

相比于国内外领先地区，广州市场强度还有很多可提升的空间。如金融市场发育程度和定价功能不强，产权交易市场发展速度不快，大宗商品市场的定价权还比较弱、广州指数和广州价格影响力偏低，金融企业、总部企业、行业领先企业和平台企业偏少。

建议以落实二十大精神、《广州南沙深化面向世界的粤港澳全面合作总体方案》和《粤港澳大湾区发展规划纲要》为契机，在新征程上全面增强广州国际商贸中心、综合交通枢纽功能，协同建设国际消费中心、科技教育文化中心和科技创新强市，以科技、数字、文化赋能商贸业发展，大力发展平台经济、电商经济、直播经济、总部经济、首店经济、定制经济、夜间经济、服务贸易等新业态，提升全球资源配置能力和全球服务能力。推动广州大宗商品交易市场高质量发展，做大做强广东塑料交易所，建设南沙自由贸易港大宗商品交易中心，打造集交易、融资、信息、仓储、物流、质检等服务于一体的大宗商品交易平台，积极发展离岸交易、期现货联动等创新业务，强化粤港澳大湾区定价中心功能，提高大宗商品交易市场核心竞争力和行业影响力。以国际采购中心为目标，构建功能展贸化、交易电子化、市场国际化、管理园区化的现代专业批发市场体系。

围绕关键要素、战略主体、功能平台、国际通道，进行顶层设计，加强前瞻布局，积极融入全球价值链战略环节和关键环节，增强话语权和主导权。加快提升广州作为全球城市的链条整合能力（产业链、价值链、供应链、创新链）、交易配置能力（各类要素市场的定价权和话语权）、

规则主导能力（全球性标准、规则的参与度）和综合服务功能（金融、贸易、航运），在全球经济体系中形成控制力与影响力，成为全球城市网络中的资源配置中心。高标准建设广州期货交易所，完善期现货联动的期货交易市场体系，丰富区域特色商品期货品种，建设期货交割库，提升重要大宗商品的价格影响力。依托广州碳排放权交易中心推动建立粤港澳大湾区碳排放权交易平台，联动广州期货交易所探索建设粤港澳大湾区双碳要素交易市场。强化广州期货交易所与香港联合交易所、深圳证券交易所的联动合作，打造服务经济高质量发展、粤港澳大湾区建设和"一带一路"倡议的重要平台。

（周权雄，林柳琳）

从习近平总书记关于"老"的重要论述中汲取"实现老城市新活力"的智慧

【提要】实现老城市新活力要从习近平总书记关于"老"的重要论述中汲取智慧。党的十八大以来，习近平总书记在系列重要讲话中多次论及"老"，梳理这些重要讲话可以发现，主要集中在三个维度：一是人类历史发展的哲理角度；二是历史底蕴和文明底蕴角度；三是城市生命体有机体角度。这对广州实现老城市新活力具有重要理论启示：一是"老城市新活力"要为构建世界新型文明秩序提供历史支撑和必要参照；二是"老城市新活力"要为中国式现代化提供衔接历史和现实的文化基础；三是"老城市新活力"要为"城市是生命体、有机体"理论提供实践样本。为此，广州实现老城市新活力应立足城市又要跳出城市思维，融入文明思维、历史思维和海洋思维，需要以更高的理论视野，搭建"老城市新活力"的理论框架来谋篇布局推动落实。一是成立广州（国家级）人类命运共同体（或人类文明新形态）研究交流中心；二是以"千年商都到大湾区主题盛景"为主题打造大型文化品牌项目；三是以"城市生命体有机体"理论为指导，以提升城市"有机度"为纽带，以提升城市承载和资源优化配置能力为重点，加快形成广州市域空间新格局，助力实现"老城市新活力"。

2018年10月，习近平总书记视察广东时对广州提出了"实现老城市新活力"的时代命题。近年来理论界和学术界从历史、文化等角度阐释了对"老"的理解，进而探求"实现老城市新活力"的理论意义和实践路径。这些"探源式"的努力唯独欠缺了一种逻辑思维，那就是从习近平总书记关于"老"的重要论述中汲取"实现老城市新活力"的智慧。缺少了这一逻辑思维，就如同是没有导师的学生在做研究，必将会走很多弯路，甚至迷失方向。党的十八大以来，习近平总书记在多个场合从多个维度都有对"老"的重要论述，特别是多有涉及对城市"老"的重要论述，而且这些论述在时间上具有连续性，在内涵上不断升华，对深刻领会和理解"老城市新活力"具有重要指导意义。为此，笔者搜集了2012年以来至今十年的《人民日报》公开报道的习近平总书记涉及"老"的重要讲话、重要演讲和重要文章等共120多篇文献资料，在认真研读的基础上，结合广州"实现老城市新活力"进行思考，梳理出进一步认识理解"老"的内涵的三个理论维度、三个理论启示，进而为能够更加深刻地把握总书记关于"实现老城市新活力"的重要指示要求提供参考。

一、习近平总书记对"老"有关阐释的三个重要维度

习近平总书记站在新的历史方位，站在留住文化根脉、守住民族之魂的战略高度赋予了"老"的新时代内涵，从人类历史发展的哲理、历史底蕴和文明底蕴、城市生命体有机体等不同角度将"老"的跨越时空之感、蕴含的璀璨文明之光转化为民众内心深处的历史认同、文化自信与民族骄傲，转化为对国家城市更深沉的热爱和对实现民族复兴更持久的力量。

（一）从人类历史发展的哲理角度对"老"的阐释

习近平总书记对"老"的阐释，其中有很多内容是基于历史发展历程及所蕴含的人类智慧和哲理的角度，具有代表性的讲话如下。

2013年9月7日，习近平总书记在哈萨克斯坦纳扎尔巴耶夫大学发表题为《弘扬人民友谊　共创美好未来》的重要演讲，指出："2100多年前，中国汉代的张骞两次出使中亚，开启了中国同中亚各国友好交往的大门，开辟出一条横贯东西、连接欧亚的丝绸之路。哈萨克斯坦是古丝绸之路经过的地方，曾经为促进不同民族、不同文化相互交流和合作做出过重要贡献。千百年来，在这条古老的丝绸之路上，各国人民共同谱写出千古传诵的友好篇章"，"20多年来，随着中国同欧亚国家关系快速发展，古老的丝绸之路日益焕发出新的生机活力，以新的形式把中国同欧亚国家的互利

合作不断推向新的历史高度"。

2014年11月9日，习近平总书记在亚太经合组织工商领导人峰会开幕式上的演讲中指出："亚太地区汇集了古老文明和新兴力量，创造了悠久历史和灿烂文化。这里的人民勤劳，这里的山河美丽，这里的发展动力强劲，这里的未来前景光明。"

2015年2月15日，习近平总书记在陕西西安市调研时指出："要把凝结着中华民族传统文化的文物保护好、管理好，同时加强研究和利用，让历史说话，让文物说话，在传承祖先的成就和光荣、增强民族自尊和自信的同时，谨记历史的挫折和教训，以少走弯路、更好前进。"

2015年4月21日，总书记在巴基斯坦议会的演讲中指出："早在2000多年前，丝绸之路就在我们两个古老文明之间架起了友谊的桥梁。中国汉代使节张骞、东晋高僧法显、唐代高僧玄奘的足迹都曾经到过这里。巴基斯坦认为'诚信比财富更有用'，中国认为'人而无信，不知其可也'，两国传统文化理念契合相通。在近代，中巴曾经遭受帝国主义、殖民主义的侵略和压迫，彼此同情，相互支持。"

2015年7月10日，习近平总书记在上海合作组织成员国元首理事会第十五次会议上的讲话中指出："古老的丝绸之路见证了各国人民结下的深厚传统友谊。我们应该继续弘扬丝路精神，夯实本地区各国友好交往的民意基础，让各国人民互信互敬，共建和谐、安宁、繁荣的家园。"

2019年3月20日，习近平总书记在对意大利共和国进行国事访问前夕发表题为《东西交往传佳话 中意友谊续新篇》的署名文章，指出："意大利将古老和现代、经典和创新相结合的生活方式和工业理念，给我留下了深刻印象"，"早在两千多年前，古老的丝绸之路就让远隔万里的中国和古罗马联系在一起"。

2019年3月22日，习近平总书记在罗马会见意大利参议长时指出："中意两国传统友好，古老的丝绸之路将两国人民紧密相连。"

2019年5月15日，习近平总书记在北京国家体育场同出席亚洲文明对话大会的外方领导人夫妇共同出席亚洲文化嘉年华活动致辞时指出："亚洲各国都有古老灿烂的文化，既独树一帜、各领风骚，又和谐共生、交相辉映。亚洲文明的多样性赋予了亚洲文化更为丰富的色彩、更加持久的生命力。"

2019年5月15日，习近平总书记在亚洲文明对话大会开幕式上的主旨演讲中指出："丝绸之路、茶叶之路、香料之路等古老商路，助推丝绸、茶叶、陶瓷、香料、绘画雕塑等风靡亚洲各国，记录着亚洲先人们交往交流、互通有无的文明对话。"

2019年11月2日至3日，习近平总书记在上海调研时指出："文化是城市的灵魂。城市历史文化遗存是前人智慧的积淀，是城市内涵、品质、特色的重要标志。要妥善处理好保护和发展的关系，注重延续城市历史文脉，像对待'老人'一样尊重和善待城市中的老建筑，保留城市历史文化记忆，让人们记得住历史、记得住乡愁，坚定文化自信，增强家国情怀"，"城市是人民的城市，人民城市为人民。无论是城市规划还是城市建设，无论是新城区建设还是老城区改造，都要坚持以人民为中心，聚焦人民群众的需求，合理安排生产、生活、生态空间，走内涵式、集约型、绿色化的高质量发展路子，努力创造宜业、宜居、宜乐、宜游的良好环境，让人民有更多获得感，为人民创造更加幸福的美好生活"。

2019年11月10日，习近平总书记在对希腊共和国进行国事访问之际在希腊《每日报》发表题为《让古老文明的智慧照鉴未来》的署名文章，指出："中希应该挖掘古老文明的深邃智慧，展现文明古国的历史担当，共同推动构建相互尊重、公平正义、合作共赢的新型国际关系，共同推动构建人类命运共同体。""一个国家用'文明冲突论'来制定国家政策将是十分荒谬和非常有害的。无论是中国的历史文化传统，还是当今中国日益开放、进步、发展的事实，中国都有力地回击了'文明冲突论'和'国强必霸论'。"

2020年10月12日至13日，习近平总书记视察广东时指出："包括广济桥、广济楼在内的潮州古城比较完好地保留了下来，实属难得，弥足珍贵。在改造老城、开发新城过程中，要保护好城市历史文化遗存，延续城市文脉，使历史和当代相得益彰"，"潮州历史悠久、人文荟萃，是国家历史文化名城，很多人都慕名前来参观旅游。要保护好具有历史文化价值的老城区，彰显城市特色，增强文化旅游内涵，让人们受到更多教育"，"'侨批'记载了老一辈海外侨胞艰难的创业史和浓厚的家国情怀，也是中华民族讲信誉、守承诺的重要体现。要保护好这些'侨批'文物，加强研究，教育引导人们不忘近代我国经历的屈辱史和老一辈侨胞艰难的创业史，并推动全社会加强诚信建设"，"现在我国经济社会发展很快，城市建设日新月异。越是这样越要加强历史文化街区保护，在加强保护的前提下开展城市基础设施建设，有机融入现代生活气息，让古老城市焕发新的活力"。

2021年7月7日，习近平总书记同希腊总理米佐塔基斯通电话时指出："当前形势下，传承好、发展好中希关系，不仅有助于促进疫后经济复苏，也将为完善全球治理体系贡献古老文明应有的智慧。"

（二）从历史底蕴和文明底蕴角度对"老"的阐释

总书记对"老"的阐释，其中有不少内容涉及城市的历史底蕴和文明底蕴，具有代表性的讲话如下。

2013年3月22日，习近平总书记在俄罗斯"中国旅游年"开幕式上的致辞中从城市的范畴谈及"老"，讲道："古老的文明和灿烂的文化在世界上独树一帜，快速发展的现代风貌吸引着世人眼球，伏尔加河、乌拉尔山、贝加尔湖的美丽风光享誉世界，莫斯科、圣彼得堡、叶卡捷琳堡、索契等城市的独特魅力备受青睐。我记得，中方去年拍摄了《你好，俄罗斯》百集电视专题片，展现出俄罗斯秀丽的自然风光和各民族的多彩风情。"

2013年6月5日，习近平总书记在墨西哥参议院演讲中又一次从"文明"角度谈到"老"，讲道："人民直接交往是加深国与国友谊最有效的方式。未来5年，中国出境旅游有望超过4亿人次，墨西哥的太阳月亮金字塔、奇琴伊察古城、阿卡普尔科海滩，将会出现更多中国游客的身影。我们也期待更多墨西哥朋友登上中国长城，驻足北京故宫，观赏西安兵马俑，在感受中国古老文明的同时，体验当今中国日新月异的发展和进步。"

2014年11月17日，习近平总书记在澳大利亚联邦议会的演讲中指出：

"这是我第五次踏上这片古老而又充满活力的澳洲大陆。……澳大利亚不仅是个'骑在羊背上的国家'和'坐在矿车上的国家'，更是一个富有活力、开拓创新的国家，产生了许多蜚声世界的科学家，为人类文明进步作出突出贡献。"

2015年4月22日，习近平总书记在亚非领导人会议上的讲话中指出："60年来，亚非这两片古老大陆发生了广泛而深刻的变化。亚非各国人民掌握了自己命运，相继赢得了政治独立，坚定致力于经济社会发展，推动亚非两大洲从过去贫穷落后的地区成为具有巨大发展活力的地区。"

2017年7月8日，习近平总书记欣闻鼓浪屿申遗成功作出重要指示："把老祖宗留下的文化遗产精心守护好，让历史文脉更好地传承下去。"

2018年7月25日，习近平总书记在金砖国家工商论坛上的讲话中指出："非洲是发展中国家最集中的大陆，也是全球最具发展潜力的地区。我们要加强对非合作，支持非洲发展，努力把金砖国家同非洲合作打造成南南合作的样板。具体合作中，应该结合自身实际，积极同非洲国家开展减贫、粮食安全、创新、基础设施建设、工业化等领域项目合作，帮助各国经济结构发展，为落实非盟《2063年议程》提供助力，让古老的非洲大地展现出旺盛生机活力。"

2018年11月27日，习近平总书记在对西班牙王国进行国事访问之际，发表题为《阔步迈进新时代，携手共创新辉煌》的署名文章，指出："西班牙是欧洲文明古国，这里人杰地灵、文化灿烂，曾在人类社会发展史上产生重要影响。中国和西班牙虽然地理位置相距遥远，但早在2000多年前，古老的陆上丝绸之路就将古都长安同西班牙的塔拉戈纳联系在一起。"

2018年12月3日，总书记在对葡萄牙共和国进行国事访问前夕发表题为《跨越时空的友谊　面向未来的伙伴》的署名文章，指出："葡萄牙成功应对欧洲主权债务危机挑战，在发展国民经济、弘扬民族文化、促进社会进步等方面取得重要成就，古老大地不断焕发勃勃生机。"

2020年1月21日，习近平总书记致贺信祝贺2020"中国意大利文化和旅游年"在意大利罗马开幕，指出："中意两国都拥有丰富的文化和旅游资源。希望中意文化和旅游界人士共同描绘古老文明新时代对话的绚丽景致，为世界文明多样性和不同文化交流互鉴作出新贡献。"

2020年6月22日，习近平总书记在北京以视频方式会见欧洲理事会主席米歇尔和欧盟委员会主席冯德莱恩时指出："中国既是拥有悠久历史的古老国度，又是充满活力的发展中国家。"

2021年3月22日至25日，习近平总书记在福建考察时指出："保护好传统街区，保护好古建筑，保护好文物，就是保存了城市的历史和文脉。对待古建筑、老宅子、老街区要有珍爱之心、尊崇之心。"1991年3月10日，时任福州市委书记的习近平在林觉民故居召开文物工作现场办公会指出："评价一个制度、一种力量是进步还是反动，重要的一点是看它对待历史、文化的态度。要在我们的手里，把全市的文物保护、修复、利用搞好，不仅不能让它们受到破坏，而且还要让它更加增辉添彩，传给后代。"

（三）从城市生命体有机体角度对"老"的阐释

总书记对"老"的阐释，还有一个角度，那就是城市生命体有机体，具有代表性的讲话如下。

2013年8月28日至31日，习近平总书记在辽宁考察时指出："老工业基地很多企业浴火重生的实践说明，无论是区域、产业还是企业，要想创造优势、化危为机，必须敢打市场牌、敢打改革牌、敢打创新牌。要抓住新一轮世界科技革命带来的战略机遇，发挥企业主体作用，支持和引导创新要素向企业集聚，不断增强企业创新动力、创新活力、创新实力。"

2014年2月25日，习近平总书记在北京市就全面深化改革、推动首都更好发展特别是破解特大城市发展难题进行考察调研时指出："这一片胡同我很熟悉，今天来就是想看看老街坊，听听大家对老城区改造的想法。老城区改造要回应不同愿望和要求，工作量很大，有关部门要把工作做深做细，大家要多理解多支持，共同帮助政府把为群众办的实事办好。"

2015年3月9日，习近平总书记在吉林代表团参加审议时指出："要适应经济发展新常态，深入推进东北老工业基地振兴，抓住创新驱动发展和产业优化升级，努力形成特色新兴产业集群，形成具有持续竞争力和支撑力的产业体系，加强同周边国家和地区交流合作，通过深化改革坚决破除体制性障碍，全面提高对外开放水平，把老工业基地蕴藏的巨大活力激发出来、释放出来。"

2015年7月17日，习近平总书记在长春召开部分省区党委主要负责同志座谈会时指出："坚决破除体制机制障碍，形成一个同市场完全对接、充满内在活力的体制机制，是推动东北老工业基地振兴的治本之策。要坚持社会主义市场经济改革方向，积极发现和培育市场，进一步简政放权，优化营商环境，从放活市场中找办法、找台阶、找出路。"

2019年2月1日，习近平总书记在北京视察时指出："一个城市的历史遗迹、文化古迹、人文底蕴，是城市生命的一部分。文化底蕴毁掉了，城市建得再新再好，也是缺乏生命力的。要把老城区改造提升同保护历史遗迹、保存历史文脉统一起来，既要改善人居环境，又要保护历史文化底蕴，让历史文化和现代生活融为一体。老北京的一个显著特色就是胡同，要注意保留胡同特色，让城市留住记忆，让人们记住乡愁"，"党中央十分关心老城区和棚户区改造，就是要让大家居住更舒适、生活更美好，解决好大家关心的实际问题，让大家住在胡同里也能过上现代生活"，"要把老城区改造提升同保护历史遗迹、保存历史文脉统一起来，既要改善人居环境，又要保护历史文化底蕴，让历史文化和现代生活融为一体"。

二、学习习近平总书记重要论述的三个理论启示

为什么习近平总书记赋予广州"老城市新活力"的时代使命？从总书记的有关重要论述可以发现，"老"不仅蕴含着历史和文化的内涵，而且蕴含着人类发展的哲理，同时也是人类智慧的见证和传承，对提升理解广州这座"老城市"的思想格局具有重要启示意义。

（一）"老城市新活力"要为构建世界新型文明秩序提供历史支撑和参照

立足当前、面向未来，中国共产党领导的民族伟大复兴不仅是全面现代化进程中如何实现物质与精神的全面协调进步，而且是能否为世界、

为人类现代化提供另一种文明选择。广州作为中国历史上受现代化冲击影响最早、且中西文明碰撞交流最多的地方，见证和感受了人类开启现代化以来的各种文明形态，特别是西方列强为了自身利益而不惜发动殖民侵略战争的所谓现代化"文明"，熔铸了古今中西文明，具有足够的历史积淀和历史场景来说明和支撑中华民族从文明蒙羞到创造人类文明新形态对构建世界新型文明秩序的价值意义所在。在一定程度上可以说，近代以来近200年的广州历史就是读懂中国共产党创造人类文明新形态的重要历史教材。从这个意义上说，广州的"老"就意味着"新"，也就是说，"老"是新型文明秩序的酝酿；"新活力"是文明新形态的活力。

（二）"老城市新活力"要为中国式现代化提供衔接历史和现实的文化基础

回顾历史，中国现代化的基本理路始终存在着"西学"与"中学"之争。进入新时代，中国共产党仍然面临着如何理解和阐释中国式现代化及其优越性问题。要切实厘清这些命题，凝聚海内外对中国式现代化的更大共识，避免被西方视角的曲解带偏，需要为中国式现代化夯实衔接历史和现实的文化基础。广州毗邻港澳，连接世界，历来得风气之先，但又较好地保留了中国传统的文化习俗，中国历史上许多先贤志士及世界历史上的很多名人与广州多有交集，吸收着人类进步成果。正是广州这种独特的地缘性和文化性，使得广州都始终保有思想活力，走在时代前列。这也为理解中国式现代化的逻辑理路提供了重要的衔接历史和现实的文化基础。从这个意义上说，广州的"老"并不沉寂，更意味着思想和智慧的"活力"，也就是说，"老"是中国式现代化的文化根基和思想链条；"新"是立足这种文化根基，沿着这种思想链条而形成的新的文化创造和思维创造；而"活力"既是"老"广州，又是"新"广州的存在形态。

（三）"老城市新活力"要为"城市是生命体、有机体"理论提供实践样本

党的十八大以来，习近平总书记多次阐发关于城市建设和发展的重要论断，其中主要包括"人民城市人民建，人民城市为人民""花园城市""城市是生命体、有机体"等理论观点。如果说上海所承担的"人民城市人民建"的重要使命任务是对标"以人民为中心的发展思想"，成都所承担的"花园城市"的重要使命任务是对标"新发展理念"，那么，广州所承担的"老城市新活力"的重要使命在理论上应主动对标总书记"城市是生命体、有机体"的重要思想，并积极在这一思想理论指引下形成高质量实践样本。"老城市新活力"是个系统性整体性表述，落脚在"活力"上，这是对城市生命体有机体的最形象概括和最理想状态的表达。

三、对广州"实现老城市新活力"的对策建议

广州实现老城市新活力应立足城市又要跳出城市思维，融入文明思维、历史思维和海洋思维，需要以更高的理论视野，搭建"老城市新活力"的理论框架来谋篇布局推动落实。

（一）成立广州（国家级）人类命运共同体（或人类文明新形态）研究交流中心

广州市可申报在南沙区建立一座集研究、展示、论坛交流等多功能于一体的综合性"广州（国家级）人类命运共同体（或人类文明新形态）研究交流中心"，在此基础上同时筹建粤港澳大湾区博物馆。编纂《广州：人类文明交流互鉴中心地》专辑，从文明交流互鉴的角度勾勒出世界文明在广州的交互历程，从而构建世界新型文明秩序提供历史支撑，展现出广州在人类文明交流中的历史贡献，从大历史长河中审视广州在人类文明交流中的角色和作用。

（二）以"千年商都到大湾区主题盛景"为主题打造大型文化品牌项目

珠江既见证了广州城市发展史，又见证了民族发展史。珠江文明传承黄河文明、长江文明基因，渐渐在岭南大地传承融汇创新光大，历经朝代变迁、世纪交替，至鸦片战争后，吞吐海洋文明的工业化气息，领悟康有为、梁启超、孙中山和共产党人先驱圣贤的思想启蒙，独领近代开中国风气之先的风骚，开创珠江文明新纪元。要让珠江在广州的流域全面展现为一幅民族从百年屈辱到百年复兴的历史长卷，以珠江两岸不同历史时期的

建筑群和相关文物史迹，唤起人们对民族的记忆。全面收集有关珠江文明的历史资料，深入挖掘提炼广州早期对外开放和文化交往的生动素材。设立一批学术研究项目、研究课题、打造一批实景虚拟展示平台，创作一系列话剧、影视等作品，收集一些文物文献，全面展示广州在现代文明发展中的历史底蕴。

（三）以"城市生命体有机体"理论为指导，以提升城市"有机度"为纽带，以提升城市承载和资源优化配置能力为重点，加快形成广州市域空间新格局，助力实现"老城市新活力"

以生命体、有机体来讲城市，是城市知识的观念变革，它改变了过去城市作为增长机器、钢筋水泥、生态花园等观点，强调城市也具备生命体、有机体的特征，城市存在生命周期，为理解城市治理、诊断城市问题和实现城市可持续发展提供了新视角。城市的一切"生命体征"——基层"细胞"的活力、生态"肌理"的亲和力、交通"血管"的通畅度、经济产业"骨骼"的硬朗度等，都要在有限的空间结构中有机完成。对广州来说，优化市域空间格局，致力于建设"眼、脑、手、脉"齐备、"感、传、知、用"协同的整体有机城市是必然选择，可以分两个板块来推进。一是"新'城'代谢"板块：进一步让超大城市有规律地"新陈代谢"，克服老龄化、交通拥堵、旧城改造、垃圾分类等难题。二是"活力"板块：把治理"养分"输到"四肢末端"，用智能化"大脑"高效统筹治理，让每一个"城市细胞"都焕发出活力。

（王　超）

推进广州基层治理数字化转型

【提要】数字赋能基层治理是推动城市全面数字化转型的重要组成部分。当前广州基层治理数字化在体制、机制、数字基础设施、干部素质等方面存在短板，一是基层治理数字化工作的碎片化现象依然严重；二是数字化考核问责存在比较典型的"痕迹形式主义"；三是硬件落后和应用系统不完善弱化了"指尖上的便利"；四是基层干部数字化素养不高制约了数字治理能力提升。建议充分认识基层治理数字化转型的复杂性，有效推动基层治理数字化转型，切实提高城市治理精细化品质化水平：第一，坚持把体制机制创新作为突破口，强化顶层设计；第二，用数字化集聚治理要素，打破基层治理数字壁垒；第三，聚焦数据驱动和重点场景应用，创新持续激发数字活力；第四，提升基层干部数字化思维方式与数字能力。

加强基层智慧治理能力建设，提高基层治理数字化智能化水平，是通过数字化转型驱动城市治理方式变革的基础性工作，也是提高城市数字治理水平的重要支撑。为助力推进广州基层治理数字化转型工作，课题组赴相关职能部门及基层单位进行了系统调研，分析梳理了制约广州基层治理数字化的瓶颈因素并提出政策建议。

一、广州基层治理数字化的发展现状

（一）注重规划引领与法治保障，不断优化基层治理数字化顶层设计

2021年6月，《广州市国民经济和社会发展第十四个五年规划和2035

年远景目标纲要》对加快基层治理数字化进程，推动数字技术对生活方式和社会运作模式的重塑赋能等做了总体规划。2021年12月，市政数局发布《广州市数字政府改革建设"十四五"规划》（征求意见稿），以推进数据资源一体化深化基层减负为目标，对推动基层治理数据资源共享，促进数据回流赋能基层治理提出要求。另外，《广州市智慧政务服务条例》《广州市数据条例》《广州市公共数据开放管理办法》等立法也正在推进过程之中，有望不断优化广州基层治理数字化转型的顶层设计并提供相对完备的法治保障。

（二）探索超大城市基层治理数字化转型新路径，提升基层治理精细化智能化水平

广州不断推动数字赋能基层治理，打造超大城市现代化治理新范例。一是加强综合指挥调度平台建设，实现基层治理过程数据化。通过运用大数据、人工智能、物联网等新一代信息技术，构建基层相关主体数据，将人、地、物、事等通过物联感知建立数据模型，推动实现事件处置扁平化管理。二是基于网格化管理平台，积极构建基层网格化治理新模式。通过推行综合网格建设，实现网格化管理平台的融合，提升基层工作效率。三是基于智能化标准化的"12345"政府服务热线，实现"有呼必应"。市民通过"12345"政府服务热线，随时随地在线投诉举报城市治理存在的问题，政府部门可及时跟踪处理，并将办理结果反馈至市民，接受群众评价，构建形成基层治理的闭环。广州12345政府服务热线获得中国最佳政府服务热线、中国最佳呼叫中心、全球最佳呼叫中心评选最佳公共服务金奖等奖项。

（三）聚焦基层群众现实需求，积极探索构建数字化应用场景

近年来广州从基层群众的关注点、诉求点，基层治理的堵点、痛点、难点切入，积极探索具有广州特色的基层治理数字化应用场景。一是依托"穗好办"移动服务APP，运用大数据分析，结合区块链应用技术，构建基层数字化应用场景。把人社、医保、交通、公安交警、卫健等业务部门数据进行整合，市民可通过"穗好办"一站式办理个人和企业事项，让数据跑腿代替群众和基层干部跑腿，提升基层治理品质化。"穗好办"APP也入选了2020年度中国数字政府创新型政务平台系列中"互联网+政务服务"十佳典型案例。二是打造"穗智管"城市运行管理中枢，创新"数字孪生"城市治理模式，以全面实现城市运行管理"一图统揽，一网共治"为核心目标，重构事件发现和处置方式，探索建设全息感知城市运行状态的数字孪生城市生命体，推进城市治理全方位的跨部门跨层级跨领域重点场景数字化应用，对一些"城市病"进行智能化、精细化、可视化治理，形成"一网共治"社会治理新秩序。三是以"穗康"小程序为桥梁，不仅用于快速判断人员健康风险等级，实现人员动态健康认证、疫情线索上报及排查，还开创性地利用大数据和互联网技术深化应用场景，联通政务服务与基层治理，为群体性活动的疫情防控提供了可借鉴、可复制的经验。四是依托智慧社区建设，推进基层数字化转型。通过运用5G、物联网、云计算等新技术，搭建"智慧社区服务平台"，为整个社区的人、事、物提供VR全景视角、社区多维观测和全量数据分析，构建智能养老、智慧安防、智慧医养等场景，提升基层治理效率。

二、广州基层治理数字化转型中存在的瓶颈

（一）体制瓶颈：基层治理数字化工作碎片化现象依然严重

第一，目前基层治理数字化工作的供给与需求存在脱节，未能很好匹配基层治理的实际需求。"懂数字技术的不了解基层情况，了解基层情况的不知道什么是数字化"的问题突出，虽然数字化推进力度很大，但是基层仍然主要依靠经验兜底来解决治理中的实际问题，数据价值无法得到释放。第二，各部门、各层级信息化系统独立建设、分散管理、各自为政的现象比较普遍。党建、综治、民政、卫健、网格化管理、社会保障等不同信息系统之间标准不统一、接口不联通、信息不共享，形成部门间的"信息孤岛"和"数据烟囱"。据课题组调研了解，某居委会专职社工7人，在用的信息系统却有40多个，某街道办事处城管科在编人员3人，在用系统就达12个，街道的全部在用系统更是超过了150个。由于各部门彼此独立采集数据，导致大量的数据需要重复采集，也使基层的有限精力浪费在重复性劳动上。

（二）机制瓶颈：数字化考核问责存在比较典型的"痕迹形式主义"

目前针对基层数字化建设的考核局限于量化指标，如考核填报的事项数量等，造成基层工作人员为了完成考核要求，疲于填写各级报表以应付督察检查，"在推数字化的过程中，我们没有感受到好处，反而是负担"。这种"痕迹形式主义"的影响下，信息收集的准确性降低，数据的"底数不清，情况不明"相应也削弱了信息的准确度和决策的科学性。以疫情防控工作为例，很多地区无法提供精确全面的人口数据，如出租屋的人员数量、出行数据及疫苗接种情况等，难以对病例溯源流调、是否封控区域及确定封控范围起到数据赋能作用。另外，封闭封控区内的孕妇、接受透析治疗患者等特殊人群的敏感信息不能互联互通，基层不能掌握相关群体的全面信息，难以保障及时提供必要的服务。

（三）设施瓶颈：硬件落后和应用系统不完善弱化了"指尖上的便利"

目前基层数字化基础设施总体落后，大部分社区设备老化、系统老旧。调研发现，由于缺乏会议设备以及出于对企业提供的视频软件网络安全问题的顾虑，一些街道很难以视频方式召开会议，基层工作效率无法得到有效提升。部分管理系统的用户体验不尽如人意。例如，有街道反映网格员通过系统上报问题时，由于手机系统使用体验差，网格员普遍觉得利用网格化管理系统处理问题非常耗时且不能及时解决实际问题。部分数字系统与居民需求不匹配，居民对集成化的APP"看不懂、用不了、找不到"，办理同一主题的不同事项要通过不同的应用程序填报和提交材料，群众反映"跑一个系统要装一个APP，办成一件事要装的APP经常会比较多"，居民难以便捷享受"指尖上的便利"。此外，老年人等特殊群体的数字鸿沟问题也亟待重视。

（四）素质瓶颈：基层干部数字化意识较为薄弱，数字能力亟须提高

课题组调研发现，目前基层干部的数字化素养与数字化转型的要求之间依然存在较大差距。一是观念未转变。很多基层干部对数字化不信任，认为"数字化就是形式上的东西，是用来应付上面的""只是一阵风"。二是知识结构跟不上工作要求。街道没有专职负责数字化工作的人员，基层干部年龄总体偏大，对数字化工作的学习意愿和学习能力不强，有干部反映"有些领导连电脑都不开的，OA上的文件也从来不看，有什么事就用纸质文件"。另外，由于缺乏数据思维和数字能力，即使有相对完备的数据，在基层治理中亦难以有效挖掘数据价值。

三、进一步推动数字赋能基层治理的建议

（一）坚持把体制机制创新作为突破口，强化顶层设计

一是基于现有政府运行的基本架构和工作逻辑，对数字化治理进行整体规划设计，推动数据向数字化指挥中心归集以及集中统一管理。同时，由明确的部门组织开展对数据的质量监督，对数据质量进行定期评估，并建立更正管理制度。二是加快完善基层跨部门联动机制，并建立适合扁平化结构的市、区、街道跨层级联动协调治理体系，从上到下打通各职能部门之间的信息通道，实现信息在不同层级间传递和共享，将完整准确并及时更新的数据按照区域属性以及基层数据共享需求清单回传到基层，支持基层开展数据应用，形成"基层沉淀数据，数据反向推动基层治理"的良性循环。三是建立科学的考核评价体系，数据工作与业务工作协同管理，对基层的考评不再局限于数字化系统的数据数量和平台展示，而是从解决问题的实效性、系统可用性、用户体验等方面多层次考核，不断提升数据治理能力。

（二）用数字化集聚治理要素，打破基层治理数字壁垒

一是要建立统一的数据标准和数据规范，基于数据的全生命周期，制定数据分类规则和著录标准，推动和完善数据使用准则以及数据平台对接方式。二是减少信息系统数量。将同一业务部门具有共性的信息系统进行合并，减少信息和系统冗余。开发系统时要注重可拓展性，新功能尽可能地能够在原系统中扩展，而非通过新增系统解决，大力推动面向群众、企业和基层单位的政务服务应用系统的集约建设。三是优化系统设计，增强使用的体验性。通过整合基层数字化系统的表格数据字段，按照数据标准录

入数据，运用"块数据"技术，设置主题词表和关键词标签，使基层工作人员能够快速录入和检索所需内容，同时能够根据主题和需求生成信息表格，以"选"代"填"，切实减轻基层工作人员数据采集及向上填报的工作负担，增强信息的准确度。此外，应用系统的设计要与居民需求相匹配，按照服务主题分类和知识关联，在居民选定事项后，系统自动生成办事流程，提升用户体验。四是建立健全权威的重点核心数据和敏感数据目录，以便在基层治理过程中遇到"高频急难"问题时能迅速查找并提供数据支撑。五是完善基层数字化基础设施配置，加大对基层治理智能化工具的资源投入。

（三）聚焦数据驱动和重点场景应用，创新持续激发数字活力

紧扣生活应用场景，以最具普适性的应用场景为试点，通过建设重点应用场景，形成可持续可复制的数字化应用场景，"以点带面"提升数字化治理水平。一是以问题为导向，推动就医、出行等最具普适性的应用场景落地试点，呼应群众的热点难点。可通过每年打造1～2个群众最关心、最直接、最受用的标杆应用，如核心功能类场景、社会民生类场景、城市治理类场景，开展数字化应用场景"市民体验评价"。二是以项目为抓手，不断拓展数字化应用场景，形成可持续的数字化应用场景。在数字化场景试点建设和推进过程中，以"穗好办""穗康码"的场景应用为基础，重点掌握特殊群体的敏感信息，实现基于数字身份在特定领域数字化转型的典型示范，建设数字防疫等应用场景。

（四）提升基层干部数字化思维方式与数字能力

一是进一步将数字赋能、大数据思维等理念融入基层治理，帮助基层干部走出认知的"舒适区"，消除对数据治理的畏惧心理，树立正确的数据观念，即数据可用、能用和能被善用。二是加强基层领导干部数字化技能培养体系的搭建，通过组织针对性强的学习培训和送技术人员下基层等方式，使基层干部系统学习数字化新知识新本领，提高运用数字化思维解决实际问题的能力。

（谢兴梅，黄丽华）

数字赋能基层治理的广州实践

【提要】近年来，广州市荔湾区贯彻落实市委、市政府试点要求，积极探索以数字赋能推动基层治理。在推进试点工作过程中，发现一些具有普遍性的问题和困难：一是相同相似业务领域的信息化建设项目泛滥，应用效果不理想；二是基本情况底数不清，数据采集精准度不高；三是各职能部门之间的业务协同难度大，数据采集标准不统一，系统和数据实现共享和整合利用难度大；四是信息化业务系统由省、市统一建设和管理，无法满足基层的个性化应用需求；五是基层工作人员信息化水平普遍不高，推广使用信息化管理系统有一定难度。建议：一是加快顶层设计，尽快出台相关规章制度和法规，为城市数字化转型提供制度保障和依据；二是打造"统一数据库"，实现市各部门、各层级之间的系统数据高效集成；三是强化价值牵引，着力发挥数字赋能基层治理的乘数效应；四是加大人财物投入，简化立项审批流程，保障基层数字化建设不断推进；五是强化人才加持，切实夯实数字赋能基层治理的技术支撑；六是强化底线思维，全面提升数据规范管理和风险防范水平。

统筹推进基层治理，是实现广州超大城市治理体系和治理能力现代化的基础工程。近年来，荔湾区贯彻落实市委、市政府要求，以逢源街、白鹤洞街作为试点，全力推动数字赋能人口基层治理工作，解决基层治理的难点和痛点问题，提升基层治理现代化水平。为了深入了解试点工作情况，及时总结经验、发现问题，课题组针对广州市荔湾区试点情况进行了调研，并就存在的具有普遍性的问题进行了梳理，提出对策建议供决策参考。

一、荔湾区数字赋能基层治理试点工作的主要探索

为贯彻落实市委、市政府关于人口治理试点要求，荔湾区积极探索数字赋能基层治理的工作机制和有效途径，重点开展了以下几方面工作：

一是建立市、区联合工作机制，明晰市、区数字赋能基层治理重点。市、区两级政数局制定了日常联合工作机制，通过对逢源街、白鹤洞街深入开展需求调研和业务交流，收集了基层四大类（基层效率提升、数据共享、系统融合、街道应用）需求共计102个，明确了市、区数字赋能基层治理的工作目标和基本思路，梳理出各自的阶段性工作任务和侧重点。市政数局的工作目标为：建立常态化人口数据治理机制，掌握辖区及相关业务领域的人口底数及变化情况，切实推动人口数据在基层的应用，实现精准服务并减轻基层社区负担；区政数局则在人口综合治理的基础上，抓住基层反映最强烈的"人口底册不清""疫情防控数据不准""多头下发填报表格""业务数据无法共享使用"等痛点问题逐个进行突破，通过设立数字政府"首席数据官"制度以及建立区级数据共享平台、街道级数据共享池联动交互，实现区级各职能部门和街道数据的互联互通，同时融合新一代信息技术创新打造应用平台赋能社区治理，支撑城市智慧管理、疫情防控、社会基层治理等重点工作。

二是开展综合人口治理，对差异人口进行精准核查。荔湾区政数局会同市政数局从2022年3月起，对逢源街、白鹤洞街开展综合人口数据治理和人屋核查工作。通过数字广州基础应用平台的大数据清洗、比对及分析服务，将市共享平台汇聚的逢源街和白鹤洞街15.05万综合人口数据与荔湾区提供的20.44万人口底册数据进行对碰，形成了两个街道对应的差异人口数据。为进一步优化数据清洗和比对规则，将逢源街的隆城社区、白鹤洞街的曼宁社区作为人工精准核查试点社区。其中，隆城社区差异人口339人、人口差异率为7.07%，曼宁社区差异人口296人、人口差异率为5.01%，这些经过核查的数据将作为荔湾区各街道、社区的人口底册使用。

三是整合数据资源，赋能基层智慧治理。为切实解决基层工作人员

在日常工作中无法有效掌握各部门业务数据的问题，区政数局从《广州市政府信息共享目录》中99个市直及相关机构提供的两千多个信息共享主题中，根据街道的实际需求仔细梳理、逐条摸排，整理出包括民政局、人社局、应急管理局、市场监管局、卫健委等22个市直部门106个共享主题，计划通过市数据共享平台同步到区共享平台，结合荔湾区数字政府"首席数据官"制度逐步开放给各街道、社区使用。

二、荔湾区推进数字赋能基层治理存在的问题和困难

数字赋能基层治理工作是一项系统工程，在推进这项工作过程中，区、街道和社区居委会都遇到一些困难和问题，这些问题和困难既有共性，又有差异。

（一）区、街道和社区居委会在数字化转型建设中面临的共性问题

一是相同相似业务领域的信息化建设项目泛滥，应用效果不理想。近年推进信息化工作成为时髦，一任领导上一批信息化项目，其中不乏不能解决实际问题，不仅不能为基层减负还增负的面子工程，在基层造成一定的负面影响，形成推进数字赋能工作的阻力。二是基本情况底数不清，数据采集精准度不高。在现有的信息系统中，由于无法实时掌握本辖区内的人、房、企、事、物等基础数据信息，使得在疫情防控等实际管理情境中难以依据现有数据作出科学决策和准确判断，只能依靠社区居委会采用扫楼、大排查等较原始的方式掌握数据信息，低效且工作量繁重。

（二）区政府及相关职能部门推进数字赋能基层治理存在的问题

一是区内各职能部门之间的业务协同难度大，数据标准不统一，系统和数据实现共享、整合利用难度大；二是区内各职能部门信息化水平参差不齐，缺少专人负责数据获取、共享和应用；三是区与省、市业务数据共享的广度和深度不足，特别是一些区关注的主题和信息较难通过省、市共享平台获取；四是由于信息化业务系统基本由省、市统一建设和管理，区级个性化需求较难实现。

（三）街道办事处在数字化转型建设中存在的问题和困难

一是缺少街级指挥调度平台以及工作任务派单、问题全流程跟进处理系统。有些街道建有平台但不能与区级平台无缝对接，数据共享、利用不充分。二是街道疲于应付各类业务系统、工作群组、填表报数等日常事务，无法及时了解各社区、网格服务居民的情况。三是数据采集上传后，无法回流下发至街道使用。

（四）社区居委会在数字化转型建设中面临的问题和困难

一是群多、表多、各类信息化系统多，重复数据录入、多头报送问题严重，逢源街道和社区居委会在用的省市区各类系统有149个，每个工作人员日常办公用的微信群、粤政易群30～40个，每个工作人员月均填报约15～20个表格，此外各级部门还经常让社区居委会填报各类报表、各类数据；二是重点人群、特殊人群管理难度大，居民需求多元化、差异化，以目前人力无法满足管理需要；三是社区工作人员信息化水平普遍不高，提升其信息化能力有一定难度。

三、大力推动数字赋能基层治理的对策建议

课题组调研发现，荔湾区在数字赋能基层治理方面遇到的困难和问题，全市其他各区也都不同程度存在。解决这些问题，不仅区级层面要发挥主观能动性，更需要全市统筹从上至下予以科学推动，才能高效实现数字赋能基层治理的目标。

（一）尽快出台规范和促进数字政府改革建设的规章、法规

为贯彻落实市委书记林克庆在市第十二次党代会上提出要建设精准高效的数字政府，加快建设国际一流智慧城市的要求，广州需要加强统筹谋划，加快顶层设计，尽快出台相关规章或法规，为数字政府建设提供政策、法律依据，规范数字化建设的规则和流程，保护知识产权和公民个人隐私等。

（二）打造"统一数据库"，实现市各部门、各层级的系统数据高效集成

打破市各部门、市区街横向和纵向的数据壁垒，在体系架构上将"穗

智管"作为广州城市运行服务管理"一网统管"工作的总门户，推动区级平台和其他市级业务信息平台与"穗智管"全面对接，避免重复建设，形成以"穗智管"为核心的市级数据池和各区数据池，在市级层面实现"一头录入，多方共享"，切实解决各条线数据多头录入、重复报送、统计繁琐的难点痛点，实现数据的规模化和利用效益的最大化。

（三）强化价值牵引，着力发挥数字赋能基层治理的乘数效应

数字赋能基层治理应坚持以破解基层一线和人民群众反应大、迫切需要解决的治理难点堵点问题为旨向，聚焦提升用户体验感和获得感，最大程度增强基层工作人员和社区居民对数字赋能的价值认同。建议：一是进一步规范公共数据采集、使用和管理。严格执行2021年省政府出台《广东省公共数据管理办法》的规定，全力推动和规范本省公共数据采集、管理和使用，促进公共数据共享、开放和利用，释放公共数据价值，提升各级政府治理能力和公共服务水平。省级部门在向市区级部门进行任务安排时，要加强横向统筹力度，通过数据共享、系统打通等方式，减少区、街道、社区居委会的重复工作，提升基层工作实效。特别是针对当前街道强烈反映的希望通过数字化途径解决人工核查困难、实现人口动态掌握的诉求，可采取多渠道比对的方式，由计生、公安、民政、卫建等部门根据居民的户籍地址或现居住地址，定期向试点社区主动推送相关的卫生数据（孕检、住院分娩、出生证明）、公安数据（出生登记、户籍迁入、迁出）、民政数据（结婚、离婚、死亡火化）、流管数据（流动人口）、疾控数据（死亡、儿童免疫）等，做到数据找人，精准对碰，而不是靠人工去找数据。二是试点开展省级部门直接对接区县进行数据共享。当前数据共享流程整体遵循省市区三层，建议对于区县级部门工作急需的个性化数据需求，可由区县级部门直接对接省级部门。2021年荔湾区521疫情期间，区政数局直接对接省级部门，获得省级部门大力支持，开放了核酸数据共享，对区内疫情防控提供了极大便利。当前省级已经共享该数据至市级部门，但还未开放至区级单位，建议加快此项工作进程。同时，按照全省"一盘棋"的发展思路，将AI算力等省级信息化能力提供至区级政务数据部门进行使用，一方面可减少能力重复建设问题，另一方面可极大提高区级信息化能力水平。

（四）加大人财物投入，简化立项审批流程，保障基层数字化建设不断推进

一是按照集中财力谋大事干大事的原则，将数字政府改革建设纳入重大战略任务并强化财力保障，着力推动政务信息化水平均衡发展，构建"一盘棋"的工作格局。通过各级政府进一步统筹支持，加大人财物投入覆盖面、延续性和针对性，补足基层数字化短板。当前部分市、区信息化经费紧张，支付进程缓慢，各级财政应强化财力保障，通过专项经费等形式推动区级信息化水平建设。二是优化信息化项目审核机制。按照省数字政府改革建设工作领导小组会议精神，着力优化市区信息化项目审核机制，简化立项审批流程，缩短项目审核时长。创新评审方式，建立工作指引和操作规程，理顺工作机制，全面引入专业机构、专家评审，综合提升财政资金审核水平。

（五）强化人才加持，切实夯实数字赋能基层治理的技术支撑

针对当前基层数字人才短缺的问题，建议：一是探索增设"数字专员"岗位。可结合数字政府"首席数据官"制度，在荔湾区街道、社区（经济联社）探索增设"数字专员"岗位，由街道社区公开招聘或由政数局下派专业技术人员到社区，从事街道数据管理、分析、运用、反馈、技术开发、风险管控等，待遇可参照党建指导员或组织员。明确"数字专员"岗位职责权限和保密纪律，最大限度减少数字应用风险。二是在现行"平台+网格"模式基础上增加"数字专员"环节，变为"平台+专员+网格"模式。"数字专员"在平台发现辖区内人员或物联信息变动、群众诉求等信息，通过初步的数据筛查与判断后，通知网格员及时跟进处理，核实和更新数据，真正实现"让数据多跑路、基层少跑腿"。三是加大对现有基层工作人员的业务培训，让先进技术能够真正被基层工作人员有效应用，提高基层工作人员运用数字化手段的主动性和自觉性。

（六）强化底线思维，全面提升数据规范管理和风险防范水平

在数据安全管理中，完善的建设管理运营监管流程、高素质的操作人员、分级分类授权、数据标记追踪、输出限制的技术手段以及保密协议的制约非常重要。要始终绷紧数据安全这根弦，加快构建数字政府全方位安全保障体系，全面强化数字政府安全管理责任。建议：一是加快建立健全政府数据开放共享安全配套标准，合理划定数据边界和范围，按照层级有序开放可视和操作权限，在满足基层数据需求的同时最大程度保护数据安全，实现数据管理运行流程的规范化、法治化。二是建立健全数据事前防护、事中检测和事后响应机制。对政府数据进行分类分级，确定每类数据的重要性、敏感等级和面临的安全风险，从而确定各类数据的安全合规要求。三是根据政府数据交换共享的业务需求、安全需求，建设包括多级访问控制、多租户隔离、安全审计、安全标记、多级授权等的政府数据交换共享平台，如成立荔湾区数字政府运营中心对政府数据进行有效管控。基于不同类型政府数据开放共享的业务场景打造"可用不可见"的安全数据交换空间。四是定期对"数字专员"和基层工作人员进行相关法律法规培训，增强技术人员和管理人员的信息安全意识。

（王韵婷，王智敏，刘　杰，万　玲）

以"全周期管理"意识
推动城市基层治理现代化

【提要】近年来，广州市增城区永宁街道将"全周期管理"引入基层治理领域，以系统集成的方式方法，从源头到末梢实现全流程、全要素管控，建构基层治理完整链条，在疫情防控、社会稳定等方面取得实效，涌现出"全国人民调解工作先进集体"凤馨苑社区等先进典型。针对当前基层治理存在的短板和弱项，结合永宁街道的做法体会，建议进一步构建基层治理现代化七大体系：一是以基层党建为引领，着力织密基层治理组织体系；二是以构建大综治平台为依托，形成社会风险防范化解体系；三是以社会治安人防建设为基础，形成一线协调处置赋能体系；四是以矛盾化解为内容，形成数字化全流程闭环治理体系；五是以问题为导向，健全分层分类指挥处置体系；六是以社会治安技防建设为支撑，形成基层治理智能查漏补漏体系；七是以增强决策透明度和公众参与度为方向，形成群众意见建议办结体系。

　　基层治理是国家治理的基石。2020年3月，习近平总书记在湖北武汉视察时指出，"要着力完善城乡基层治理体系，树立'全周期管理'意识，努力探索超大城市现代化治理新路子。""全周期管理"是着眼完善城乡基层治理体系提出的新理念新引领，注重把管理对象视为一个动态、开放、生长的生命体，从其结构功能、系统要素、过程结果等层面进行全周期统筹和全过程整合，以确保整个管理体系从前期预警研判、中期应对执行、后期复盘总结形成一个有机的闭环，真正做到环环相扣、协同配合、权责清晰、系统有序、运转高效，成为重塑基层治理格局的新导向。

一、增城区永宁街道以"全周期管理"扎实推进基层治理

增城区永宁街道辖区面积约49平方千米，下辖9个行政村、14个居委会，常住人口约30万，其中户籍人口仅约6万，外来人口占比达80%。近年来，随着一大批省市重点项目相继落地，永宁新建小区发展迅猛，城区面貌日新月异。在经济快速发展的同时，在社会治理上面临不少历史欠账和现实短板，因盗窃诈骗案件频发、黄赌毒问题层出不穷等不稳定因素，曾在2019年度被广州市委政法委挂牌督办"社会治安重点治理地区"和"涉黑涉恶问题突出镇（街）""两顶帽子"。近年来，永宁街树立"全周期管理"意识，积极主动改变传统观念，创新社会治理工作新模式，采取有效措施推进基层社会治理，成功摘掉"两顶帽子"。

（一）强化党建引领

街道党工委强化对基层治理各项工作的全面领导，增强村（社区）党组织动员群众、协调利益、化解矛盾的能力，不断提升基层党组织凝聚力和号召力。党组织统领各村（社区）民主议事协商，深化村（居）民议事厅建设，凡涉及重大事项以及村（居）民利益密切相关的重要问题，都由党组织全面领导、主持下的村（居）民代表会议、村（居）民议事会议表决确定。如基层矛盾突出的凤馨苑社区党组织树牢全域党建新理念，下设楼道党小组，延伸设立邻里红管家（党员楼长），形成"小区党组织—楼道党小组—邻里红管家"的小区组织体系，构建党委—居民—物业三位一体的联动机制，通过由党组织主持召开居民代表会议和居民议事会议，对小区各种重要事项讨论决策，最终事项均得以顺利实施，且达到各方需求的"最大公约数"。凤馨苑社区获得"全国人民调解工作先进集体"等多个荣誉称号。近年来，街道全体党员积极投入疫情防控中，并结合自身岗位和兴趣特长，组织群众开展文化娱乐健身、创文创卫志愿服务，认领群众"微心愿"，化解邻里矛盾纠纷等系列活动，让辖区群众增强获得感安全感幸福感。

（二）坚持上下联动形成合力

将"小马拉大车"转化为"大马力牵引"。街道党工委利用社会力

量"群治"，巧借专业优势"善治"，延长村（社区）治理"手臂"，上下、各方联动形成合力，密切了解社情民意，及时化解村（社区）不稳定因素。由区委政法委牵头，街道党工委组织实施，协调区和街道相关职能部门全程参与矛盾化解工作。比如在处理某小区涉"邻避效应"问题处置化解中，区职能局组建专班，街道配合，将居民的抱团上访转化为专班下沉接访，先后接访70余次，接访业主1000余人次，最终该小区公众沟通互动工作很快取得突破性进展，为成功化解矛盾走出了扎实的一步。

（三）建立闭环工作模式

建立从风险收集到化解的闭环工作模式。社会治理综合指挥中心与街道社会风险研控指挥中心合署办公，打造"一站式"处置平台。2020年以来各类信访及案件类警情逐年下降，并成功摘掉"两顶帽子"。街道党工委着力收集梳理各类诉求，厘清不同的诉求人群，采取有针对性的处理方式方法。如将诉求人群划分为一般群众、核心成员、利益群体、恶意炒作的发泄者等类别，对其精准分类管控。2020年以来依法精准有效化解了涉环保"邻避问题"、"市民驿站+"综合养老服务中心涉稳问题、水浸车、街区商铺被淹居民处理等事件。

（四）妥善化解矛盾纠纷

推行"村（社区）两委+乡贤"基层治理模式，妥善化解矛盾纠纷。街道党工委强化"综治"、健全"法治"、完善"德治"，支持乡贤在法律法规范围内，用百姓的"法儿"，解决百姓的"事儿"，从源头上减少矛盾纠纷的发生。如：为解决公安村余某多次代表余氏家族就征地程序及征地补偿等问题进行缠访闹访事件，通过动员家族中威望较高的老教师进行谈心谈话、共谈军旅经历、节日入户走访慰问等途径，逐个做通核心人员的思想工作，并趁热打铁开展协议的签名确认工作，确保该涉稳事项得到妥善化解。

（五）狠抓落实办结

打造意见建议办理"落地生根"品牌。街道党工委坚持问题导向、目标导向、结果导向，落实分类交办、层级处理机制，严把收集关、交办关、跟踪督办关、答复关、反馈关等五关，探索形成"三个阶段九个环节"工作方法（"三个阶段"即活动准备、现场接待、问题处置；"九个环节"即活动预告、问题收集、现场交流、登记整理、问题交办、回复群众、代表反馈、跟踪督办、资料归档），实现意见建议从收集到回复的闭环管理。

二、当前基层治理存在的一些短板和弱项

近年来，由于房地产开发、重点项目引进、旧村改造等开发建设不断增加，不少镇街、村居涉征地拆迁、小区物业维权、劳资纠纷等矛盾问题日益凸显，现实新问题与历史旧账交织，有些村（社区）治理形势显得严峻复杂。目前广州城市基层治理在适应新形势新要求，推动基层治理更好更优地服务社区、服务群众方面还存在一些具有普遍性的短板弱项。

（一）基层党建工作缺乏创新抓手，党建引领功能未能充分体现

一是基层社区面临的问题复杂多样，部分党员干部对新形势下党建工作责任制没有进行深层次的探索和创新，如何以党建工作为引领为抓手提升基层社区治理水平心中无数，也未能因地制宜精准施策，基层综合治理能力需要提高；二是有的基层党组织软弱涣散，治理功能不强，领导作用发挥不充分，一些村（社区）党组织仅满足完成上级任务目标，未能有效整合调动区域内各类党建资源和社会资源，利用党建、综治、城管等网格和平台，缺乏核心吸引力和凝聚力；三是辖区"两新"党组织多，街道、村（社区）统筹协调能力弱，共建共治共享未形成常态，尤其是律师、会计师等行业和互联网企业等新兴领域党组织的作用发挥不明显，他们也较少参与到基层治理中来。

（二）基层社会治理缺乏联动协作，资源分散多头指挥未能完全形成有效合力

一是基层社会治理体系相对滞后。基层社会治理工作缺乏长效常态的工作机制、工作载体和工作平台，存在情报信息不畅、资源分散调处效力弱、重点案事件化解不力、处理问题治标不治本等难题。在新旧矛盾纠纷混杂且错综复杂的背景下，各相关职能部门四处"灭火"、疲于奔命。二是基层社会治理手段较为单一。目前基层多用行政命令和手段解决问题，

头痛医头脚痛医脚，导致矛盾源头治理不到位，重点人员管控措施单一、稳控不牢、化解矛盾治标不治本。

（三）群众利益表达沟通渠道创新不足，有待规范优化

在互联网时代，"一部手机就是一种自媒体"。群众更多是利用网络发出声音、表达诉求，形式多样、防不胜防，基层矛盾纠纷、信访维稳等社会事件如处置不当将会导致不稳定风险增加，基层治理的难度亦随之增大。目前基层群众沟通渠道不少、表达方式也多，但主要是传统的形式，如干部走访群众、接访，投诉电话、网络平台等，对微信、抖音等新社交新媒体新方式大胆使用、创新不够。尤其是最具法律权威的基层人大代表作用还没有得到充分发挥。

三、以"全周期管理"意识构建基层治理现代化体系的对策建议

针对基层治理存在的短板和弱项，要带有强烈的问题意识和目标导向，将"全周期管理"意识引入基层治理领域，以系统集成的方式方法，构建基层治理完整链条，从源头到末梢实现全流程、全要素管控，打造多主体、跨区域、差异化基层治理新格局。

（一）以基层党建为引领，着力织密基层治理组织体系

加强街镇、社区（村）党群服务中心（站）主阵地建设，重点抓好"两新"组织、社会组织、物业组织和业主委员会的基层党建工作，拓展社会服务功能，搭建公益性服务平台，大力建设党群服务综合体，推动组织共建、活动共联、资源共享，构建区域大党建格局，使基层党组织真正成为凝聚广大群众的"主心骨"、化解社会矛盾的"减压阀"、基层社会治理的"桥头堡"。

（二）以构建大综治平台为依托，形成社会风险防范化解体系

将区、镇（街）两级社会治理综合指挥中心与街道社会风险研控指挥中心合署办公，设立大综治平台，并以此平台为依托，发挥党组织牵头抓总、协调各方的引领作用，提升党组织的整合功能，注重发挥党的组织和

动员优势，整合、推动多元调解力量下沉村（社区），将社会分散、多元的要素纳入基层治理框架，构建区、镇（街）、村（社区）三级社会风险防范化解体系，实现信息共享、互联互通，为及时精准发现问题、对接需求、研判形势、预防风险和有效处置问题提供支撑，打通基层矛盾纠纷排查"最后一公里"，不断提升基层治理效能。

（三）以社会治安人防建设为基础，形成一线协调处置赋能体系

探索"互联网+智慧党建"新模式，依托基层综合执法、联勤联动、群防群治，建立健全应急处置联动、应急处置奖励、救济机制、常态化培训等机制，依托党员信息管理系统、社区微信公众号、党员微信群等，高标准建设党群活动平台，引导社区在职党员积极参与社区治理，充分发挥党员在社会治理中的先锋模范作用，协调处置基层治理的具体问题。打造"令行禁止、有呼必应、处置及时、运行顺畅"的最小应急单元，实现线上线下协同高效处置一件事，推动解决群众"急难愁盼"问题。

（四）以化解矛盾为内容，形成数字化全流程闭环治理体系

探索形成社会风险隐患"一站收集、集中研判、分级分类、联合化解、动态督办、规律总结"的全流程闭环模式，将风险稳控吸附在当地，各项工作从"被动"走向"主动"，大力提升风险预警防范和联合处置能力。

（五）以问题为导向，健全分层分类指挥处置体系

盘活整合社区党建资源，开启区级"4+N+多元调解力量"（"4"即政法、公安、信访、司法；"N"即相关职能部门）及镇街级"5+N"（"5"即综治、司法、劳动、建设、教育部门；"N"即其他相关部门）实体化运行模式，加强社会面运行状态监测、分析和预警，统筹协调重大突发事件应急联动处置。

（六）以社会治安技防建设为支撑，形成基层治理智能查漏补漏体系

在智慧治理综合指挥中心基础上，深入推进信息数据与公安、上级研控中心对接接入，新增建设AR超融合实景立体指挥系统、5G智能无人机巡查系统，加强对基层治理运行状态的实时动态、智能精准监测，提升对重点人员、重点区域的精准布控能力，有效实现压减警情。

（七）以增强决策透明度和公众参与度为方向，形成群众意见建议办结体系

通过实行村（居民）代表会议制度，投票表决民生实事项目，创新人大代表、政协委员接待群众方式等多项举措，激发群众参与村（社区）治理的热情，密切与人民群众的联系，拓宽社情民意反映渠道，监督推进重点工作，推动新时代基层治理工作与时俱进、创新发展。

（陈　伟，刘　杰，李　强）

提升广州综合网格治理智慧化水平

【提要】网格化管理在基层社会治理中发挥着重要作用。近年来，广州着力构建"综治中心＋网格化＋信息化"工作体系，在打造"智慧网格"方面取得了一定成效。但工作推进过程中也面临着基层对网格化服务管理的认识存在偏差、"采办分离"的网格闭环流程未能有效运作、网格员队伍建设不规范、综合网格平台与模块的设计不统一等问题，一定程度上制约了广州基层治理数字化转型进程。对此，课题组提出四点建议：一是高位推动系统平台整合，形成网格智慧化治理新合力；二是优化事项清单，提升网格服务管理的可及性；三是加强队伍建设，提升网格员专业素质与信息化能力；四是以先进的理念与技术融入智慧网格建设，加速统筹推进实现"一网统管"。

一、广州推进综合网格治理智慧化的做法与成效

（一）体制机制理顺，网格管理体系基本形成

广州自2014年10月启动城市社区网格化服务管理工作至今近八年，目前已全面实现网格基础要素设置全覆盖和网格化运作管理常态化。一是管理体系全覆盖。全市已构建了"市级统筹、区为主体、街（镇）负责、社区（村）落实、网格员巡查"的"市—区—街（镇）—社区（村）—网格"五级运行机制。二是管理机制不断完善。市级层面成立了网格化服务管理工作领导小组，办公室设在市来穗局，市委政法委将网格化服务管理工作纳入市对区年度平安广州建设考评内容，切实发挥指挥棒的作用。在区层面，除越秀区之外，网格治理工作已明确划归由政法委分管。三是各

区主体责任进一步落实，网格工作初具特色。各区以构建"令行禁止，有呼必应"基层党建工作格局为引领，在网格员配备，网格巡查、事件上报处理等方面不断探索优化，因地制宜，逐步打造出各自的特色经验。如，白云区创建了"党小组长（支部书记）领导、网格长负责、议事长协同、监事长参与、警长保障"的网格"五长"微治理经验。天河区实行网格员绩效考核制度，对排名前三十名和后三十名的网格员进行通报，对连续多月获得"优秀网格员"称号的人员给予"金牌网格员"的荣誉称号。海珠区、荔湾区、番禺区、花都区等对辖区内划分不合理不科学的网格重新优化调整，在信息系统中更新发布，提升了网格工作的顺畅性便利性。

（二）基础信息日益健全，网格系统开启规范化运作

综合网格的基本要素是入格信息，其科学合理的设置是实现信息化精细化管理的前提。目前，全市网格基础信息日益健全，网格化运作不断规范化专业化。一是各区参照市来穗局的指导，以人、地、事、物、组织等基础要素布局为依据，已因地制宜重新划分综合网格。即按照城市社区以200户或500人左右为单位，行政村以200套出租屋或500名左右实有人口为单位，现已完成全市20849个综合网格划分调整、编码命名以及地理信息采集，图层数据已通过省级审验并置入"粤政图"。二是各区的人、屋、单位等基础数据已迁移汇聚到"数字广州基础应用平台"（DGS），形成了基础信息全覆盖的网格体系，该模块的部署规划工作权限已经迁移到市来穗局，有了明确的业务指导部门。在网格业务推进上，市来穗局在深化应用"数字广州基础应用平台网格化功能模块"的基础上，提供了全市统一入格事项清单，分为基础信息采集、安全隐患排查、综合治理协助、矛盾纠纷排查、突发事件报告、公共服务提供、重大疫情防控、政策法律宣传等10大类，下设47项中类项目，再设细类项目共计606项。详细的清单可供各区在信息系统上选择入格，实现了全市网格事件采办数据汇集、统计和市级网格事件流转办理的"一盘棋"格局。三是全市网格化工作不断规范完善。市来穗局在2021年底连续出台了《广州市综合网格划分工作规定》《广州市综合网格入格事项规定》《广州市综合网格事件"采办分离"闭环管理工作规定》《广州市综合网格员队伍管理工作规定》和

《〈关于加强基层社会治理综合网格工作实施意见〉任务分工方案》等5份配套文件，对基础信息采集、处理流程、考评标准等统一规定，加强了网格化运作的规范化指导。

（三）在线协同不断深化，网格事件处置效率显著提升

一是信息共享得到有力推进，使各职能部门联动处置事件更加高效。如市公安局不断完善标准地址库建设，为网格基础信息提供保障；市规划和自然资源局提供地图服务，并协助基础网格上图发布；市住房城乡建设局完成市430万栋标准建筑物编码工作并提供系统数据；市城市管理和综合执法局将300万个实用设施导入网格系统；市水务局建立治水网格，并将其和基础网格对应以更有效的与各部门形成治水合力。二是按照"采办分离"闭环管理原则，基层发现问题上报系统后形成线上流转，为及时处理和作出行动响应，各区都相应开发了在线联动的便捷渠道。如越秀区在粤政易中开设"越秀先锋"移动工作台，联动调度周边资源，实现网格事件"接诉即办"。白云区搭建"线上网格"，组建起3653个网格微信服务群，开发群众报网格事件功能，打通网格联系服务群众"最后一百米"。截至2021年12月31日，全市共采集网格事件737.8万件，办结733.4万件，办结率99.4%。

（四）网格员队伍专兼结合，基层治理力量不断增强

一是按照"一格多员，一员多能"的原则，各区整合力量，网格队伍初具规模。至今全市已组建了专兼结合的25189名基层网格员队伍，其中，全市专职网格员队伍由2015年的600多人已发展到现在的6000多人。网格员队伍的不断充实为基层治理提供了助力，特别是在新冠疫情防控常态化的背景下，网格员在配合社区"三人小组"开展人员排查和重点人群监控等方面都发挥了积极作用。二是网格力量不断扩充。各区还通过联动网格党员之家、平安促进会、社工服务站等平台，促进社会力量广泛参与到网格志愿服务队。如各区都有在推动机关、企事业单位、社区、"两新"组织等领域党员下沉居住地，在每个网格成立以党员为骨干的党群服务队，使网格党员主动参与网格服务管理事项并不断发挥中坚力量。此外，市来穗人员和网格化服务管理工作领导小组通过开展"百名优秀网格

员"和"百件优秀网格案例"遴选活动，宣传表彰网格工作，激发网格员爱岗敬业、干事创业的积极性。

二、广州推进综合网格智慧化治理存在的主要问题

《广州市网格化服务管理"十四五"规划（2021—2023年）》实施以来，全市网格治理的信息化智能化程度得到快速普及提高，但推进过程中也面临一些问题，亟须消除深层次的梗阻，以实现基层治理智慧化的增质提速。

（一）基层网格智慧化的发展水平不一致，全市难统筹

广州的网格化工作曾历经多部门牵头管理，最早由市民政局负责，后转市政数局，2019年，改由市政法委牵头承接网格化服务管理职能，具体负责部门为市来穗局。因多部门管理的思路、运行的机制不同，造成基层对待网格化工作的认识不统一，重视程度存在偏差，各区网格智慧化的发展进程不一致。一是尽管市级层面出台了多个配套的指导性文件，但各区的落实进度不一。有的区积极投入推进网格治理实体化运作，建立了系统平台，成立了专职队伍，加大力度推进网格数据整合，对此项工作作出了积极探索。如白云区建成了集视频监控、实时调度、数据分析、动态展示等多功能于一体的区级网格化指挥调度平台。南沙区率先组建了一支由28架无人机、61名操机手组成的无人机飞行团队协助网格员巡查各风险盲区，生成数据实时上传信息系统。但有的区也存在观念滞后，业务虚化，网格化治理线上线下两张皮的现象。有的区还停留在调整划分网格，在系统上传完善基础数据的的起步状态。二是全市对"智慧网格"的宣传不充分，职能部门和基层对综合网格智慧化治理的认识不全面，有的区至今缺乏对网格智慧化管理的清晰思路与规划，有的职能部门对网格智慧化的理念认知存在脱节。如大多职能部门对"智慧网格"的理解停留在让更多的事项进入网格系统流转，向基层和网格员延伸，忽视了网格智慧化带来的协同联动的运作效能；基层对"智慧网格"的认识停留在把事件由线下改为线上上报的简单变化，导致在此项工作开展中网格员对业务不熟悉不专

业，群众对网格工作特别是信息采集、安全隐患排查等配合意愿不强，业务推进有难度。

（二）"采办分离"的网格闭环流程未能有效运作

实现"采办分离"的前提是要具备清晰的入格事项和规范可溯的处理流程，对此市来穗局统一制定了大中小三级分类，具体入格事项清单600多项，指引各区从清单中选择录入事项，并依据事项清单实现网格员负责采集录入信息事项，相关业务部门负责办理的系统闭环流转，但是这一要求在基层实际运作起来存在不同程度的形式化。一是大多职能部门避责不放权，倾向将更多的业务纳入网格办理，但基层对不断增多的入格事项较为抗拒，二者存在一定博弈。由于大多数事项经采集流转后归属到基层办理，上报越多，意味着流转到基层越多，而闭环管理流程对办结要求较为刚性，无形中增加基层压力，因此各区选择事项入格中存在避重就轻倾向，以城市管理类居多。当下，能简易完成的城市服务管理类事件的大量上报掩盖了网格队伍综治维稳的重要职责。此外，网格员是属地管理，由街镇聘用考核，为避免基层处理事件在系统上积压，上报事件也有顾虑，往往选择能迅速办结的"自采自办"的琐碎事项上报。二是现有的系统入格菜单层级固定，项目细化，网格员缺乏智能引导，操作不便捷。尤其是很多事项网格员采集后并不知道如何归类，因为基层网格员只负责采集上报问题，对相关业务并不熟悉，也缺乏相应的培训和引导，难以清晰判断所属各级类别，导致其上报事件不够积极。三是后台处理的流程没有突破科层制，智慧化的治理优势未能体现。由于传统的科层制管理方式效率低下，打造智慧网格的一个很重要的目的是要提升城市管理、社会治理的效率，但从目前区网格化服务管理信息系统对网格事件与城市部件的流转分派流程设计逻辑看，网格员事件上报后会先自动分拨到镇街相应职能部门，然后职能部门在系统外下发任务给到相关工作人员，这意味着至少经过一次纵向传达，并未横向打通网格员和真实处置力量之间的渠道。特别是一些"弱信号"的需要预判或不易描述的紧急敏感问题，系统设置难以做到智慧辨别和即时特殊响应。因此，遇到这类紧急或重大事件，网格员通常直接电话反馈而非通过系统操作等待层层流转，网格信息"采办分离""接诉即办"等智慧化的重要价值尚未真正得以实现。

（三）网格队伍建设不规范，难以满足智慧网格的建设需求

目前街道的网格员专职较少，大多以兼职为主。全市25189名网格员，仅6161名专职人员，主要集中在白云区和南沙区，其中白云区3235名，3116个综合网格的网格员全部由房管员担任，已实现网格员队伍专职化。南沙区1257个综合网格，专职网格员1188名，95%已实现网格员专职化，但各区总体而言网格员队伍建设并不规范。一是网格队伍组成来源多样，成分复杂，虽然各区在努力打造"一支专职网格队伍"，但工作整合了力量还未完全整合，网格员存在"专职难专心"的状况。目前白云区和南沙区专职网格员基本实现专职化，原因是这两个区的出租屋管理员有一定规模，因此将出租屋管理工作纳入到网格工作事项中同时出租屋管理员身份直接转化成为专职网格员具备一定的现实基础，但大多数区出租屋管理员的人数远远小于网格数量，即便转任专职网格员，缺口仍然较大，不得不由其他岗位的工作人员来兼任，如社区专干、协管员、安监队员、社区民警、环卫工人等都兼任网格员。因此，网格员都是整合现有的工作队伍而来，而大多数网格员有自己的主责主业，业务融合有难度，履职精力与业务能力难有保障。二是各区网格员待遇偏低，队伍不稳定，长远来看不利于打造与智慧化网格相符的既熟悉网格系统业务、又具备丰富的发现和处理社会问题经验的网格工作队伍。据调查，网格员收入每年3.8万元到7.3万元不等，相比社区专干平均收入11万元起处于低位，年轻网格员流动性大，大部分年轻人将其作为临时过渡性工作。目前普遍存在的状况是网格员年轻人偏少，本地人为主，有一定工作年限的网格员大多普通话不够标准，与来穗人员沟通不够顺畅。有的年轻人普通话标准但沟通技巧和亲和力不足，开展工作不易得到居民理解认同。三是现有队伍学历参差不齐总体偏低，各区对网格员能力提升也重视不够，网格员综合素质与工作需求不匹配。尤其在近年来财政吃紧的情况下各区对网格的培训投入不足，大部分区镇两级网格中心针对新入职网格员较少组织岗前培训，日常也较少组织综合素质类培训。针对网格事项中专业性较强的事项或临时任务，部分职能部门会为网格员提供岗前培训，但并未建立常态化培养机制，

网格队伍整体素质能力与综合网格信息化智慧化的目标要求存在差距。

（四）综合网格平台与模块的设计不统一，"多网合一"的数据壁垒未完全打通

一是市级平台功能单一，信息化建设滞后。由于经历了几个部门的分管统筹，广州网格化工作的起步早但信息化建设相对滞后，至今没有在全市实现统一调度各区互联互通的综合网格信息平台。当前市级启用的"数字广州基础应用平台"设置了"网格化"模块，但功能较为简单，数据未能整合，仅仅呈现网格的划分、事件初步统计与市级事项流转，且各区在操作中反映程序繁琐、各类数据填报格式字符要求不一，与智慧化的数据整合分析、研判预警、联动协调、监督反馈等存在较大差距。二是各区平台建设各异，功能模块不一，不利于后续的全局整合统筹。有的区规划推进较快，已建立使用自己的综合网格信息平台。如越秀区使用的是由区政府牵头整合的12345、应急管理及网格服务综合管理平台；白云区前期投入500万自建网格化指挥调度平台。而建有系统平台的区，各区的模块各有特色，如白云区由网络统计、网络事件、基础数据指挥调度等模块组成，入格事项56项，越秀区则由应急情况、社会管理力量、网格员队伍、视频监控等模块组成。入格事项前期182项，目前还在根据市来穗局的指导清单不断梳理调整。三是基础信息未实现全面融合，数据不够鲜活。网格基础信息的及时更新与内部整合共享是智慧化治理的基本要素，但调研发现，目前各部门信息并没有全面实现系统整合，数据壁垒的存在使基层在很多基础信息采集后因职能部门的格式名称以及权限要求不同，不得不重复填报，加大了工作负担。据调查，网格员的工作手机平均安装了7～8个APP应对各类基础信息报送，大部分是重复性信息。此外，诸多职能部门的数据存在滞后性，没有实时更新的机制，导致区网格系统的数据不鲜活，影响了信息的精准性。

三、提升广州综合网格智慧化水平的四点建议

打造基层"智慧网格"，实现综合网格服务管理的智慧化是迈向基

层社会治理现代化的重要参项，需要切实提高思想认识，更新理念，以全市一盘棋的思路来统筹协调，上下联动，共同推动职能部门与基层的主动转型与积极适应。总体而言，当下提升广州综合网格治理智慧化水平应重点解决平台建设、信息整合、队伍活力与系统优化升级等问题。具体建议如下：

（一）高位推动系统平台整合，形成网格智慧化治理新合力

一是强化顶层设计，打破传统壁垒实现机制赋能。市来穗局着力做好全市综合网格的总体布局、制定目标任务、方法路径和协调、指导、督办、考核等工作。区级负责网格化服务管理工作的部门牵头推进综合网格工作，依托市政务系统、网格化服务管理信息系统、雪亮工程云平台、民生热线、手持移动终端APP等线上线下平台，加速信息资源有效整合，积极消除"信息孤岛"，努力打造基层治理、便民服务、公众参与、社会监督等互联互通的一体化信息平台。镇（街）的综治办应整合现有设在镇（街）的社会保障、综合治理、应急管理、社会救助、重大疫情防控等各系统指挥信息资源，利用好网格中心服务阵地，实现网格事件部门联动处置。村社充分发挥"网格员+"的协调联动机制，凝聚起各执法部门、辖区物业公司、下沉党员、辖区广大居民群众的力量资源，发现存在问题及时迅速与相关职能部门信息对接，真正把各项工作落到实处。

二是搭建开放平台，调动各方力量参与形成基层社会治理共同体。目前网格部门对于发动社会公众参与的手段局限于发动领导干部和党员志愿者，网格信息的上报主要依赖专职网格员。因此，市级层面应以"人人都是网格员"的理念，通过开发可连接到各区网格系统的微信小程序、通过基层网格员建立网格内住户微信群等形式，及时汇集各类问题线索，让市民广泛参与综合网格治理。可借鉴广州市河长办在黑臭水体治理中开发的"违法排水行为有奖举报系统"和"广州治水投诉"微信公众号的经验，出台激励措施，鼓励市民发现上报问题。

三是重视宣传，扩大"智慧网格"的认知度与参与度。全市应重视向社会宣传网格工作，推动形成人人参与网格治理的理念、深入推广"优秀网格员"和"优秀网格案例"，增进公众对网格员、网格工作的理解和

认可。可借鉴东莞市开发的"智网人人拍"小程序开发和"人人都是网格员"的宣传推广经验，通过媒体报道、商场举办活动推介、统一"蓝马甲网格员"服装强化职业形象、拍摄网格员业务宣传短片、建立网格故事主题公园、成立网格治理正能量宣讲团、举办暑期中小学生网格员招募体验等活动，让网格员的形象深入人心，让网格治理业务为大众所熟知，增进基层构建"智慧网格"的市民知晓度与社会参与度。

（二）优化事项清单，提升网格服务管理的可及性

一是突出网格事项的精准性与服务性。市来穗局按照"规定动作+自选动作"的原则下发网格事件清单后，进一步推动各区网格事项与市系统融合，精准对接"群众所需"和"网格所能"，增强网格为民服务事项，提升网格智慧服务能力。

二是注重网格事件的规范管理。市来穗局基于为基层减负的原则，加强入格事项审核管理，针对职能部门不断增加的入格申请科学论证，严格审批、健全准入流程，在入口端合理控制规模；获批入格事项以"谁入格，谁负责"的原则，要求申请入格部门提供完整的办理流程，并负责做好网格员业务培训等配套工作；区级根据实际需要以及运作效果合理增减入格事项，定期征求网格员和相关业务部门的意见建议，根据上报数量、结项效果和意见反馈动态调整优化网格事项清单。

（三）加强队伍建设，提升网格员专业素质与信息化能力

一是落实相关待遇制度，配齐配强专职网格员队伍。鼓励各区根据经济社会发展情况、实有人口数量、网格事项工作量等实际，逐步推进兼职网格员过渡到专职网格员。可考虑将出租屋管理员工作全部融入网格员业务事项，将这一支队伍加大专业性培训和待遇保障力度，将专职网格员进一步打造为专业化的队伍，目前这一做法在白云区南沙区已率先开展。在已有的专职网格员队伍建设方面，可参照社区工作者职业管理体系探索网格员的职业发展道路。此外，其他政策照顾上，将基层网格员队伍纳入特殊艰苦一线行业，参照特岗人员购买人身意外伤害险，对一定资历和表现突出的网格员在积分入户、申请入党、招考聘用等方面给予政策倾斜。

二是完善网格员教育培训体系，保障队伍的专业性。应划拨专项培训经费，按照"费随事转"的原则和"先培训后上岗""一员多能"的需求，制定思想政治与业务能力相结合的线上线下培训方案，对网格员定期展开党建知识、政策法规、业务知识、职业操守、系统操作、综合素质等方面的培训，增强网格员预测预警、风险防控、事件应急、教育感化、心理疏导、矛盾调处、利益协调、政策引导等方面的工作能力，提升网格巡查、信息采集、隐患上报等信息化运用水平。

三是创新管理考核机制，激发网格员的职业认同。实施综合网格员录用制度，制定网格员能力素质要求与职业标准；结合网格员工作实际制定相应的日常管理和考勤办法，制定网格员考核和绩效激励制度，将考核成绩与网格员考核奖金和绩效分配挂钩；探索建立网格员多职级薪酬制度；开辟社区治理的筹资渠道，鼓励社会团体和个人捐献，设立网格正能量公益基金，对获得社会好评和有突出表现的网格员给予精神荣誉与物质奖励，不断增强队伍的稳定性。

（四）以先进的理念与技术融入智慧网格建设，加速统筹推进实现"一网统管"

一是围绕"一网统管"要求，优化市级信息系统体系化建设，畅通"市区"两级平台有效衔接。市级优化"一平台一系统两库"信息化体系，强化市级网格化运行监控平台，共享兼容省级"粤政图"、区级"令行禁止、有呼必应"平台，横向共享互通"穗智管""数字广州基础应用平台"；优化市级网格化服务管理信息系统，衔接省级"粤平安"与区级各类网格化服务管理系统；制定日程，定期更新基础数据，优化"实有人口数据库"和"实有房屋数据库"建设，"一数一源"形成数据图层叠加的实有设施、实有法人、道路交通、党建组织、综合网格等基础信息数据，最终形成纵向到底（贯穿省、市、区、镇街、村居、网格），横向到边（链接市一体化技术支撑体系）的网格化服务管理体系。

二是聚焦"一个入口，多项功能"，打造真正的"智慧网格"为基层赋能。全面推进网格化服务管理基本要素数字化，根据业务需要开发和运维地图模块、采集模块、事件处置模块、物联集成模块、统计分析模块、绩效考核模块、网格管理模块、智能定制模块、系统管理模块等，实现

"一个入口，多项功能"，打造高效便捷实用的"智慧网格"，切实为基层增效减负。

三是推广运用智能技术，促进"移动互联+人工智能+社会治理"模式创新。全面梳理内部工作流程，运用精准定位、无人机4G实时图传、高清监控、AI智能识别等智能技术推进网格事件处理模式从传统人工处理向"机器派单、智慧处置"转变，推动网格事件采集模式从主动、被动采集向主动、自动采集为主转变，减少被动采集。应用智能分析技术等对网格事件进行自动识别、分析，自动输出事件分类建议、派单，并跟踪网格事件处理进度。构建网格基础数据和网格事件之间的交叉分析模型，精准预测网格内扶老助残等方面的需求，全方位排查网格内风险隐患，及时防范和化解社会矛盾。如越秀区开发"哎小越"人工智能模块，为辖区群众提供各类信息服务并转接各类问题投诉，南沙区积极探索"无人机+AI"技术在网格化综合治理中应用、开展疫情防控巡查和安全隐患的大数据比对排查，取得了积极成效。

（王　芬）

以党员下沉助力构建基层治理主辅双线

【摘要】党的二十大报告提出，要提升社会治理效能。就如何制度化推进党员常态化下沉，探索"低投入—高效能—可持续"的基层治理之路，建议：一是提升党员下沉工作的目标。明确社区是党员的"第二岗位"，是单位"第一岗位"在基层的延伸，两者共同构成履职尽责的双平台。通过党员下沉，密切党群关系，凝聚社会共识，弥合社会分歧；提升集体认同，把单位作为社会稳定器的作用巩固好、应用好；通过社区活动把群众组织起来、发挥主体作用，同时维护社区秩序，把社区建设成为身心栖息的美好家园，构建党组织领导的群众自治新机制。二是探索党员下沉发挥作用的路径。依托现有体制机制，党员下沉助力为民办实事、夯实区域化党建破解"合作困境"、把社区建设成为"准建制单位"引领群众发挥主体作用、创新党员教育管理模式激发干事创业热情。三是构建党员下沉发挥作用的长效机制。通过双报到、双服务、双报告、双激励，以推动社会治理多元主体充分发挥作用为主线、党员下沉培育新生力量为辅线，构建基层治理的主辅双线。

党的二十大报告提出，要提升社会治理效能。近年来，广州市推动党组织到镇街报到、党员到居住地报到、开展为群众办实事"双微"行动、组团式下沉等举措，助力疫情防控发挥了重要作用，受到社区群众和基层干部的广泛好评。就如何将应急状态的好经验好做法转化到平时基层治理中，贯彻落实二十大精神提升基层治理效能，探索"低投入—高效能—可持续"的基层治理之路，需要我们进一步提升党员下沉工作的目标、探索发挥作用的路径、构建发挥作用的长效机制。

一、提升党员下沉工作的目标

在基层机构编制、财政经费相对确定的情况下，提升基层治理效能，需要进一步发挥"人"的作用，特别是党员这一关键要素的作用。党的先进性决定了党员既要在单位，也要在社会生活中发挥先锋模范作用；既要在上班时间，也要在8小时之外彰显"一名党员一面旗帜"。

制度化推动党员常态化下沉，依托现有体制机制，助力职能部门、街道社区、辖区单位、社区群众等基层治理多元主体"把自己的事情做好"，筑牢基层治理的主线；助力基层治理多元主体在街道社区"再组织化"，培育新生力量为辅线，共同构建基层治理的主辅双线。

制度化推动党员常态化下沉，要明确社区是党员的"第二岗位"，是单位"第一岗位"在基层的延伸，两者共同构成坚持和加强党的全面领导的双阵地、密切联系群众的双渠道、履职尽责的双平台；要保障下沉党员能够统筹兼顾单位工作与下沉工作、合理安排时间；要探索将下沉工作纳入党建考核。

制度化推动党员常态化下沉的主要目标，一是进一步密切党和人民群众的血肉联系，凝聚社会共识，弥合社会分歧，让听党话跟党走成为自觉追求；二是进一步增进单位和个人的联系，强化集体认同，化解个人主义，把单位作为社会稳定器的作用巩固好、应用好；三是进一步增强社区与群众的联系，通过社区建设服务、社区活动把群众组织起来，发挥主体作用，同时维护社区秩序，把社区建设成为身心栖息的美好家园，构建党组织领导的群众自治新机制，提升社区群众组织化水平、提升社会动员力。

下沉党员带着真诚和热情走进群众的生活空间、精神世界，不赶时间、不赶任务；以对"现实"的谦卑去聆听群众的诉说，不做道德预判、不讲大道理；提供有温度、以人为本的政策指引和切合实际的解决方案，不敷衍、不讲大话、不打白条；在开放式、长时间的社区浸泡中得到真切而又丰富的思考，在与社区群众建立熟悉中把群众组织起来，在服务群众的具体实践中强化担当精神。

二、探索党员下沉发挥作用的路径

2018年6月，习近平总书记在山东视察时指出："要推动社会治理重心向基层下移，把更多资源、服务、管理放到社区，更好为社区居民提供精准化、精细化服务。"基层治理不只是基层的事，需要的也不是局部创新，而是整体性、全局性推进。

（一）党员下沉助力为民办实事，在履职尽责中践行"把自己的事情做好"

下沉单位立足自身职能和优势，广泛开展为民办实事，把政务服务、公共服务、社会服务延伸到社区。下沉党员作为"单位人"熟悉政策业务、作为"社区人"关心社区发展，把为民办实事落实到社区建设、社区的具体人具体事上。例如：规划自然部门制定"千梯万户党旗红"项目，推动本单位党员到社区指导、帮助老楼加装电梯。

下沉党员既是本单位在基层一线的"服务员"，也是了解行业政策实效及工作作风的"观察员"、收集社情民意的"信息员"。单位党组织把履行单位职能、开展社会服务与回应群众诉求结合起来，推动制度下沉、力量下沉、资源下沉，打通基层治理"最后一公里"。

（二）党员下沉助力区域化党建，在构建基层治理共同体中破解"合作困境"

基层治理需要跨单位协作。部门本位主义、竞争关系、信息不对称等因素会导致不同单位之间有一堵无形的"墙"，造成"合作困境"，甚至出现为了规避责任做出"行政有效、治理无效""治理效益让位于行政效益"的形式主义、官僚主义。面对群众"急难愁盼"，街道社区力量有限，"看得见的管不了、管得了的看不见"等情况时有发生。

下沉党员所在单位、街道社区及辖区单位，跨越党组织隶属关系、行政隶属关系及所有制性质，以街道社区党组织为核心，创新设置区域功能型党组织，整合党内、行政、社会力量，以项目化社区服务为载体，把各单位纵向职能管理"千条线"汇聚到基层综合治理"一平台"，通过项目管理"一盘棋"推动横向融通，吸纳、引领社会力量、社区群众力量，构建社区服务协同"一张网"，让社会治理的一线执行权、决策权与责任一并下放到基层对治理内容最清楚的机构和人身上，破解条块分割形成的"合作困境"。

（三）党员下沉助力第二次城市"基层社会重构"，在发挥群众主体作用中把社区建设成为基层治理的"准建制单位"

新中国成立后，我国城市开展了第一次"基层社会重构"，建立了以"单位制"为主、"街居制"为辅的基层管理模式，有单位的居民由单位管理，没有单位的由街道社区兜底管理，把人组织起来，改变一盘散沙的局面。改革开放后，随着"单位制"的消解，"单位人"变成了"社会人""经济人"，个人功利主义等因素削弱了集体归属感、认同感，基层治理面临个体原子化、社会责任感缺失及社区建设主体缺位、治理成本增加等困境。

下沉党员以社区主人的姿态参与社区规划建设，组织发动社区群众在共建共治共享美好家园中发挥主体作用，实现社区发展与维护自身利益的双赢互促；在集体行动中营造社区话题、构建社区文化，提升归属感、认同感。

遵循"不为我有、但为我用"原则，把下沉党员及社区群众转化为街道社区不占编制、不领薪酬、持续参与社区建设服务的"准单位成员"。把社区建设成为社会治理体系中的"准建制单位"，既是承接政府主导自上而下配置公共资源、实施社会治理的"基层单元"，又是自下而上反映社情民意、监督评议职能部门社区工作成效、组织动员群众的"基层单位"，推动职能部门"眼睛向下看"，在上下互动中形成共识，提升社会治理的韧性、柔性。

（四）党员下沉助力党员教育管理创新，在激发党员干事创业热情中汇聚奋进新时代的磅礴力量

下沉单位推动党员下沉，既是参与、支持基层治理，也是以干代训，把社区作为锻炼、磨炼、淬炼党员的练兵场，作为考察识别党员干部的考场，把敢担当、善作为、心系群众的党员识别出来，示范带动动力不足"不想为"、能力不足"不会为"、担当不足"不敢为"党员。

党员下沉到社区，在直面经济社会发展中感悟美好生活来之不易，进一步强化履职尽责、担当作为的决心，力戒慵懒躺平思想；在直面群众"急难愁盼"中厚植人民情怀，进一步增强以人民为中心的发展理念，力戒漠视群众利益；在直面基层干部"五加二、白加黑"中坚守实事求是原则，进一步增强反对形式主义、官僚主义的自觉，力戒政绩观偏离；在直面利益诉求多样、人人都有"麦克风"、不经意间就上"现场直播"的复杂环境中树牢依法依规办事原则，进一步提升业务能力、群众工作能力，力戒敷衍推诿；在直面复杂多变的一线实践中感悟不依靠集体将一事无成，进一步提升集体认同，力戒个人主义。

三、构建党员下沉发挥作用的长效机制

2020年8月，习近平总书记在经济社会领域专家座谈会上的讲话指出："一个现代化的社会，应该既充满活力又拥有良好秩序，呈现出活力和秩序有机统一。"社区需要党员作为有能力的"社区领袖"，通过活动把群众组织起来、激发社区活力；也需要党员作为敢担当的"主心骨"，维护社区秩序，面对歪风邪气、阴阳怪气敢于发声亮剑。同时，党组织要通过制度化保障为下沉党员撑腰鼓劲，避免党员在面对行为不端、无理取闹的"个别人"时有"弱势心理"。

（一）开展"党组织对口+党员定点"双报到活动，构建发挥"两个作用"的主辅双线

单位党组织按照就近和专业对口原则，到镇街和组团帮扶的社区报到，支援街道社区工作。以区域化党建为抓手，实现街道社区、下沉单位、辖区单位等社会治理多元主体在基层一线"再组织化"，构建目标一致、行动协调的基层治理共同体，实现人力、资金、场地等资源在机关、事业单位、国企、街道社区、两新组织、社区及社会力量之间有效流动，把街道"大工委"、社区"大党委"、网格做实。

党员到居住地报到，编入网格党支部、楼栋党小组，认领党员责任区，应急状态由社区统一调度，平时自发组建社区服务小分队，形成社区

群众自我管理、自我服务、自我教育、自我监督的核心团队，摸清社区底数、保障社区安全，开发社区服务项目，联系群众参与协商议事，提升社区群众组织化水平。

通过党组织对口报到、党员定点报到，以履行单位职能为主线、以发挥党员主观能动性为辅线，构建发挥党组织战斗堡垒作用和党员先锋模范作用的主辅双线。

（二）搭建"前台现场办公+后台支持保障"双服务模式，构建社会治理的主辅双线

下沉单位组织党员广泛开展为民办实事大讨论，在单位、社区公示为民办实事项目、社区服务资源清单，号召党员揭榜挂帅。下沉党员作为单位在社区为民办实事的服务前台，下沉工作专班作为指挥调度中心统筹协调单位力量，前后台协作联动，以在固定办公地点按常规模式开展工作为主线、下沉社区推进工作落实为辅线，构建基层治理的主辅双线。

一是广泛开展为民办实事。根据单位职能及资源优势，下沉党员发动群众围绕社区所需、群众所盼开发"微项目"，例如建设社区小广场。职能部门做好社区建设服务顶层设计，合理配置资源，支持优质"微项目"，把自上而下的政府主导作用与自下而上的社区主体作用结合起来。

二是提供政策服务。下沉党员在社区提供人性化、持续跟进、保障时效、有针对性的政策咨询服务，帮助群众解决遇事"不知道怎么办"问题。

三是开展帮办代办服务。为长者等需要帮助群体，提供资料填写、网上申办等帮办服务，对不需要当事人亲自到场的业务提供代办服务，帮助解决遇事"不知道向谁求助"问题。

（三）实施向"单位党组织+社区党组织"双报告制度，构建社区服务的主辅双线

跨越单位、职务、专业等差异，下沉党员小分队围绕互助救助等开展社区服务，并将服务的计划方案、开展情况、实际效果及存在问题向单位党组织、社区党组织报告。单位和社区党组织评估方案可行后予以备案，并提供政策指导、技能培训、资源支持、联系群众等支持保障工作和监督管理工作；对下沉党员遇到的困难及时给予帮助；对群众工作作风不实的党员要批评教育；对受到诽谤诬陷等不公正对待的党员，及时查明情况，做好思想工作，化解"好人难当"的后顾之忧。

在社区服务中，以党组织推动、保障为主线，以下沉党员自主开发、自我组织为辅线，构建社区服务的主辅双线。

一是开展社区救助。针对处于生命中比较脆弱时期的群众，下沉党员服务小分队，提供"一对一"的综合包户服务，从物质帮助到精神慰藉、从个人能力提升到增强与社会的连接，让受助者切身感受到人间有爱。

二是推动社区互助。下沉党员发挥所长为群众提供专业咨询服务，如：医生提供就医问诊指导、建筑工程师介绍房屋装修注意事项等；根据社区实际，组织体育运动、读书等兴趣团体，助推社区融合。

三是开展社区建设。开发利用社区公共空间，为社区活动、服务"一老一少"创造条件；开发社区跳蚤市场、组织物资捐赠、搭建爱心超市，义卖所得用于社区公益。

（四）营造"单位激励+社会激励"双激励氛围，构建持续有效激发党员先锋模范作用的主辅双线

党员下沉是在自上而下的领导下，自下而上发挥基层党组织、特别是党员主观能动性的创新举措，需要做实正向激励。

探索将下沉工作纳入党组织书记述职评议考核、民主评议党员，街道社区出具的评价意见作为重要的考核依据、并在社区公示。对下沉单位的考核，主要看为民办实事是否有实效、支持保障下沉工作是否有力。对街道社区的考核，主要看统筹各方构建社区治理共同体是否有力、支持配合下沉党员开展工作是否到位。对下沉党员的考核，主要看社区服务是否有实效。

在激励方面，以单位激励为主、社会激励为辅，以人为本，构建多维交叉的激励体系。

一是提供差异化激励。对机关、事业单位、国企党员注重评先奖优，对两新组织党员注重帮助搭建社会联络，对在校学生党员注重提供实践锻炼，真正做到尊重、关心下沉党员，并为其全面发展创造条件。

二是强化认同激励。组织形式多样的报告会、经验交流会等，让每一名下沉党员都有亮成果、展风貌的机会。开展"为民办实事好项目""为民办实事好党员"等评选，及时表彰，广泛宣传，让党员下沉为民办实事成为热点话题，营造公共话题。

三是推动互助激励。探索建立"爱心银行"制度，制发党员下沉服务卡，记录服务情况，获取服务积分，可换取其他志愿者提供的服务，让社区服务成为"付出、积累、回报"的爱心储蓄。鼓励公共服务等机构对有良好服务记录的党员、志愿者给予优待。

党员下沉是在以人民为中心的价值引领下形成的一种工作机制，是与时俱进、不断培育更多更贴合实际的密切联系群众新路径的创新土壤，在结合本地实际、试点探索后必将能够创造更多出新出彩的新路径。

（张　杰，何良苏，武三中）

构建"1小时生活圈"
提升广深两地交通衔接水平

【提要】近年来，在粤港澳大湾区规划的推动下，广深两地不断提升交通基础设施互联互通水平，广深两地"1小时交通圈"已基本形成，但在构建"1小时生活圈"上存在五点不足：一是广深两地交通一体化水平不足，"软联通"成为构建"1小时生活圈"的短板；二是广深两地的通行成本较高，"1小时生活圈"的服务群体受限；三是交通方式以传统的公路运输为主，难以满足多样化的交通需求；四是广深两地的交通网侧重于快速交通，未建立起多层级的联通网络；五是信息技术与跨市域交通运输融合度不高，数字赋能未能在跨市交通体系中得到体现。建议：一是推进广州市"羊城通"与深圳市"深圳通"公交卡的全面互通；二是实现广州、深圳两地车牌互认；三是推进城际轨道与地铁线网的一体化运营，同时完善体制机制；四是降低城际轨道的票价费用；五是推进市政路网、地铁网络等城市交通方式的衔接，织密跨界交通网；六是探索开行水上交通航线等多样化的运输方式；七是加强两地交通数据的互通共享，共建跨市智慧交通体系。

近日，广东省第十三次党代会再次强调"纵深推进'双区'和两个合作区建设，持续释放战略叠加效应和强大驱动效应"。在"双区"建设的大背景下，以广州、深圳两市为核心，形成了区域协同发展的城市空间形态。交通是区域发展的先行官，近年来，广深两地按照《粤港澳大湾区发展规划纲要》指引，加快推进基础设施建设，广深港高铁、南沙大桥等大型跨境基础设施相继建成，广深两地"1小时交通圈"已经形成。其中，

"1小时交通圈"指广深两地在交通出行时间上1小时可达；而"1小时生活圈"指一种空间形态，即两地在1小时的时间范围内可以进行密切的生活来往。随着"双区"建设的逐步推进，广深两地需要进一步打破跨界壁垒，推动"1小时交通圈"形成深度融合的"1小时生活圈"。

一、广深两地已经建立起"1小时交通圈"，但跨市交通壁垒仍然存在

在粤港澳大湾区建设的推动下，广、深两地之间已经构建了由高速公路、轨道交通（高铁、城际轨道）组成的多条高速通道互联，日均跨市客流量约为20万人次／日。

在道路方面，目前广州与深圳的衔接基本上需要穿越东莞市，联系通道包括广深沿江高速、广深高速及珠三角环线高速（广深段）、从莞深高速、南沙大桥、虎门大桥以及国道G107等，此外，深中通道已开工建设。通过高速公路，广深两地的通行距离约为90千米左右，耗时约80分钟。

在轨道方面，目前已建成轨道交通走廊共有3条，分别为广深铁路、广深港高铁、穗莞深城际（新塘至深圳机场段），此外，佛莞城际线正在建设中，预计2023年年底将建成通车。依托高速的轨道交通，广深两地最快可实现30分钟直达，有效的拉近了两地的时空距离，在推动粤港澳大湾区城市互联互通方面发挥了重要的作用。

经过多年建设，广深两地之间已经初步形成了综合立体交通网络，交通基础设施建设水平位居全国前列。通过高速公路、城际轨道，广深两地已经可以实现1小时互通，但从客流情况来看，作为大湾区人口最多、客流量最大的广州、深圳两座城市，目前广深两地衔接的客流量约为20万人次／日，大致为广佛两地的1／8、广莞两地的1／2，仅略高于广州与中山，说明广深两地跨市交通壁垒仍然存在。

（一）广深两地交通一体化水平不足，"软联通"成为构建"1小时生活圈"的短板

虽然广深两地已经形成多条高等级的运输走廊，基础设施水平较高，

但是交通一体化水平不足，人们普遍感觉跨城交通出行存在诸多不便，"软联通"成为构建"1小时生活圈"的短板。目前主要包括以下几个方面：一是"羊城通""深圳通"等市民日常出行所常用的公交卡尚未互通，例如"羊城通"无法在深圳地铁使用，且无法用于跨城交通出行，以至于"广州地铁22号线将延伸至深圳"消息一经公布，网上便出现了"该用羊城通还是深圳通"的调侃声音；二是轨道交通搭乘不便捷，未能实现班次互通，且部分线路仍然采用传统的票务机制，未能完全实现公交化运营；三是广深两地小汽车在两地"限行"政策的影响下，广深两地中心区之间的交通联系存在一定障碍；四是跨市交通运营服务水平不高，例如广深之间的交通拥堵现象普遍，而高铁站点远离中心城区，搭乘不便。

（二）广深两地通行成本较高，"1小时生活圈"的服务群体受限

目前，广深两地的衔接主要依靠高速公路以及轨道交通（含高铁、城际轨道），虽然里程仅为100千米左右，但是通行成本较高，其中高速公路收费超过50元，尤其几座跨珠江口的特大桥梁采用独立的收费费率，进一步增加了两地之间公路交通的通行成本，小汽车单程通行总费用超过150元；而在轨道交通（高铁、城际轨道）方面，两地的单程票价约为80元，大致相当于广州至周边省份的跨省普通火车票价，远高于市域地铁票价。虽然两地经济发展水平、人均收入位居全国前列，但往返超过200元的通行费用，影响了两地市民的出行成本。

（三）广深互联仍以传统的公路运输为主，难以满足多样化的交通需求

随着社会经济的发展以及出行需求的多样化，广深两地各自建立起了多样化的运输体系，例如广州市仅公共交通系统就包含地铁、有轨电车、常规公交、出租车、水上巴士等五种方式。但是在跨市域的交通方面，广深两地的交通衔接方式较少，仅有公路运输与高铁（城际）两种，其中公路运输是主要的运输方式，分担率占比约为70%，这种运输方式虽然灵活，但是能耗高、效率低，与《粤港澳大湾区发展规划纲要》中"推动形成绿色低碳的生产生活方式和城市建设运营模式"的总体要求存在差距；高铁（城际）线路站点少，覆盖面小，灵活性不足。因此，为了更好的构建广深"1小时生活圈"，满足多样化的出行需求，还需要结合实际情况进一步完善运输方式。

（四）广深两地的交通网侧重于快速交通，尚未建立起多层级的联通网络

广深两地衔接的交通网络，其规划、建设均强调以"快速"为目标，通过建设高速公路、快速轨道等高等级的交通走廊，形成"1小时交通圈"。但是，由于两地之间未能依托高速公路、高铁（城际轨道）等高等级的运输走廊，进一步织密边界地区融合性通道，统筹好多层级的联通体系，市民普遍感到两地之间同城化的生活交流、通勤交通仍然较为不便，"1小时交通圈"未能真正地转化为"1小时生活圈"。

（五）信息技术与跨市域交通运输融合度不高，数字赋能未能在跨市交通体系中得到体现

近年来，信息技术快速发展且不断地为交通运输注入活力，提升了综合运输体系的运输效率，但是广深两地在跨市域交通信息技术的合作与应用方面仍然存在着诸多的壁垒。例如所采用的技术标准、数据接口不一致，造成两地交通数据无法融合共享，跨都市圈"一票制""一单制"等运营方式未能实现；两地未能形成广深两大都市圈一体化融合发展的交通大数据平台，进而造成广州、深圳两大都市圈之间在交通规划、建设、管理等环节缺乏全面、细致的数据支撑，交通衔接的精准性和精细化水平不高；5G、云技术、人工智能、区块链等新技术多在局部领域进行应用，在跨广深两地的交通衔接方面运用还不够深入等。

二、提升广深两地交通深度互联水平，构建"1小时生活圈"的建议

近年来，广深都市圈规划建设如火如荼开展，根据规划，广深两地还将新增多条道路、轨道通道。其中，高速公路将新增5条，包括莲花山通道、海鸥岛通道、狮子洋通道、穗深通道、增莞番高速等，未来两地共计将形成10条高速公路联系走廊；轨道交通将新增8条，包括广深第二高

铁、深茂铁路（经南沙枢纽）、广深磁悬浮、佛莞城际、中南虎城际、深莞城际、西部快轨（深圳延伸至南沙枢纽）以及广州地铁22号线，未来广深两地共将形成11条轨道线路直连。为了更好地发挥基础设施优势，推动"1小时交通圈"形成更为融合的"1小时生活圈"，现提出以下建议。

（一）推进广州市"羊城通"与深圳市"深圳通"公交卡的全面互通

目前广深两地之间多条城际轨道正在推进建设，随着两地城际轨道的互通成网，预计在两地采用公共交通方式出行的跨城客流将会大幅增长。通过公交卡的全面互通，可以为广深两地市民的公交出行提供便利。同时，根据规划，广州地铁22号将与深圳联通，实现公交卡的全面互通是基础设施互通的前提与保障。因此，建议广深两地积极推进"羊城通""深圳通""岭南通"等公交卡全面互通，为构建"1小时生活圈"创造良好的软环境。

（二）实现广深两地的小汽车车牌互认

在"双区建设"的大背景下，为了加快推进国内国际双循环，广深两地需要进一步深化合作，打破交通壁垒。针对目前广深两地实施的"限牌""限行"政策，建议在广深两地小汽车增量总量控制的前提下，实现两地小汽车车牌互认，即广州、深圳两市互相取消对对方城市的车辆实施"限行"等措施，等同于本市籍车辆进行管理，方便两市中心城区加强日常的交通联系，促进经济循环。此外，因两地均已实施小汽车总量控制（即"限牌"）措施，车牌互通后两市机动车总量仍将维持稳定，交通影响不大。

（三）推进城际轨道与地铁线网的一体化运营

一是在规划设计阶段，加强城际轨道与两市地铁线网的深度融合，建设一批集城际线、地铁线于一体的城市交通枢纽；二是推进两地城际轨道、地铁线网的安检互认、班次衔接；三是进一步深化城际轨道的公交化运营，选取部分客流量较大的城际轨道走廊开展试点，取消传统的铁路售票模式，参照地铁运营模式，改用"羊城通""深圳通"等公交卡刷卡乘车。

（四）降低城际轨道的乘车费用，培育跨市客流

为了进一步促进两地深入合作，建议广深两地共同成立专项基金，参照市域内部地铁等公共交通的补贴扶持模式，给予城际轨道相应的政策支持或者运营补贴，进而降低城际轨道的票价成本，培育跨市客流。具体可以有多种方式：一是对标城市地铁，大幅降低广深两地城际轨道的票价（例如广州地铁18号线，全程约58千米，票价为11元）；二是在城际轨道公交化运作的基础上，对于刷卡（"羊城通""深圳通"等）乘车的旅客，给予相应的票价折扣，从而鼓励两地市民进一步加强来往。

（五）推进市政路网、地铁网络等城市交通方式的衔接，织密跨界交通网

高速公路、高铁（城际轨道）等高等级交通走廊构建了"1小时交通圈"，但是距离广深"1小时生活圈"还存在差距。为此，建议同步推进市政路网、地铁网络等城市交通方式的跨市衔接，织密跨界交通网络。一是加快推进广州地铁22号线延伸至深圳项目；二是结合广州市规划的1号公路项目，同步建设跨珠江口的市政路网衔接，例如亚运大道东延接东莞立沙大道等；三是结合新建高速公路项目，探索将部分原有高速公路进行市政化改造，构建"高速公路+快速路+主干路"分级分层的跨市域路网体系。

（六）开行水上交通航线，完善运输方式，满足多样化运输需求

随着广深两大都市圈的深度融合，以及珠江口东西两岸城市景观廊道的成型，除了传统的交通出行以外，还将会衍生出以休闲观光为目的的出行需求。建议进一步完善交通运输方式，满足多样化的运输需求。一是开行由广州中心城区（如天字码头、大沙头码头）至深圳中心城区（蛇口港）的水上交通航线，沿线途径广深两地的主要城市组团及景区景点，将珠江口沿岸优质资源串珠成链，兼顾交通功能与旅游观光功能，打造大湾区的一张交通名片；二是依托广深两地在交通领域的科创资源，如小鹏汇天、亿航等，在两地之间探索试点飞行汽车等通用航空领域的新一代交通方式；三是推广定制交通服务，推动湾区城市协同开展Maas（出行即服务）服务平台，结合票务支付体系优化用户出行体检，构建全程全时、高

效可靠的智慧化定制服务系统，全面满足多样化的出行需求。

（七）加强交通数据的互通共享，共建跨市域的智慧交通体系

为更好发挥广深两大中心城市在智慧交通方面的引领作用，利用信息技术为综合运输体系赋能提质，建议打破跨市域数据互通壁垒，加强交通数据的互通共享，共建跨市域的智慧交通体系。一是以广深两市为引领，建立交通大数据共享机制，搭建交通智慧管理平台，实现交通信息感知网络化、数字化和可视化，实现现代化的交通协同管理；二是统一跨区域的车辆信息、货物信息的互认共享；三是广深两地加强协作，探索形成与国际接轨的交通数据标准与管理运营体系，并率先投入使用，推动大湾区国际化发展；四是依托新技术发展智慧交通，大力推动5G、云计算、物联网等科技前沿与交通的深度融合，加大智慧交通基础设施建设。

（余一村，吴兆春）

推动广州在实现高水平科技
自立自强上取得新突破

【提要】在提升科技自立自强能力上继续走在全国前列是习近平总书记对广东、广州的殷殷嘱托。广州亟须聚力推进高水平科技自立自强，全力打造具有全球影响力的科技和产业创新高地。课题组结合对广州科技创新实践的跟踪研究，就广州率先在实现高水平科技自立自强上取得新突破提出六点建议：一是将科技自立自强（创新驱动发展）战略确立为广州城市发展战略的核心；二是强化优化广州全过程创新链，走好"科学技术化、技术产品化、产品产业化、产业资本化"之路；三是设立若干以科技创新为主题的招商引资团队和专场，力争形成既有"顶天立地"的大型科技企业、更有"铺天盖地"中小科技创新企业的生动局面；四是优化财政科技资金管理；五是成立市、区两级科技创新委员会；六是出台有震撼力的重点人才政策。

2023年3月，习近平总书记在参加十四届全国人大一次会议江苏代表团审议时强调："加快实现高水平科技自立自强，是推动高质量发展的必由之路。"省委十三届三次全会提出激活改革、开放、创新"三大动力"，再造广东现代化建设关键新优势，并将在实现高水平科技自立自强上取得新突破作为"十大新突破"之一进行部署。作为华南地区科教资源最为丰富的中心城市、粤港澳大湾区国际科技创新中心建设的核心城市，广州需要充分利用全球创新资源，深度融入全球创新网络，加快培育良好创新生态，率先在实现高水平科技自立自强上取得新突破，推动城市高质量发展。

一、将科技自立自强（创新驱动发展）战略确立为广州城市发展的战略核心

围绕科技自立自强（创新驱动发展）这一核心战略进行重新布局，明确广州科技创新发展和产业变革的方向，分析广州在不同领域的科技实力和潜力，确定重点发展方向和战略重点。将推动全市科技创新和产业变革作为工作重心，避免精力过于分散，或者平均用力；资源配置要向科技创新倾斜，给予优先重点配置；优先重点出台有关支持科技创新和高新技术产业发展以及创新人才政策，提供全方位、各层面的系统政策支持。

一是构建完善的区域创新体系。推动"政产学研中资用"等创新主体紧密合作，即政府、企业、高校、研究机构、中介组织、科技金融系统与用户组成创新联合体。建立健全协同创新机制，促进各类创新主体间有效合作，形成协同创新合力；探索建立联合研发平台、技术共享机制和人才流动机制，促进知识和技术的跨界交流与融合。

二是加快建设原始创新策源地。争取若干国家重大科学装置在广州落户，具备一定条件下，力争牵头发起大科学计划和大科学工程，发挥国家战略科技力量的骨干引领作用，将国家战略科技力量与其他创新主体共同构建起完整的创新体系。引导广州地区高校和科研机构将更有组织性地开展基础研究，力争产出更多的重大原创性成果。

三是推动产学研深度合作。对于城市政府而言，由于资源尤其是财力有限、现行体制下权力受限，更多的着力点应该放在鼓励企业与高校、科研院所深度合作上，以企业为中心，围绕产业需求加强关键核心技术攻关，发挥市场优势牵引科技成果转化，不断提高科技成果转化和产业化水平，着力建设国际产业科技创新中心，大力推动产学研协同创新，共同攻克关键技术、解决产业发展中的实际问题，进而推动科技成果转化和产业化，最终解决科研与经济发展"两张皮"的问题。

四是集聚和打造更多集约高效、开放共享的创新平台。加强公共科研平台、中试转化平台、重大科技基础设施等基础科技设施建设，促进科学数据的共享与共用。参与国际科技组织和重点领域与新兴技术标准、规则

的制定，深度融入全球创新网络。

二、强化优化广州全过程创新链

围绕习近平总书记提出的"推动创新链产业链资金链人才链深度融合"（"四链"深度融合），结合广州"科学发现、技术发明、产业发展、人才支撑、生态优化"全链条全过程创新链，走好"科学技术化、技术产品化、产品产业化、产业资本化"之路，推动"四链"深度融合，对链条及相关环节进行深入研究，加长"长板"，针对"弱项""短板"进行有针对性的强化优化。

一是锤炼夯实创新链。加强创新链和产业链的协同发展，以确保"四链"之间的紧密衔接。通过加强顶层设计，制定政策措施，促进各类创新主体的协同创新。注重优化创新链和产业链的投入结构，加大对冷门学科、基础学科和交叉学科的长期稳定支持，以推动创新链和产业链的有机融合。

二是精准配置资金链和人才链。通过调研和规划，深入了解重点产业领域的创新人才需求，制定人才规划和计划，引进和培养符合产业链发展需要的人才。同时，加强金融支持，引导金融机构对重点产业创新链项目给予优惠利率贷款支持，实现资金链与创新链的有效对接，为"四链"深度融合提供充分支持。

三是推动产业链现代化。针对弱项、短板进行优化强化，打造具有全球竞争力的创新链，重点关注科技创新中心的高精尖产业链，加强协同攻关和成果转化，促进创新链与产业链的深度融合。加强产业链的国际化布局，积极参与全球价值链，提升技术"原创力"和成果"转化力"，抢占未来产业先机。

四是建设激励创新、宽容失败的创新生态。建立统筹推进"四链"深度融合的专门工作小组（机构），完善工作统筹调度和督导评价机制，引领各方共同推动"四链"深度融合。要在全社会进一步营造激励创新、宽容失败的良好氛围，相关部门要认真研究符合科技创新规律的"宽容失败"政策举措，让体制内的机构、国企放开手脚进行创新。深化"放管服"改革，优化营商环境，加强知识产权保护，激发市场主体的创新活力，为"四链"深度融合提供良好环境。

三、设立若干以科技创新为主题的招商引资团队和专场

市和重点区的招商重点是引进大中型科技企业，以吸引更多的大中型科技企业落户广州，同时各区也要专心致志培育壮大广州地区的中小型科技企业，力争形成既有"顶天立地"的大型科技企业，更有"铺天盖地"中小科技创新企业的生动局面。

一是制定有针对性的招商引资政策。市和重点区应制定针对大中型科技企业的优惠政策，包括符合税收减免条件、资金扶持、土地优惠等方面的支持措施，以吸引大中型科技企业落户。同时，针对中小型科技企业，提供创业支持、孵化器资源、人才培养等方面的扶持政策，鼓励其创新发展。

二是优化招商引资服务体系。建立健全完善的招商引资服务机制，设立专门的科技创新招商团队，提供全方位服务，为科技企业提供市场调研、项目咨询、政策解读等方面的支持，协助企业解决落地过程中的问题和困难，提供便捷高效的审批流程，为科技型企业营造良好的创新创业环境。

三是加强科技企业孵化培育。各区应专心致志地培育和支持中小型科技企业发展。加大对科技企业的产业链配套支持力度，鼓励企业间的合作与协同创新。通过组织产业对接会、技术交流会等形式，促进企业之间的合作与合作创新，推动形成产业链的完整闭环，提升整体产业竞争力。

四、优化财政科技资金管理

梳理目前市、区两级设立的财政科技专项（包括人才专项）、财政出资的基金、国资系统创设的产业基（资）金，进行评估，统一管理，创立

（增设）、合并、废止，总体趋势是扩大规模，减少小项目和不必要的项目、简化程序（流程）和手续（提交材料），优化流程、压缩时长，加快审批进度，提高政策落地效率。创新项目评估与统一管理，提高政策落地效率与资金利用效益。

一是对市、区两级设立的财政科技专项、基金和产业基金进行梳理和评估。通过对资金管理情况进行全面梳理和评估，了解各项专项的目标、规模和执行情况，发现问题并及时调整，确保专项资金有效利用和执行。建立健全的监督机制，确保资金的合理使用和效果的达成。

二是统筹协调市、区两级的财政科技专项、基金和产业基金。在梳理和评估的基础上，建立统一的管理机制，避免重复投入和资源浪费，合理调配资金，提高利用效率。

三是制定激励创新的政策措施。在统一管理的基础上，根据梳理和评估的结果，制定创新的政策和措施，明确发展方向和重点。优化资源配置，注重集中资源投入到关键项目和战略性领域，避免资源分散和效果不明显的情况。加强政策执行力度，确保政策的有效落地和实施。

五、成立市、区两级科技创新委员会

成立科技创新委员会统筹广州地区创新资源、协调出台创新政策、讨论商议重大事项，以在更高水平、更广范围、更大力度上推进全市科技创新和产业变革，为广州市的科技自立自强战略注入新的活力和动力。

一是明确科技创新委员会的职责。科技创新委员会作为党委议事决策机构，其职责包括但不限于：制定和推动科技创新发展的总体规划和战略；统筹广州地区的创新资源，推动科技成果转化和产业化；协调各相关部门，加强政策协同和创新资源整合；研究和决定重大科技创新项目和政策措施，推动科技创新与产业发展、经济社会发展的有机衔接。

二是健全科技创新委员会的组织架构和工作机制。科技创新委员会成员由相关部门主要负责人、高校科研院所负责人、科技领军企业（含创投等）高管和若干专家等组成，尽可能涵盖政府、高校科研机构、科技企业、科技中介组织、科技金融机构等方面的代表。由书记、市（区）长担任主任、常务副主任，办公室设在科技局。委员会可以设立若干专项工作组和专家咨询组，负责具体领域的研究和咨询工作。建立科技创新委员会的信息平台和工作机制，促进信息共享和协作合作，提高决策的科学性和准确性。

三是强化科技创新委员会的决策能力和执行力。科技创新委员会应建立科学决策的机制和流程，充分利用专家智库和科学研究成果，确保决策的科学性和前瞻性。加强决策的落实和执行，确保各项政策和措施的有效推进。此外，科技创新委员会还应加强与各相关部门和机构的沟通与合作，形成合力，共同推动广州科技创新和产业变革的进程。

四是适时对科技创新委员会的决策执行情况进行监督和评估。建立科技创新委员会的决策绩效评估机制，定期对决策执行情况进行评估和检查，确保委员会的运行效果和决策执行质量，推动科技创新和产业变革取得实质性进展。

六、出台有震撼力的重点人才政策

对以往出台的相关人才政策进行梳理和评估，重点是加强对青年科技人才、海外科技人才（留学归国人才）、高级技能人才的培养、引进和服务使用力度，适时改进和优化，持续加强团队培养、引进，优化院士政策。

一是加强对青年科技人才的培养和引进。青年科技人才是创新的生力军和未来创新的希望。制定针对青年科技人才的培养计划和政策，提供更多的科研项目、资金支持和创新平台，鼓励他们在广州、来广州从事科技创新工作。加大引进优秀青年科技人才的力度，提供较有竞争力的薪酬待遇和良好的科研环境，吸引他们参与广州科技创新大业。

二是加大海外科技人才（留学人员）的引进和服务力度。海外科技人才（留学人员）具有丰富的国际视野和创新经验，是推动科技创新和科技国际合作的重要力量。出台相关政策，为海外科技人才提供优厚的待遇和福利、提供创新创业支持等方面的支持措施。争取国家层面出台解决留学归国人员养老和医保等问题的政策，政策未出台之前在市级先出台灵活措施。优化海外人才工作站运作机制，设立海外科技（人才）交流平台实体机构，促进与海外科技机构和企业的合作与交流。强化主办"留交会"等的主动权。

三是加强高级技能人才的培养和使用。高级技能人才是实施科技创新和产业转型升级的重要支撑。优化相应政策，继续加大对高级技能人才的培训和职业发展支持。引导职业技术学院校与企业科学设立符合高新技术产业和未来产业发展方向的技能培训基地，推动高等教育机构和科技型企业合作，促进技能人才培养与使用有机衔接。

四是持续推进科研团队培养和引进。科技创新需要具有协同创新能力的团队。鼓励和支持高校科研机构与企业合作，建立产学研合作科研团队，提供相关政策支持。加大对优秀团队的引进力度，吸引具有一定规模和影响力的科研团队到广州创新创业。

五是优化院士政策。着眼于引进创新活力较强、活跃在科研一线的院士及其团队，或加强交流合作，建立稳定的合作机制和长期的合作关系，不求所有，但求所用。改进和优化院士专家工作站、院士企业技术顾问等制度，加强院士在科技创新、产学研合作等方面的指导和决策参与。

为提高领导干部推动创新发展的本领，同时也提高领导干部对国际科技创新和产业变革趋势的判断能力，建议结合主题教育活动举办学习贯彻《习近平论科技自立自强》专题读书会（班）或理论务虚会统一思想认识，检视当前广州科技创新和产业变革现实情况，分析存在问题，明确发展方向和重点，谋划发展规划和实施办法，祭出实招高招，高质量落实科技自立自强政策要求，加快科技创新和产业变革，推动高质量发展。

（林柳琳，吴兆春，陈侨予）

以科研数据为突破口
推动南沙数据跨境流动

【提要】随着港科大（广州）以及大批人工智能和生物科技企业、中科院等大院大所及其冷泉生态系统研究装置等一系列重大科学装置、科研院所扎根筑巢南沙，对南沙推进数据跨境流动提出更高要求。目前南沙与港澳科研数据跨境流动存在的制约有：粤港澳三地数据治理规则存在较大差异；科研跨境数据分类分级实现跨境流动存在困难；数据出境安全专业评估体系及实操服务不完善等。建议：积极推动南沙数据跨境流动试行计划，为粤港澳大湾区数据跨境流动提供"南沙方案"。一是以"白名单"制度为抓手，激活粤港澳数据治理规则衔接；二是推进以"湾区通"为代表的专用通道建设及科研数据跨境分类分级；三是与相关部门协作全方位开展出境安全评估纵横体系建设。

数据是智能时代的关键生产要素，完善粤港澳数据跨境流动规则、强化数据分级分类监管、促进数据流通、释放数据红利是深入贯彻党的二十大精神和"南沙方案"的重要举措。目前，南沙数据跨境流通问题已成为粤港澳三地能否顺利实现体制机制衔接的共同性问题，以科研数据流通为突破口推动南沙数据跨境流动试行计划是粤港澳大湾区建设的重要抓手，有利于助力南沙打造粤港澳全面合作示范区、促进中国数据标准上的国际融入，强化粤港澳数据标准的亚太引领，以南沙为中心、打造数据跨境流动及数据对外开放门户和创新发展示范区。

一、南沙（粤港澳）数据跨境流动现状及存在问题

（一）粤港澳三地数据治理规则存在较大差异

目前，粤港澳三地的数据治理规则存在较大差异，且三地尚未就数据跨境多向互通达成协定。1995年，香港通过《个人资料（私隐）条例》，对个人数据的跨区域流动提出法律层面的限制要求。其中第33条明确规定"禁止除在指明情况外将个人资料移转至香港以外地方"，但是该规定相关指南或办法至今未出台。2005年澳门通过《个人资料保护法》，与香港"禁止数据跨境流动"的要求不同，澳门"鼓励数据自由流动"。国家层面则已通过《中华人民共和国网络安全法》《中华人民共和国数据安全法》《中华人民共和国个人信息保护法》等法律法规构建完善以保障网络和数据安全为重点的体系框架和基本内容。南沙（粤港澳）数据服务试验区在推动粤港澳数据跨境流动规则衔接方面大有可为，但其探索数据跨境安全流通路径尚不明确，省、市相关业务主管部门给予的政策支持尚不充分，在创新互联网治理监管和跨境网络安全协作机制方面还存在短板。

（二）科研跨境数据分类分级实现跨境流动存在困难

近年来，一批人工智能和生物科技企业、中科院等大院大所及其冷泉生态系统研究装置等三个大科学装置扎根筑巢南沙，加之香港科技大学（广州）、南沙民心港人子弟学校等落户南沙，区内高校和科研机构对跨境数据流动的现实需求日益增加。如港科大清水湾校区与港科大（广州）两校校园之间的科研数据、教职员工教学数据和学生学习数据、校友及捐赠者资料数据、校务营运历史数据、图书馆协作数据、学术及非学术人员和学生的数据等均存在跨境互通需求。尽管已经在推行境外数据登录平台，如业已上报"湾区通"等跨境交流专用通道试点计划（暂未批复同意），但在目前网络管制背景下，获取境外数据库、学术库进行科学研究，科研跨境数据如何分类分级实现跨境流动等方面依然存在现实困难。

（三）数据出境安全专业评估体系及实操服务不完善

国家网信办出台的《数据出境安全评估办法》明确规定"数据处理者向境外提供在中华人民共和国境内运营中收集和产生的重要数据和个人

信息，符合四种情形需要申报数据出境安全评估"，目前绝大多数企事业单位对数据出境安全评估认识不足，且市场上专业服务欠缺，不利于推动数据出境的合规性申报。同时，粤港澳大湾区内涉及了两种社会制度、三种法律体系，数据出境的合规流动涉及制度和法律冲突。香港的数据跨境流动是以"禁止+例外"形式展开，内地则是以《个人信息保护法》为基础的"肯定式"列举展开，而南沙的数据要素流动中并未有统一的安全评估标准及数据出境的标准化实操服务，数据出境安全评估实操存在较大困难。

二、加快推进南沙数据跨境流动建设的建议

科研数据跨境流动是南沙加快粤港澳大湾区数据跨境流动体制机制建设先行先试的突破口，也是南沙协同港澳、面向世界的基础建设中最重要一环。建议从以下三个方面入手，加快南沙（粤港澳）数据服务试验区建设。

（一）以"白名单"和制定《大湾区数据跨境标准合同》等制度为抓手，激活粤港澳数据治理规则衔接

充分利用三地已有机制，打通规则衔接渠道，推动粤港澳大湾区数据合作规则形成。一是激活"白名单"制度，扫清粤港澳个人数据流动障碍。目前个人数据流动的主要障碍在于香港方面。可组织内地香港共同研究判断中国数据规则是否符合香港个人信息流"白名单"，同时，在南沙创造性的对等增设类似"白名单"机制，最终实现香港、澳门个人信息与内地自由流动。二是以三地法律规则关于以合同方式实现个人数据流动的相关规定为依据，推动制定《大湾区数据跨境标准合同》。

（二）推进以"湾区通"为代表的专用通道建设及科研数据跨境分类分级

一是加快推进"湾区通"专用跨境流动通道建设工作，对区域内符合申报条件的企业、高校及科研机构经批准后安装开通专业软件，以满足大湾区高校、企业等科研主体的巨大的使用需求，创造吸引大湾区国际化人

第二部分　城市综合功能出新出彩篇

203

才来南沙定居工作，便利工作条件，打造南沙国际化人才特区。二是以南沙高校、科研机构为使用主体，在落实《网络安全法》《网络安全审查办法》《网络数据安全管理条例》等法律法规基础上，由中央网信办牵头指导南沙探索建立跨境科研数据分级分类常态化管理机制，推动实现建立专用科研网络，营造良好的科研生态环境。

（三）全方位协作开展数据出境安全评估纵横体系建设

一是加快促进顶层设计完善，协调中央、省、市有关部门从纵向维度促进南沙建设大湾区数据跨境流动评估审核机构的建设，开展数据出境咨询、自评估、材料审核等工作，为实现大湾区数据出境合规、高效、便捷提供支撑。二是支持试点大湾区内数据出境安全评估实行备案制、数据脱敏标准规范的可行性，指导各级主管部门及政务部门对跨境数据进行安全和隐私保护，优化和提升大湾区内部数据跨境流动，推动南沙自贸区营商环境优化提升。三是依托广州数据交易所等数据要素市场的核心枢纽，建立科研数据市场化配置、专业化服务等运作流动，推动数据要素安全有序，开发利用，助力南沙乃至我省数字经济高质量发展，以科研数据为抓手，为跨境数据市场提供有力支持。

（林鸿业，陈侨予，林柳琳）

第三部分
城市文化综合实力
出新出彩篇

焕发广州历史文化街区新活力

【提要】历史文化街区是广州作为一座老城市的重要标志和载体，是体现岭南文化特质的物质遗存。当前，广州高度重视历史文化街区的保护与活化利用，渐进式推动历史文化街区有机更新。但调研发现，广州历史文化街区仍然存在重保护轻活化、特色产业导入不足、街区人居环境亟待改善、历史文化资源挖掘不够充分等问题，需要进一步加大政策支持力度，以制度创新推动街区景观改造和业态升级，真正以绣花功夫让历史文化街区焕发新活力，推动广州城市文化综合实力出新出彩。

2023年6月，习近平总书记在文化传承发展座谈会上的讲话强调："如果不从源远流长的历史连续性来认识中国，就不可能理解古代中国，也不可能理解现代中国，更不可能理解未来中国。"同样，城市的发展也需要放在历史过程中去把握其规律。2200多年建城史，赋予广州深厚的文化底蕴，而历史文化街区作为城市历史的重要物质载体，承载着城市记忆，也凝聚着千年商都的历史文脉。做好历史文化街区保护与活化利用，既是尊重、顺应城市发展规律的必然要求，也是高质量实现老城市新活力的题中应有之义。

一、当前广州历史文化街区保护与活化的基本经验

历史文化街区是指经省级人民政府核定公布的保存文物特别丰富、历史建筑集中成片、能够较完整和真实地体现传统格局和历史风貌，并有一定规模的区域。根据广东省公布的三批历史文化街区名单，目前广州共有

26片历史文化街区，其中14片位于荔湾区，9片位于越秀区，3片位于海珠区，1片位于黄埔区，整体呈现"大分散，小集中"的特点。近期，课题组通过调研荔湾区永庆坊、越秀区新河浦、海珠区南华西、黄埔区长洲岛等历史文化街区，了解到广州在历史文化街区的保护与活化利用方面采取了很多行之有效的做法，但也存在一些亟待解决的问题，梳理广州历史文化街区的保护活化经验，主要体现在"七个注重"。

（一）注重规划设计

坚持以科学的规划设计统领历史文化街区保护利用。在土地收储、组织编制或调整控制性详细规划、城市更新单元规划、城市更新策划方案以及相关专题规划时，开展规划内的历史文化遗产调查评估工作，按要求编制历史文化遗产保护专章。在工作机制上，以荔湾区为例，通过构建"党建统领、政府主导、专家领衔、公众参与、协会协同"的历史文化街区保护工作格局，规范工作流程，从源头上确保历史文化街区保护与活化利用有章可循。

（二）注重科学决策

广州市成立了文物管理和历史文化名城保护委员会。委员会由政府人员、专家学者、行业专家等人员组成，专门针对历史文化保护、城市规划等议题进行咨询和决策，有利于更加科学合理地对历史文化街区进行保护和利用，提升了历史文化街区与历史建筑保护传承的专业化水平，为历史文化名城保护的科学决策搭建了平台。

（三）注重政策保障

近年来，广州市以"微改造"绣花功夫推动城市更新，建立了较为完善的保护法规体系，如修编《广州市历史文化名城保护条例》《广州市城市更新条例》等法规文件，对已划定的26片历史文化街区逐一编制保护规划。通过创新公共政策，细化管控措施，始终把保护放在第一位，加强制度顶层设计，建立分类科学、保护有力、管理有效的广州城乡历史文化保护传承体系，着力解决城乡建设中历史文化遗产遭到破坏、拆除等突出问题，确保各时期重要城乡历史文化遗产得到系统性保护、整体性保护，激发新时代广州城市发展新活力。

（四）注重常态管理

日常管理是做好历史文化名城保护的基础，如越秀区已将日常巡查工作纳入网格化管理范畴，重点查看保护对象是否存在建设行为，有建设行为的及时通报，即时处理，并通过网格化管理系统上报巡查情况，落实"每日一巡，每月一报"相关制度要求。将全区历史文化街区、历史建筑、传统风貌建筑及其线索等列入日常巡查对象，切实做到不留死角的全覆盖，横向到边，纵向到底，确保重要城乡历史文化遗产得到系统保护、完整保护、全面保护。

（五）注重公众参与

荔湾区永庆坊作为历史文化街区活化利用的成功典范，成立了广州首个历史文化街区改造公众参与平台——共同缔造委员会，协调各利益相关方全过程参与街区更新改造工作。当前，这一成功模式在多个街区保护利用项目中得到复制，通过搭设居民、高校师生、规划设计单位、社会组织、媒体等多方群体共同参与的开放式平台，着重引导居民表达自身诉求。在运营管理上，通过采用市—区—社区的三级联动方式，实现了从规划、设计、建设、运营、维护、管理多个维度的全周期公众参与。

（六）注重市场运营

历史文化街区的保护与活化需要引入社会力量。永庆坊通过BOT方式引入社会资本进行"微改造"，由企业改造、建设，负责招商与运营，15年运营期满后交回政府。政府通过公开招商引入万科集团，并确认采取"政府主导，企业承办，居民参与"的创新模式。由于企业对市场动向更加敏感，能够更有效地调动和配置资源。因此，永庆坊的改造一开始就把经营理念嵌入其中，在建筑设计、空间品质和经营模式上，更易于实现"体验式"的要求，融入了表演、曲艺、茶艺、书吧、咖啡屋等文旅新业态，更注重消费者的参与、体验和感受，现已成为广州的文旅新地标。

（七）注重活态保留

历史文化街区的保护与活化坚持见物又见人，通过留住居民来留住乡愁。如海珠区洪德巷历史文化街区和南华西历史文化街区，作为广州市著名的传统骑楼保护街区，其现存的水磨青砖屋群建于清末、民初时期，是岭南特色民屋，虽经约两百年风雨，现大部分民屋依然保存完好，街区内居住的主要是原居民，不仅留住了街区的烟火气，也留住了人情味和历史感。

二、广州历史文化街区保护与活化利用存在的问题

广州的历史文化街区保护与利用取得了显著成效，但仍然存在一些问题。主要表现在：

（一）特色产业导入不足

产业问题是历史文化街区活化利用面临的重点问题。没有坚实的产业作为基础，街区很难聚人气，也难以实现可持续发展。调研发现，不少历史文化街区存在特色产业引入难的问题，特别是与街区风貌相匹配的文化创意产业进驻不多，缺乏可观赏、可互动、可体验的沉浸式文化体验项目。如何"新瓶装旧酒"，更好把历史文化遗产与新业态结合起来，实现经济与文化的互补融合，值得深入研究。

（二）基础设施陈旧老化

由于历史文化街区大多集中于老城区，建筑密度大，普遍存在道路狭窄、停车场不足、公共活动空间不够、公共卫生间少、服务设施老旧等问题。不少历史文化街区与老旧小区混在一起，公共配套短缺，管道老化，人居环境不佳，亟待改善。

（三）搭乱建存在隐患

调研中发现部分历史文化街区仍然存在违法建设、占用公共空间等问题。比如一些街区存在"握手楼"的现象，部分居民的自建房明显存在违建情况，有些则把自家的院子扩大，挤占公共空间，导致街巷狭窄，不便通行，加上乱搭乱建、"三线"乱拉乱挂、消防设施不齐全等，存在一定的安全隐患。

（四）历史文化资源分散

广州的历史文化街区大部分呈点状或小集中形态分布，不少街区由于产权等问题处于年久失修状态，蕴含其中的城市历史记忆亟待系统挖掘、

整理和提炼。

（五）职能部门沟通不畅

历史文化街区的保护利用涉及规划、住建、交通、城管、消防等多个部门。改造过程中常常出现部门之间沟通不畅、协调难度大，导致决策过程慢、审批流程多、重复建设等。

三、关于广州历史文化街区保护与活化利用的建议

（一）处理好顶层设计与落地实施的关系

一是要把历史文化街区改造利用纳入城市的整体规划设计当中，把历史文化街区放在城市建设的大局中通盘考量。二是因地制宜按照"一街区一特色"的原则，分类实施历史文化街区保护活化利用，根据"居住、商业、商住混合"等不同功能分区，量体裁衣，个性化订制历史文化街区的保护活化方案。三是统筹协调好政府职能部门、企业、民众各方面的关系，补足市政配套设施和公共服务设施短板，切实解决好人民群众急难愁盼的问题，争取"最大公约数"，按照规划设计逐步实施改造，力求达到最优效果。

（二）处理好保护修复与活化利用的关系

一是将保护放在首位，切实保护好具有历史文化价值的建筑、街巷、文化符号等，按照修旧如旧的原则，最大限度还原其本来面貌，留住街区的灵魂。二是进行适当的开发利用，并结合数字信息技术等现代技术手段对街区的非遗项目等优秀传统文化进行创新性发展，赋予历史文化以新的时代内涵，达到活化利用的目的。三是梳理历史文化街区的独特文化脉络，全方位挖掘蕴含其中的"广州故事"，让街区和建筑"活起来"，让文化和精神传承下去。

（三）处理好街区活化与产业导入的关系

一是制定产业"正负面清单"，逐步疏解与历史文化传承不相适应的工业、仓储物流、批发市场等低端产业。二是强化创新创意产业支撑，充分统筹老城区的旧厂房等各类资源和载体，布局文创产业，大力引导文艺

创作、动漫设计、建筑设计等文化产业进驻，打造"开放式创客空间"。三是推进文商旅融合发展，坚持"以用促保"，让历史文化街区在有效利用中成为展示岭南文化的独特标识和城市的时代记忆。

（四）处理好政府主导与市场运作的关系

一是以政府主导为原则，在规划层面以最大限度保留街区的传统格局、街巷肌理和景观环境为底线，制定历史街区功能活化的发展策略，做实"留改拆"，适当抽疏增加公共空间，补充完善公共设施，切实改善人居环境，灵活出台技术规范，简化审批手续，支持历史文化街区的改造改建。二是制定公房整合利用配套政策。老城区有大量公房资源，但普遍存在年久失修、使用效率低、经济效益差等问题，急需在人员腾挪、承租年限、经营范围等方面进行突破，以整合资源实现集约利用。三是鼓励社会资本参与一体化运作。推广永庆坊历史文化街区的改造经验，通过让渡公共收益、出资购买服务等方式，引入社会资本参与设计、改造、建设、运营的全链条运作，实现改造项目的全生命周期管理。

（五）处理好尊重传统与适应现代生活的关系

一是在保持历史文化街区原有风貌的基础上，鼓励以适应现代生产生活需要为导向，充分挖掘其"教育""铸魂"功能，实现科学活化利用。二是针对现有历史文化街区建筑密度大的实际，建议系统研究交通等专项规划，充分运用智慧化手段，在历史文化街区构建以慢性系统为主的交通组织网络，打造"智慧绿色街区"。三是系统排查历史文化街区中的乱搭乱建与消防、电路等安全隐患，对街区进行必要的升级改造，改造完善水电、网络等现代生活必备设施，以便更好在利用中保护。

（赵宏宇，叶　平）

推进文化赋能城中村治理

【提要】文化是推进城中村"立心铸魂"的关键因素，以加强文化建设助推城中村治理是广州实现老城市新活力、"四个出新出彩"的内在要求。调研发现，现阶段广州城中村治理在文化建设层面未能进行深入挖掘和充分利用，文化建设的相对滞后已直接或间接地影响了广州城中村治理的精准化、精细化。建议：一是尊重不同群体间文化差异性，营造文化深度融合环境，形成治理共同体思想共识；二是重视居民文化需求，完善公共文化设施网络，形成均衡性文化服务供给平台；三是扩大公共文化服务范围，形成准触及广覆盖共享格局；四是加强传统文化创新转化，形成乡村治理水平提升的内生动力；五是健全城中村文化工作机制，完善城中村文化治理体系。

广州城中村治理先后经历了政治治理、经济治理、环境治理等阶段，在完善领导体系、规范集体经济、改善村容村貌等方面取得了一定成效，但是当前城中村治理依然存在诸多痛点难点，投入成本高但收效甚微，治理成果难以长效为继，长期成为广州城市治理水平提升的制约瓶颈。当前应抓住广州开展党建引领城中村治理专项工作的契机，结合实现老城市新活力、"四个出新出彩"的工作目标，推动城中村实现从"塑形"向"铸魂"的理念提升和治理转型。番禺区共有城中村100条，涉及15个镇街，709个基础网格，130万左右人口，城中村数量位居全市首位，涵盖了广州城中村各种类型的突出问题和矛盾。为此，课题组选取番禺区20个城中村开展了实证调查和问卷调研，就加强广州城中村文化治理提出建议。

一、影响广州城中村治理成效的文化归因

（一）城中村社区共同体意识淡薄

一是来穗人员的"客居"意识降低了其参与治理的积极性。番禺区城中村户籍人口26.1万，登记来穗人员100余万，约占总人口的79.4%。来穗人员作为城中村居住人口的主体，理应成为基层社会治理的中坚力量。城中村治理好不好，一定程度上取决于来穗人员的参与度。但总体上看，来穗人员参与意识弱，参与水平低。关于"您是否愿意参与村居治理"的调查显示，"不愿意"的比例为38.6%，人数较多。其中"不愿意"的原因有27%的人选择"我不是本地人，治理好不好与我无关"，45%的人选择"治理是村居、政府等的事情"。一些来穗人员在接受访谈时表示："来穗打工主要为了挣钱，几年后还得回家乡，这边的成果自己也享受不到"。二是相同来源地的来穗人员高度集聚，形成老乡会等亚文化群体。据课题组不完全统计，在番禺区100条城中村中，有17条"同乡村"。不同群体在生活习惯、语言等方面的差异，导致治理力量的分散化和碎片化，既影响了其参与属地社会治理的积极性，也容易滋生城中村内不同亚文化群体的矛盾，甚至在一些城中村演化为群体性斗殴等恶性事件。

（二）城中村公共文化设施供需关系失衡

一是公共文化设施种类相对单一，难满足群众多元文化需求。城中村居住的来穗人员不少是年轻人，对公共文化设施的需求倾向于体育艺术类。在关于"最倾向哪一类公共文化设施"方面，18～35岁的调查对象中有70.2%选择"体育类"，但是目前城中村公共文化供给与群众需求存在信息不对称、空间和资金不足等问题，导致城中村的体育设施种类少，且功能单一，主要偏向儿童和老年人，受年轻人欢迎的篮球场等休闲娱乐供给相对短缺，而政府建设的综合性文化服务中心的知晓率、利用率却相对较低。问卷调查显示，在来穗一年内的X村55名受访人员中，70.9%的受访者不熟悉村的基本情况以及有关文化设施。二是公共文化设施服务时间不够优化。番禺全区包括城中村在内有275个村（社区）建有综合性文化服务中心，其中90%以上城中村综合性文化服务中心开放时间与群众工作

时间相冲突，开放时间一般从上午9：00到下午17：00，导致设施利用率低。受访居民选择"很少去"的占比高达68.2%，一些受访对象不知道文化服务中心能提供什么服务。

（三）城中村公共文化活动覆盖面不够广泛

一是文化活动的组织者、参与者和受益者主要是本村村民，无法覆盖到居住在本村的外来人员。调研发现，城中村的公共文化活动的时间多在传统节日开展；活动内容主要是传统民俗节庆活动，如端午节赛龙舟、清明节祭拜等活动；组织形式大多是小众的、本地化的私伙局等。二是日常的文化活动形式单一，主要为自发组织的广场舞，参与者多为中老年群体，外来人口、年轻人群较少参与城中村公共文化活动。番禺区X城中村150名外来人口（包括农民工、刚毕业的大学生、白领等）中，有69%的人表示"很少参加"，闲暇时间主要用于打游戏、玩牌、上网等，这也导致城中村"网吧""KTV"泛滥，缺乏文明健康生活方式。尤其是城中村有关青少年健康有益的文化活动开展不多，很多学生在课后都沉迷于网络和游戏，这在来穗青少年中表现得更为突出。

（四）传统宗族与乡约文化的治理功能发挥不足

一是宗族文化的治理功能有待提升。问卷调查表明传统宗族观念在处理村务等方面会产生重要影响。针对"家庭或者家族矛盾纠纷时，最希望由谁出面解决"的问题，28.8%的人选择"家族长辈"，24%的人选择"亲属亲戚"；在基层干部选举中，城中村（含单姓、杂姓等村）村民首先考虑选举"本族本姓人"的占比34.9%。可见，传统宗族文化存在两面性，利用得当可以在城中村治理中发挥正面作用，但基于利益关系，强势宗族也会对村务决策等方面存有压力和潜在的危害。二是规约文化在城中村治理中的引领和约束作用不突出。目前城中村都已普及了村规民约，但是很多城中村的村规民约内容相对空泛，针对性和可操性不强，普遍出现"上墙"和"落地"两张皮现象，尤其是对居住在村内的外来人员更加缺乏约束力。

（五）城中村文化治理体制机制存在短板

一是议事决策机制不健全。城中村公共事务的决策参与人员主要是本村村民，没有充分发挥来穗人员的参议作用。二是需求表达机制不完善。政府在基层公共文化服务的"供给对象、供给内容、供给数量"等方面缺少高质量的需求调研，且城中村来穗人员在需求表达上意愿不足。调研显示，来穗人员的需求表达意愿相对较低、表达渠道不畅通，缺乏有效的线上线下的信息反馈载体。三是人才队伍建设机制较滞后。城中村普遍缺乏文体专职干部和受过正规培训的文艺骨干，镇（街）一级素养高、业务强的文艺人才也十分稀缺，较难长期、持续统筹乡村文明的新风培育、城乡文明的实践融合和精神文明的深入创建工作。

二、破解广州城中村治理困境的文化对策

（一）营造文化深度融合环境，形成治理共同体思想共识

一是常态化开展来穗人员关怀关爱活动，增加广大来穗人员的归属感、幸福感、认同感。积极发动政法委、来穗办、卫生健康局、企业、镇（街）等利用重大节假日对外来人员开展走访慰劳、免费健康查体等活动，坚决杜绝以完成上级任务、指标等走过场的形式主义活动，加强平时本地居民与外来人员的互动，尤其是出租屋主和租客间的交流，增强外来人员社区意识。要注重发挥"来穗人员之家"在人文关怀、思想认同、心理悦纳等方面的融合融入作用。二是组织开展语言培训课程。推动镇（街）、村委会或居民所在单位免费开设本地人普通话学习班和外来人口粤语学习班，努力破除文化交流及共同治理的语言障碍。开通粤语学习微信公众号，定期推送学习视频、音频等学习资源。三是利用新时代文明实践中心（所、站）加强营造包容的文化环境，培育居民的现代公民意识。要在坚持尊重不同群体间文化差异的前提下，以形式多样的活动向来穗人员宣传岭南文化、民俗风情以及市情、区情、村情，形成文化新共识、乡里新共情、时代新风尚。

（二）完善公共文化设施网络，形成均衡性文化服务供给平台

一是科学调整公共文化场所开放时间。鼓励错时开放、延时开放、夜间开放，在公休日应当开放，在国家法定节假日和学校寒暑假期间应当

适当延长开放时间，探索建立24小时自助图书馆，保证居民能够充分享有公共文化服务。二是大力推广应用农村应急广播，传播公共文化以及政策法规等。目前广州市应急广播系统已建立1个市级平台、3个区级平台（番禺、越秀、增城）。番禺区已有16个镇（街）级应急广播播控平台、175个行政村级播控平台及525个广播终端。应急广播是最直接有效的宣传手段，要改变广播在文化宣传方面利用率较低的现状，充分发挥户外喇叭的舆论引导和文化信息传播作用，如日常文化项目通知和镇（街）、村（社区）公共文化设施信息等。三是补齐高质量文化体育设施短板。开展需求调研，构建需求清单，加大对居民倾向性的文化体育设施建设。鼓励和支持国家机关、企事业单位和学校免费或平价向公众开放其文化体育设施。采取购买服务、项目补贴、奖励等方式鼓励引导社会力量参与高质量公共文化设施建设。加强镇（街）、村、楼宇空间改造，形成街区文化空间、村居文化空间、楼道文化空间的"三维文化空间"。

（三）扩大公共文化服务范围，形成准触及广覆盖共享格局

一是开展本地村民和来穗人员的"融合·互动·共享"文化活动。联合村、企业利用节假日开展本地村民和来穗人员文艺体竞技的联谊活动，如篮球友谊赛活动。组织各类联欢晚会、民间艺术交流活动。二是开展提升来穗人员文化素养和技能的专项活动。可在城中村广场、空地等场所开展影片放映等活动，争取实现"一村一周一场"电影放映目标。在来穗人员居住地所在村开设一小时"夜间课堂"。重点邀请文化和三农专家、企业技术骨干等开展知识讲座和实操培训。定期举办各类人力资源招聘会，搭建企业和来穗人员供需见面平台。推动开放大学和镇（街）成人学校定期举办各类来穗人员就业咨询和技能培训活动，提供法律法规咨询、职业规划等就业服务和培训。三是丰富青少年文化活动。充分利用线上线下开展青少年尤其是来穗青少年的心理健康活动，通过专题讲座、互动交流等方式培养健康心理素质和文明生活方式。利用周末和寒暑假，联合镇（街）、村居、学校等开展青少年的"研学帮扶"活动和来穗青少年的"异地团圆亲子互动"活动。

（四）加强传统文化创新转化，形成乡村治理水平提升的内生动力

一是正确发挥宗族在治理中的正面作用。要强化党组织在思想、组织、人员等多方面对宗族力量的引领力，推动发挥宗族力量在治理中的约束功能、参与功能和组织功能，主要是加强宗族内部的自我约束、宗族与基层政权的协作、宗族参与本级村务的管理等。完善制度规范明确宗族参与乡村公共事务的范畴与权限，探索通过"乡贤工作室""乡贤智囊团"等形式推动宗族力量有序参与城中村治理。二是建立健全具有村域特色、务实管用的村规民约。结合城中村治理暴露的新老问题和难点焦点问题及时修订村规民约内容；将广州市新文明实践创建的内容纳入村规民约，健全村规民约监督机制和奖惩机制：强化"奖惩并举 以奖为主"机制，探索建立"正负清单的文明考核细则类"的"清单式"奖惩办法，如采取提醒警醒、罚款、通报批评等细则和清单评选文明户等级并进行相应的奖惩，强化村规民约与股份分红挂钩，制定出奖股和扣股细则；强化政府在制定和落实村规民约的指导作用，如出台操作性强的村规民约指导性文件。

（五）健全城中村文化工作机制，完善城中村文化治理体系

一是完善城中村议事决策机制。发掘文化水平高、综合素质强、乐于奉献的来穗人员，作为代表列席村民代表会议、村民会议等参与城中村公共事务决策。二是优化需求表达机制。将居民的文化权益置于突出地位，加强公共文化服务供给的需求调研，构建"自下而上"和"自上而下"相结合的群众文化服务供给机制，确保精准供给。多渠道开展走访入户调查，收集群众需求；在城中村人流量较多区域设置公共文化服务需求意见征集箱，并通过出租屋业主将提前制作好的需求调研表或意见征集表发放给租客；开通微信、电话收集群众需求。三是有效发挥镇（街）文化站的阵地作用，适当引进一定数量的文体工作者，加强对城中村公共文化服务的指导。

（彭小杰，段秀芳）

中国式现代化范式中的
广州文明传播力影响力提升策略

【提要】以中国式现代化引领中华民族的伟大复兴，讲好中国式现代化的故事是重要一环，更是在世界多元文明格局中彰显中华民族现代文明的关键所在。在跨文化、跨国界的文明互动和文化传播过程中，将城市作为主体开展国际传播，是更聚焦于微观叙事，更容易打动人心的战略选择。广州作为超大型城市和国际一线城市，既有讲好中国故事彰显中国式现代化成就的内容储备，又有国际交往经验丰富与国际级传媒集群成熟的基础优势，要不断增强文化自信、树立战略意识，激活发展潜能，在讲好中国故事，彰显好中国式现代化成就方面发挥领头羊和火车头作用。

中国式现代化，是中国共产党领导的社会主义现代化，既有各国现代化的共同特征，更有基于自己国情的中国特色。作为从"全球西方化"范式中突围而出的中国式现代化，是中国共产党领导中国人民独立自主探索开辟出来的、不同以往的现代化新范式，蕴含着以人民为中心的发展思想和以构建人类命运共同体为愿景，计利天下、互利共赢的中国智慧和伦理价值观。增强中华文明传播力影响力，是为中国式现代化提供文化软实力支撑，为实现中华民族伟大复兴的精神力量的关键所在。

一、促进中华文明传播力影响力与中国式现代化的耦合发展

在自信自立中探索开辟出的中国式现代化，是人类文明新形态最具象化的呈现。在新时代新征程上，中国共产党立志于中华民族千秋伟业，致

力于人类和平与发展崇高事业，必然要突破国际传播格局中的西方话语体系和叙事框架，讲好中国共产党何所为，讲明崛起中国将何为，讲清中国式现代化何所能，让世界知晓中国式现代化已取得的成就，理解中国式现代化对于探索构建人类文明发展互动新路径所作出的努力，归根结底，认同中国共产党作为中国发展力量之源对中华民族和全球各国所作出的巨大贡献。党的二十大报告首次将增强中华文明传播力影响力单列专节论述，彰显出以习近平同志为核心的党中央，在全面建设社会主义现代化国家开局阶段的关键时刻，对进一步提升中国国际形象，持续增强中华文明传播力影响力所赋予的战略定位。

增强中华文明传播力影响力，就是以"文明中国"彰显中国式现代化的历史渊源、理论内涵。近年来，伴随着文化自信自强，关于"中华文明"的宏大叙事已经逐渐开始由东方主义话语体系下的"汉学"向具有本土意识、重视多元价值的"中华文明"的转向，习近平总书记在更明确提出了"中华民族现代文明"的这一重要理念。这在本质上改变了近百来不同文明与中华文明，尤其是以"盎格鲁—撒克逊"族群为主的欧美文明集群与中华文明的交往模式。长久以来被他者所想象和描述的中国，开始在国际舆论场上主动构建自身真实、全面的景观，被形塑了近一个世纪的中国，在提升自身传播力影响力的过程中，承担着"破旧"与"立新"的双重任务，不同于先破旧后立新的串联式发展过程，在推动中华文明传播力影响力提升的过程中，破旧立新两者之间呈现出并联式发展的状态，这与中国在"把失去的两百年找回来"的发展路径一脉相承。因此，破旧立新的并行化模式也勾勒出了两条相互耦合但差异显著的传播立意及其所衍生出的不同模式。从"破旧"来看，主要立意于破解国际舆论场上基于西方中心主义构建的中国想象及其背后蕴含的意识形态对立。从"立新"而言，则更倚重以新中国建设发展成就塑造四个"大国形象"，展现"可信、可爱、可敬"的中国形象。"破旧"型的国际传播立意于关注国际舆论环境的政治化与对抗性特质，将重心聚焦在破解以美西引领的国际舆论格局和叙事框架，更加重视运用政治化信息实现辟谣、对冲、劝服功能的强化。"立新"型的国际传播则更关注激活国际舆论环境的多元化与中立性特质，旨在以更丰富的文化交流破解因信息不全造成的误解，创造相互理解的国际舆论环境。在国际传播实践中，尽管破旧、立新两种传播路径相互耦合，但由于传播立意的差异，面对相同叙事，也时常形成截然相反的实践策略选择。对抗型斗争性的"破旧"与温和型交流性的"立新"谁是主流趋势的判断，决定了顶层战略设计和资源投入上的偏重差异。正是基于此，近年来，对于中华文明传播力影响力提升的相关理论研究和政策制定都愈加细致的通过国际受众分析、国际传媒报道分析、国际传播效果分析等重视传播效果评估的实证研究来细化对国际舆论环境的剖析，进而推动复合性国际传播路径的设计，进一步孵化出具有中国特色的多元主体立体式国际传播战略雏形，提出由党委组织领导，全体党员干部参与，推动相关资源投入到国际传播参与主体多元化、主体关系协作化以及协作过程全面化、动态化、可持续化的建设中。中华文明的传播力影响力的提升，不仅是中国对旧有全球传播霸权和话语结构的突破，更是通过在现有叙事结构中理论视角构建文明传播的中国理论范式和话语体系，为多元文明在国际舆论场上的浮现、共存，叙事框架构建，发展路径选择所作出的生动实践，进一步彰显了中国发展本身就是对世界的最大贡献、为解决人类问题贡献了智慧。

二、以城市传播视角构建中国式现代化成就的国际叙事体系

在中华文明传播力影响力提升的多元主体立体式国际传播战略布局中，城市传播的重要性与日俱增，城市传播是更聚焦于微观叙事，打动人心的国际传播范式。中国的国家形象作为高层次的抽象意识，本质上是中国客观现实的主观映像，任何脱离现实的形象传播都难以持久，中华文明传播力影响力提升的传播立意和路径选择上，城市传播作为主体、场域和路径相融合的范式，具有重要意义。人类现代化的进程，在很大程度上就是城镇化的进程。我国五千多年的悠久文明，城市是一个主要载体。从增强中华文明传播力影响力的角度来看，面向以优质内容和技术为支撑的国际传播领域，城市作为聚合了信息传播空间、媒介技术中枢和文化互动与

认同形塑的综合性场域，既是丰富的内容库，又是拥有成熟技术积累、丰富人才储备的渠道端，提供国际传播的可对话性，必然成为增强中华文明传播力影响力的主路径。

将城市作为国际传播的重要切入点，也是将传播立意谋定于"文明交流"的维度。以城市为范式所开展的文明交流国际传播最初的起源是一脉相承且同向而行。城市是工商业发展的结果，大量交易活动及商贸信息在其间聚合。商贸活动需要以交易信息为支撑，因此，在跨区域商贸活动中，通过城市这个信息中枢获取相关信息是最高效的选择，这也是近代国际传播最早起源于跨国商旅团所制作的商贸通讯的重要原因，而差异化的文明形态和文化习俗作为影响商贸活动成功与否的关键因素，也逐渐成了商贸资讯中重要组成部分。尽管伴随着人类交往、文明互动和国际局势的纷繁演变，国际传播已经不再仅仅是为满足商贸活动需要而开展的信息互动，但是，城市作为特定行政区域，往往是国家这一宏大叙事中更加微观的组成部分，其传播立意往往以文明交往、信息交流为核心，这就使得基于城市层面所开展的国际传播活动能够在复杂的国际舆论环境中拥有更加灵活的传播策略设计和传播主体定位，伴随着城市规模不断扩大，集聚效应持续增强，城市作为国际传播中的范式，其重要价值不降反升。

在依托城市开展国际传播的过程中，也更应该重视超大、特大型城市和区域中心城市的关键作用。早在2007年，学界就在"城市发展指标体系""城市综合竞争力指标体系""智慧城市指标体系"等城市能级评估指标体系的基础上，进一步提出了"可沟通城市"这一新维度，强调城市应该为其居民提供传播活动的机会。城市基础设施建设应该能够有助于信息在城市中的传播活动，并逐渐形成了"城市传播"这一专门研究领域。在推动中华文明传播力影响力提升的时代任务中，超大、特大型城市和区域中心城市的引领力必然更加突出。首先，超大、特大型城市和区域中心城市是中国式现代化建设成就的最具象的呈现，丰富的城市风貌、人文景观是具有跨文化可沟通性、可传播性的重要符号化内容。其次，超大、特大型城市和区域中心城市也是全国、区域范围内的信息、传媒、技术、人口集聚中心，更成熟的技术支持，更完备的信息处理能力，更广泛的国际交往路径，都使城市具有开展国际传播的资源储备和渠道优势。

近年来，越来越多的文明传播的理论研究与实践活动都开始更重视反思不同城市文明形态在传播互动中对构建全球化、本土化和全球本土化等文明互动关系的作用，尤其重视城市风貌、历史习俗等多元文明形态的差异化价值，这为走中国道路创造城市文明新形态的新时代故事奠定了基础。

三、在城市文明传播力影响力模式创新中探索形成"广州模式"

新时代意味着新理念和新作为，增强广州文明传播力影响力，既是广州服务于国家战略的重要组成部分，也是广州谋求更高质量发展的必要之举。广州拥有深厚的历史文化底蕴和丰硕的当代发展成就，2023年4月，习近平总书记在广州与法国总统马克龙进行非正式会晤时指出："了解今天的中国，要从了解中国的历史开始。"作为中国唯一开埠千年从未闭关的沿海城市，广州也历来是国内外信息流动的重要节点，"广州是中国民主革命的策源地和中国改革开放的排头兵。1000多年前，广州就是海上丝绸之路的一个起点。100多年前，就是在这里打开了近现代中国进步的大门。40多年前，也是在这里首先蹚出来一条经济特区建设之路。现在广州正在积极推进粤港澳大湾区建设，继续在高质量发展方面发挥领头羊和火车头作用"。讲好广州以人民为中心的发展之路，就是讲清中国式现代化成就和中国故事最鲜活的案例之一。

作为超大型城市和国际一线城市，在提升城市国际传播力影响力方面，广州肩负着不可推卸的责任，也具有良好的基础。从2010年广州市委在亚运会举办前夕在全市开展"城市形象大讨论"，到市委、市政府明确将2018年确定为"城市形象国际传播年和国际品牌提升年"。从主办《财富》全球论坛，到吸引"读懂中国"国际会议落户广州。从本地传媒集团悉心打造的GDtoday等外宣媒体，到广州市新闻发布会品牌化建设。十余年间的积极探索和经验总结，促使广州市委、市政府层面已经构建出了较为体系化的国际传播模式，也取得了诸多成果。但是，在以广州作为人类城市文明发展新形态为立意考察广州文明传播力影响力时，会发现在广州文明形象的传播符号和叙事构建存在不自觉弱化广州价值的情况。具体来看，在国际舆论场上，广州主要以"宜业商都"的形象出现，城市经济、营商环境是城市国际形象中的主要叙事，由经济数据、基建数字所构建出的"数据广州"强化了广州作为其他国际先发城市追赶者的形态，弱化了广州在历史与现代、物质文明与精神文明、城市建设与生态保护、人民生活品质提升等诸多方面协同发展成就的"价值广州"形象，也极少在国际传播理论和实践中将广州作为城市文明发展范本来进行比较研究。广州作为国际一线城市、国家中心城市，不仅是改革创新前沿地，更探索出五位一体协同发展的城市文明新形态，是中国共产党走中国式现代化道路建设成果的典范。增强广州文明传播力影响力，就是将广州作为具象化的符号去"转喻"中国式现代化的内在逻辑和实践成果，让外界以广州为媒，对中国道路、中国方案对人类文明与世界文化的贡献形成直观认知。

在新时代新征程上增强广州文明传播力影响力，要树立对广州城市文明高度的自信意识。以坚定的文化自信看待广州文明发展成就，将广州的国际传播立意于担当中国式现代化城市范例的定位，立足广州城市文明特质来构建城市文明传播力影响力提升策略，跳出美西涉华叙事的框架，避免应对式、追赶式的传播逻辑构建，让世界在广州读懂中国发展模式和中国共产党。新时代广州城市文明形象的话语体系构建重心，在于补齐广州改革开放以来实现经济建设、人文氛围、生态环境均衡发展成就的叙事框架和符号体系，先行先试探索出中国超大型城市文明形象提升的广州模式，实现以广州为生动案例讲好中国式现代化内涵与前景的时代使命。在新时代新征程上增强广州文明传播力影响力，要进一步增强以城市国际形象建设为广州谋求更高质量发展提供文化软实力支撑的战略意识。当前，国际之间、城市之间的竞争更加复杂激烈，随着以价值理念、城市精神为核心内容的文化软实力竞争加剧，增强广州文明传播力影响力，进一步扩大广州城市品牌的国际影响力范围，就成为广州壮大整体实力和提升竞争力的关键之举。广州必须形成与国际同等城市地位相匹配的文明传播力影

响力，谋求更大范围内的城市品牌与城市价值认同，吸引更多优质人才与资源，在大国博弈、大城竞争中为广州吸引投资、促进消费、推动出口构建更基础的战略优势。

在新时代新征程上增强广州文明传播力影响力，要进一步激活广州推动国际传播提质升级的潜能，聚焦于以下三个方面开展工作：一是重视市属主流媒体的国际传播能力建设，媒体传播能力是一个国家或城市国际传播能力建设的首要任务，因此，广州既要激活一报一台擅长国际传播的历史优势，也要发挥地域优势，协调好市辖省属媒体，联动资源，建设好地方国际传媒集群，发挥好主流媒体的专业能力，制作优良作品，拓展媒介渠道，讲好广州故事。二是联动好多元力量。重视整合运用人际传播、事件传播、组织传播等方式，持续加大对国际交流计划的支持力度和国际级活动的创办、引进力度，进一步发挥国内外意见领袖、国际级城市事件所形成的传播热点效应。三是重视面向"双圈"精准传播。遵循文化跨度和信息可达性的亲疏远近原则，以文化亲缘圈和地缘邻近圈为优先传播对象，增强传播素材组织形式与目标受众的匹配性，精准设计传播内容，科学评估传播效果。

（葛思坤）

借鉴先行地区经验
推动广州"非遗"助力乡村振兴

【提要】乡村振兴，既要塑形，也要铸魂。深入推进广州非物质文化遗产（以下简称"非遗"）的保护传承和开发利用，是实施乡村振兴战略的应有之义，也是推动广州乡村全面振兴的重要抓手。目前，广州非遗助力乡村振兴存有四大问题：一是乡村非遗项目开发同质化现象严重；二是乡村非遗产品的品牌意识和推广传播能力普遍薄弱；三是非遗传承人才后继乏人；四是受原材料和生态环境影响部分非遗项目存续艰难。借鉴先行地区成功实践经验，建议：一是强化非遗发展与乡村振兴战略融合；二是推动非遗项目与乡村产业发展融合；三是加大非遗人才培养与乡村劳动力就业融合；四是深化非遗传承与文明乡村建设融合；五是扩大非遗赋能乡村振兴的朋友圈和影响力。

乡村文化振兴，是实施乡村振兴战略应有之义。习近平总书记指出，我们要深入挖掘、继承、创新优秀传统乡土文化，要让活态的乡村文化传下去，深入挖掘民间艺术、戏曲曲艺、手工技艺、民族服饰、民俗活动等非物质文化遗产。广州乡村非物质文化遗产项目数量多、类型丰富，涉农区几乎是村村有非遗，全市至少有49项非遗项目分布在镇街和村，占广州市级非遗代表性项目总数的42%，广东醒狮、扒龙舟、粤剧在广州乡村分布非常广泛且存续良好，是村落内部文化认同和村落间和谐相处的纽带。2021年8月，中办国办联合印发《关于进一步加强非物质文化遗产保护工作的意见》，明确提出，要将非物质文化遗产保护与美丽乡村建设、农耕文化保护、城市建设相结合，保护文化传统，守住文化根脉。近期，课题组前往花都、从化、增城等区调研，深入调查乡村非遗保护和发展情况。结合调研成果，借鉴先行地区成功实践经验，对进一步推进广州非遗赋能乡村振兴提出建议。

一、先行地区非遗助力乡村振兴的成功模式

近年来非遗进乡村如火如荼，不仅为非遗的传承发展培植了深厚的沃土，而且为乡村振兴提供了鲜活的资源。从各地实践中，可以归纳和总结出以下三种典型模式。

（一）"非遗+旅游"模式：以贵州丹寨为例

疫情使各地旅游业遭受较大冲击。但在贵州，以非遗为主题的丹寨万达小镇却成效斐然。2021年春节假期丹寨小镇吸引了超28万人次旅游，2022年春节丹寨万达小镇客流接待量位居全贵州省第一。截至目前，小镇已累计接待游客2000万人次，带动全县旅游综合收入超过120亿元，"非遗+旅游"成为丹寨新型支柱产业，更成为吸引年轻人回乡的动力。究其原因，正是由于丹寨积极推动丰富的非遗资源商业化发展。小镇将7项国家级、17项省级非遗全部引入，包括石桥古法造纸、苗族锦鸡舞、苗族蜡染、芒筒芦笙祭祀乐等，此外还包含斗牛、斗鸡、斗鸟三大斗艺场馆，造纸小院、蜡染小院、鸟笼主题民宿小院三座非遗小院，以及锦鸡、鼓楼、苗年、尤公四大民族文化主题广场等特色民族文化产业，以体现本地苗侗文化为主，经营业态中非遗产品占比超过70%。自2020年起，"中国丹寨非遗周"成为国字号非遗品牌活动。

（二）"非遗+传统工艺"模式：以四川道明竹艺村为例

作为近年来乡村振兴的一个典范，四川省道明竹艺村不断深化非遗保护和传承，以国家级非遗代表性项目道明竹编为核心，将竹编产业、特色农业、休闲体验、文化创意及美丽新村建设相结合，将整个竹艺村建设为以竹编为生的艺术村落。竹艺村中86户人家住着291位原居民，几乎人人都会编竹编，村中的竹里、第五空间、竹编艺术坊等点位成为网红打卡地，且竹里荣登艾特奖2017全球获奖榜单——最佳文化空间设计奖，并

启动了"Dou in竹艺村"，开展道明竹编非遗传承人新媒体培养计划，让"村民带货"成为地方经济发展的新引擎。在2020年，道明镇竹编产业创收超过1.3亿元，"卖竹编"卖出了近3600万元，接待游客62.2万人次，旅游综合收入1.9亿元，村民人均可支配收入显著增加。2021年，道明竹艺村被认定为国家AAAA级旅游景区。

（三）"非遗+传承主体"模式：以广东韶关为例

非遗传承人是非遗技艺活态传承的关键所在。在拥有丰富的自然资源和深厚的人文资源的粤北名城韶关，保护非遗的关键在于保护非遗传承人。韶关积极搭建平台，传承人与企业实现无缝对接，仅2019年就促成非遗项目合作订单100多个，销售额高达600万元，极大增强韶关非遗项目的品牌名度，推进产品的市场转化。通过设立乳源瑶绣非遗工作站，组织瑶绣培训班活动，培养了98位有高刺绣技能的瑶族绣娘，使得农村绣娘月收入近3000元，直接带动当地农民年增收300多万元。2021年，韶关乳源瑶族刺绣工作站成功申报为省级非遗工作站。同时，韶关组织非遗游、研学游等系列措施对农村贫困传承人进行重点帮扶，通过组织培训，提升传承人讲解能力，帮助传承人设计趣味性的体验、互动环节，设计相关材料包、简易工具、小礼品等，并制定补贴制度，对参与非遗游活动的传承人进行补贴，提高传承人的参与积极性，帮助农村贫困传承人致富。

二、广州非遗助力乡村振兴的模式和不足

（一）广州非遗助力乡村振兴成效较为明显，形成了一批典型模式

近年来，广州非遗助力乡村振兴取得了长足发展，形成了一批典型模式，但对标国内先进地区，仍然存在一些不足，非遗助力乡村振兴仍待提升。

1. 广州"非遗+异地帮扶"模式

广州作为经济强市和非遗资源大市，探索出了非遗助力其他地区精准扶贫的一系列经验。在广州承担的新疆疏附，西藏波密，贵州安顺、毕节、黔南，黑龙江齐齐哈尔，重庆巫山，省内的清远、梅州、湛江等众多

对口帮扶工作中，非遗起到助力作用。例如，醒狮扎作市级传承人陈金明以一己之力，传授河源市和平县林寨镇12个村的村民狮头扎作技艺并实现脱贫；荔湾区非遗协会利用贵州惠水县枫香染、手织布、苗绣等非遗资源制成了公仔虎衣服或围裙，开发了对口帮扶地区惠水县的文创产品"粤贵虎"等。以广州市非遗扶贫为例醒狮扎作市级传承人陈金明助力乡村振兴的案例，被央视网作为"乡村振兴之星"专题发布。

2. 天河区车陂村"非遗+基层治理"模式

作为典型"城中村"的广州天河区车陂村，积极探索"党建引领+龙舟文化+社区治理"的社区传承非遗模式，以龙舟为媒，以文化为纽带，推动基层党建、社区治理、文化传承等协调发展。车陂村创造"一水同舟"社区品牌项目，建立文化—环境双保育模式，将传统龙舟文化与水资源保护有机结合起来，12支龙舟队伍转化为护河志愿者队伍，在文旅节庆活动、龙舟训练体验等日常生活中强化河涌保护工作，在传承扒龙舟的过程中将河涌保护、垃圾分类的通识教育作为"必修课"，将环境保护与非遗传承代代相传，推动实现"水清岸绿景美"，入选全国治水典型案例。为了让车陂龙舟以更丰富的形式发展传播，车陂通过"八个一"（"一馆""一节""一剧""一曲""一视频""一项目""一电影""一动漫"）的活化成果，将一座自然村创设为龙舟民俗文化的集中展示窗口，全面提升车陂龙舟文化的品牌影响力，让龙舟民俗文化成为社区生活的重要内容。2022年，车陂"一水同舟"项目获评2022年广州市公共文化服务高质量发展创新项目。

（二）广州非遗助力乡村振兴存在的问题

与国内先进地区相比，广州乡村非遗项目的传承保护发展也存在一些不足，在乡村振兴中的作用发挥尚不尽如意。

1. 乡村非遗项目开发同质化现象严重

由于当代交通、信息、市场的高度共享，使得产品相互借鉴模仿的可能性更高，某一产品一旦成为"爆款"，当地就会出现大量盲目跟风模仿，严重扰乱了市场秩序，影响非遗产业健康发展。很多非遗文创产品大同小异，缺乏创意，附加值低。比如广州非遗文创产品大都是大同小异的书签、笔记本、挂饰、抱枕、箱包、冰箱贴等，将非遗形象简单地"粘贴"在这些物件上，而缺乏对非遗特质和文化深入的发掘和转化应用。在一些乡村旅游地，乡村餐饮呈现扎堆现象，如增城正果老街的正果云吞、沙湾古镇的姜埋奶等，但还有许多技艺难度更高更美味的其他本土美食，却没有被发掘和展示，缺乏市场知名度。

2. 乡村非遗产品品牌意识和推广传播能力普遍薄弱

乡村相当一部分非遗的核心，在于其传统手工工艺具有工业化生产不能替代的特性。一方面，有的非遗产品片面强调自己的手工制作而忽略产品进入市场的标准，特别是达不到食品安全标准；另一方面，有的非遗项目一旦产品需求旺盛，马上用机械化工序代替手工制作工序，一定程度上丧失了非遗的品牌内涵。由于缺乏统一的规范引导，非遗传承人发布的视频内容质量参差不齐，画质背景音乐、特效、文字粗糙，产品误读和功效夸大解读。例如，广彩被很多宣传资料写作"广彩全称广州织金彩瓷"，这种不科学的错误介绍对非遗本身便构成了一种曲解。再如有的凉茶饮料对治疗功能的夸大宣传，容易引起民众的信任危机，严重影响了产品的推广，损害了非遗的核心价值。

3. 非遗传承人才匮乏，传承主体缺失

非遗是以人为传承主体的活态的文化形态。在广州乡村，传统的非遗正在丧失对年轻人的吸引力，非遗传承人普遍呈现年龄偏大、缺乏新鲜血液、"后继无人"的困境。再者，由于非遗市场开发不充分，造成目前仅靠从事某项非遗传承难以带来良好的经济收入，一些传承人因此转行或开展其他副业，其后代出于经济等因素考虑也不愿意传承非遗。同时，受限于传统思想，一些传承人仍然存在"传内不传外""传子不传女"的保守意识，这在一定程度上制约了非遗传承的活力，造成培养传承人的选择范围日益狭窄，使得非遗助力乡村振兴工作中无人可用。

4. 受原材料和生态环境影响部分非遗项目存续艰难

一些非遗项目的衰落，并非出于自身发展原因，而是出于原材料、自然环境变迁等问题而存续困难。比如受自然环境影响较大的龙舟制作技艺，近年来随着环境改变，不少地区河道变窄、水质下降，龙舟活动受自然条件限制明显，龙舟生产厂家数量减少。香云纱由于面临原材料缺乏的危机也难以维系。与之类似的是，随着环境变迁，珠江口附近保留的正宗莞草越来越少，莞草编织技艺面临原材料缺乏的危机。

三、岭南非遗助力广州乡村振兴的对策建议

"十四五"时期是实施乡村振兴战略的关键时期，需要各方加大力度予以全力推进。我们从五个方面对岭南非遗进乡村促振兴提出对策建议。

（一）强化非遗发展与乡村振兴战略融合

一是建立市文化旅游部门、农业部门和区政府之间的协调机制，密切协作配合，定期统筹研究解决非遗发展与乡村振兴战略融合中遇到的重大问题。二是组织政府部门、文化旅游和农业专家、非遗传承人与高校、科研机构联合开展相关课题研究，为非遗发展与乡村振兴结合提供针对性的建议，促进相互战略融合。三是规范非遗的认定标准和保护机制，明确评审规范，避免非遗同质化发展，恶性竞争，扩大具有代表性的乡村非遗项目的影响力。

（二）推动非遗项目与乡村产业发展融合

一是引导旅游企业、非遗企业和传承人参与乡村振兴，积极推动外部资金、技术与乡村本地企业个人的合作，提高市场化运作水平，解决单单依靠乡村自身面临的资金、技术难题。二是积极培育"非遗+乡村旅游"新业态发展，把非遗项目融入乡村旅游景点、民宿、餐饮等旅游产业各领域，让非遗项目在农村地区焕发新的生命力，刺激城市居民对于周边游的需求和提升消费品质。三是加大"非遗+传统工艺"助力乡村农林渔的农副产品销售的力度，提高农副产品产值，促进生态农业发展。

（三）加大非遗人才培养与乡村劳动力就业融合

一是探索非遗职业化教育模式。加强非遗学科体系和专业建设，鼓励和支持高等学校、职业技术学校等教育机构设置非遗课程、建立教学和研究基地，鼓励社会力量举办非遗学校，培养、培训非遗人才，开展非遗传承、传播和科学研究工作。二是健全德技并修、工学结合的育人机制，实

行现代学徒制人才培养模式，传承技艺的同时培养学生的工匠精神，构建"人文素养+技术技能+职业态度"的现代师徒传习体系。三是通过传统美术、技艺类非遗进驻乡村，打通教学、培训、技能认证各环节，为乡村振兴培养一批"乡村工匠"，带动就业，助力非遗在乡村落地生根。

（四）深化非遗传承与文明乡村建设融合

一是保护非遗在乡村原有的文化生态和自然生态环境，尊重村民在非遗表达中的话语权，让非遗回归至人民生活中。二是以春节、端午节、重阳节、"文化和自然遗产日"等节庆为契机，加大在乡村举办各类非遗宣传展示活动的氛围，感知其内在的传统文化价值，把非遗活动与弘扬社会主义核心价值观，引导大众参与基层乡村治理的活动有机结合，让"非遗+基层治理"的车陂模式在文明乡村建设中落地生根。三是在乡村中营造浓厚的非遗氛围，利用灰塑、砖雕、木雕等岭南传统非遗元素装饰农村书屋、祠堂、主题广场展墙等公共空间，美化乡村环境，普及非遗知识。四是将公益非遗活动作为农村公共文化服务的一部分，组织开设非遗体验课、非遗讲座、非遗表演等各种形式的公益非遗活动，满足农村居民的休闲生活需求，提升人民的生活品质。

（五）扩大非遗赋能乡村振兴的"朋友圈"和影响力

一是联合湾区城市策划以面向全世界宣传推广湾区非遗传承和乡村振兴成果的高质量文化影视作品，通过广州文交会、广州国际旅游展览会、深圳文博会、粤港澳大湾区工艺美术博览会等平台，展示大湾区建设成就，用非遗项目把乡村产业推广出去，走向世界。二是加大与湾区的非遗基因相同的乡村交流互动，解决广州部分非遗项目发展中面临的原材料瓶颈，推动龙舟等非遗项目共同水系环境保护，加强非遗资源融合发展。三是积极推广"非遗+异地帮扶"的广州扶贫模式，建立与对口帮扶地区的非遗保护协作机制，围绕资金、人才、品牌、设计、渠道、平台等资源的帮扶协作，开展产品联合开发、文旅融合开发，实现两地双赢合作。

（董　敏，刘　锦，李　杨）

加强"剧本杀"游戏的
行业监管和价值引导

【提要】"剧本杀"行业作为一种新兴行业，在快速扩张的同时也伴生了入行门槛低、审核把关缺失、版权保护不足、缺乏正确价值引导等行业乱象，在行业监管措施、管理规范等方面存在漏洞和空白，不仅很容易对消费者形成误导，把消费者的价值取向带歪，也妨碍了市场的健康发展。为此，建议：一是加强剧本剧情内容审核监管，突出红色基因、爱国主题、社会主义核心价值观等要素，用"剧本"形式讲好党的百年奋斗故事、传递中国精神和中国价值；二是加强对青少年群体的身心健康保护和价值引导，设立"剧本杀"专门版号，建立备案登记制度，实行分级管理，以更多正能量、高质量的剧本来满足青少年的需求，形成文化价值正向引领；三是创新监管方式，完善监管规则，依照《著作权法》加强对"剧本杀"原创内容的定性和保护，鼓励支持原创者积极维权，呵护"剧本杀"市场的原创力、发展力。

"剧本杀"游戏，这种起源于西方宴会中实况角色扮演的娱乐游戏，因其集推理、解密、心理博弈、社交于一体的优势现已成为青少年群体的一大消遣选择。据新华社记者在"大众点评"搜索"剧本杀"门店信息和艾媒咨询报告显示，中国"剧本杀"门店快速扩张，截至2021年底，广州接近2000多个，行业市场规模持续壮大。34%的玩家位于华东地区，有18.6%的玩家位于华南地区，预计2022年中国"剧本杀"行业市场规模将增至238.9亿元。虽然正能量的"剧本杀"对参与者释放精神压力、丰富想象力、加强人际沟通具有积极意义，但是往往由于市场需求驱动且内容疏于监管，如果参与者又没有一定辨别能力，例如未成年人沉迷其中，反而会造成参与者现实和剧情的角色混淆，产生心理问题，消解思想政治教育效能。近段时间以来，中央有关媒体连续报道了"剧本杀"行业的相关情况，呼吁加强"剧本杀"内容监管，重视对青少年身心健康、思想教育、价值导向的负面影响。

一、"剧本杀"行业发展脉络

"剧本杀"起源于英国角色扮演游戏——"谋杀之谜"。"谋杀之谜"是在欧美非常流行的派对游戏，在设定的故事背景下，派对宾客通过扮演角色、搜集线索、讨论推理等破解作案手法并找出真凶。

（一）行业萌芽

1980年，世界首个盒装"谋杀之谜"（涉及角色扮演）发行，这款游戏当年在游戏商店中创造了销量奇迹，从此"谋杀之谜"开始作为行业逐步蓬勃发展。当时游戏的剧本很简单，对角色扮演的要求很基础，需要依靠玩家在回应问题时进行即兴表演推动故事发展，玩家的表现决定游戏的好坏。

（二）行业引入

2013年，《死穿白》（*Death Wears White*）英译本引入国内，桌游玩家开始初步探索这种新型的娱乐方式，"谋杀之谜"游戏被国内玩家称为"剧本杀"。2016年3月，受国内有些综艺节目推动，"剧本杀"开始进入了主流大众的视野。

（三）行业爆发

2017年，国内"剧本杀"行业蓬勃发展。根据当年度工商局统计结果，2017年国内"剧本杀"注册店家数量破千，行业内各大剧本工作室、发行制作公司，线上APP公司陆续成立。2018年，日式变格剧本《羽生夜谈》，以其优质的代入感和独特的背景结合能力，成为当年度的现象级剧本，"剧本杀"APP也纷纷推出，同时明星资本又加入赛道，"剧本杀"行业迎来又一轮爆发，市场规模达到50亿元。

（四）行业洗牌

2019年，线上"剧本杀"开始行业内卷，规模较小的APP加剧淘汰，市场上只剩下"我是谜""剧本杀""百变大侦探""玩吧"等几家，至此线上"剧本杀"格局基本稳定，"剧本杀"线下门店开始激增。国内"剧本杀"实体门店数量已从2019年的2400家上升到2021年初的4.5万家，线下门店数量和市场规模迅速扩张。

二、"剧本杀"行业乱象

"剧本杀"行业是一种新兴行业，在快速扩张的同时也伴生了入行门槛低、审核把关缺失、版权保护不足、缺乏正确价值引导等行业乱象，在行业监管措施、管理规范等方面存在漏洞和空白。目前，除上海市文旅局拟对密室"剧本杀"内容实行备案登记制度外，其他各地对"剧本杀"行业缺乏有效的监管，行业仍处于自发自为、自觉自律的状态，不仅给消费者权益保护埋下了隐患，也妨碍了市场的健康发展。

（一）作品内容良莠不齐，少数作品为博取眼球、赚取经济利益，在故事和剧本中过度渲染色情、暴力等负面元素

一些"剧本杀"情节中含有色情、低俗内容，设计了不可描述的语言或动作，疯狂试探法律和道德底线。实际上，一些带"色"的"剧本杀"已经不仅仅是打法律"擦边球"，而是达到了淫秽物品的程度，对消费者尤其是青少年消费者产生负面影响。除了低俗，一些"剧本杀"还带有暴力、血腥、迷信、恐怖等特性，将家庭冷暴力、校园霸凌、PUA等社会问题融入其中，甚至篡改历史，抹黑英雄人物，违背了公序良俗和社会良好风尚，违背了社会主义核心价值观，释放出不健康、不友善、不文明、不阳光、不客观、不积极的反向教育信息，很容易对消费者形成误导，把消费者的价值取向带歪，尤其是对以18～28岁青年人为主，甚至很多十三四岁的未成年人的消费群体，他们大多处于一个"三观"正在完善期的时期，黄色和暴力会对他们的成长和心理带来许多不良的影响。

（二）知识产权保护缺失、盗版猖獗，创作者合法利益无法得到有效保护

"剧本杀"为很多文学爱好者提供了一个可以施展拳脚的舞台，但大量的劣质本涌入市场，导致"剧本杀"逐渐"变味"。由于"剧本杀"行业的准入门槛相对较低，作者的创作能力各不相同，一些发行者们更是以吸睛赚钱为主要目的，造成了市场上剧本数量虽多，但优质剧本仍然寥寥可数。剧本创作者之间不仅相互抄袭，还会抄袭现成的小说、影视剧作品。原创者的权益得不到应有的保障，影响了剧本原创的积极性，也制约了高质量剧本的产出，制约了"剧本杀"市场的"原料"供应。

（三）行业准入门槛低，经营管理乱象丛生

作为新兴产业，在性质认定、税务核算、劳动者权益保障等方面，都缺乏规范要求，还在一定程度上助长了"劣币驱逐良币"的行业扭曲格局，造成了市场上剧本数量虽多，但优质剧本仍然寥寥可数，从业者安全感缺乏。

三、对策建议

中共中央、国务院印发的《关于新时代加强和改进思想政治工作的意见》要求，坚持守正创新，推进理念创新、手段创新、基层工作创新，使新时代思想政治工作始终保持生机活力。"剧本杀"的形式新颖、灵活、生动，如能成为正确价值观的载体，引导玩家领略中华文明的魅力、思考更深刻的社会课题，在娱乐消遣中调动激发玩家的生活与工作热情，用年轻人喜闻乐见的方式传播正能量、正思维，不但可以进一步打开"剧本杀"行业格局与前景，而且还可以进一步提升新时代思想政治工作质量和水平，推动思想政治工作守正创新发展，构建共同推进思想政治工作新格局。

（一）加强剧本剧情内容审核监管，突出红色基因、爱国主题、社会主义核心价值观等要素，用"剧本"形式讲好党的百年奋斗故事、传递中国精神和中国价值

要对沉浸式娱乐行业的广大经营者全面开展内容安全、生产安全自查、自管工作，形成不踩红线、培育向上向善的沉浸式娱乐文化生态。严格制定科学的管理条例，参照影视剧监管模式，对"剧本杀"经营实行专项许可或备案制度，限制渲染暴力、色情等不良元素，加强对"剧本杀"内容的审核监管，并拉出"剧本杀"的正面清单和负面清单，划清"剧本杀"的营销底线，不允许含有负面清单内容的"剧本杀"进入市场，已进入市场的"剧本杀"，如被排查出有负面清单内容，则责令下架。

（二）加强对青少年群体的身心健康保护和价值引导，设立"剧本杀"专门版号，建立备案登记制度，实行分级管理，以更多正能量、高质量的剧本来满足青少年的需求，形成文化价值正向引领

日前，湖南省委有关部门推出了以《信》为主题的一个集家国情为主，杂糅亲情与爱情的情感本，以"剧本杀"这种极具特色的新颖形式，让参与者沉浸式地重温革命岁月，体验红色历史，让生在和平年代的新生代们在学习中忆往昔峥嵘岁月，以一种全新的主动式、探索式党建教育形式，为党史学习教育注入新活力。建议学习借鉴这一做法，结合广东的红色故事，特别是改革开放以来的党史学习，以更新颖、潮流的方式吸引青年学生主动走近历史，在沉浸式互动中感受中国共产党人的优秀精神品格和崇高理想信念。

（三）创新监管方式，完善监管规则，依照《著作权法》加强对"剧本杀"原创内容的定性和保护，鼓励支持原创者积极维权，呵护"剧本杀"市场的原创力、发展力

据了解，开办"剧本杀"门店的准入门槛较低，既没有前置审批条件，也不需要经过文化、公安等部门的内容审核。正因为这种模糊地带的存在，"剧本杀"处于野蛮生长的状态。因此，要健全监督管理机制，推行分级制度，建立配套的税务和劳动权益保护措施，引导从业人员合法报税、缴税，秉持正确的价值导向，给参加者赋以正能量，帮助玩家释放精神压力、丰富想象力、加强人际沟通，促进行业合法化、正规化发展。

（王 超，项 赠，宗 睿）

第四部分
现代服务业出新出彩篇

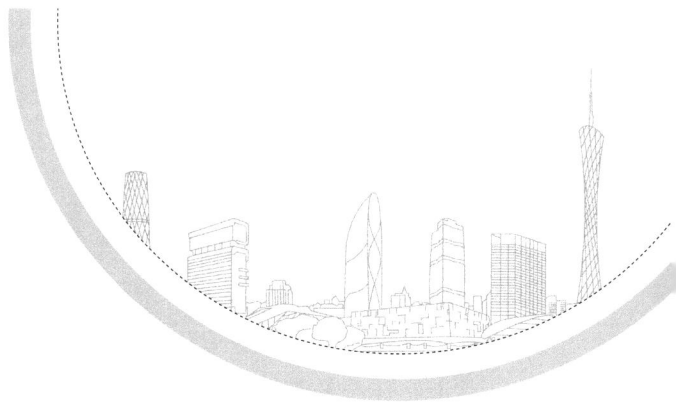

以高质量航运体系
助力广州汽车产业高水平走出去

【提要】汽车产业高水平走出去是广州面临的重大机遇和重要课题，通过出口带动内投增产有助于推动广州汽车产业高质量发展和经济运行整体好转。当前，国内现有车企出口生产基地基本都围绕上海、广州、宁波、天津等港口布局。广州作为汽车出口港同国内先进港口相比还存在差距，包括：引入国际航运巨头企业少、滚装船国际航线开通少、新增购买或租赁滚装船布局少、港口配套作业空间不足等。为此，课题组建议：一是加强与重要航运企业战略合作，打造航运服务功能集聚区；二是积极争取增加航线以及增加集装箱运输，加强广州港汽车运力保障；三是加快通用码头及配套设施建设，打造高效畅达的集疏运体系；四是创新航运金融服务，逐步完善相关配套支持政策。

汽车产业是广州的支柱产业，是坚持工业立市、实现高质量发展的重中之重。在国内市场需求不振、国际市场增长呈压的双重冲击下，广州汽车产业高水平走出去势在必行。然而，汽车产业高水平走出去离不开高质量航运体系的支撑，作为千年商都的广州应充分发挥港口经济优势，加快补齐短板，以高质量航运体系助力广州汽车产业高水平走出去。

一、高质量航运体系是汽车产业走出去的重要支撑

（一）广州汽车产业走出去势在必行

当前，走出去向外找空间成为汽车产业持续高质量发展的重要机遇。

2022年，全国汽车出口340万辆，同比增长55%，首次超过德国成为全球汽车第二大出口国，新能源汽车出口119万辆，同比增长190%。然而，和国内其他港口相比，广州港（含南沙和新沙，以下同）汽车出口约20万辆，远低于上海港（101.5万辆）；广州本土汽车出口仅约5万辆，远低于浙江（29万辆）、上海（117万辆）。据广州市统计局公布数据，2023年1～2月，受短期内面临高基数和传统燃油车市场需求收缩双重压力，主导产业汽车制造业工业增加值同比下降24.3%。高水平走出去成为促进广州汽车产业高质量发展、稳定广州工业大盘的重要路径。

（二）广州汽车产业走出去需要高质量航运体系做支撑

国内汽车出口有陆运、滚装船和集装箱等方式，因规模优势和成本因素，车企大多选择滚装船出口，主要出口港为上海、广州、宁波、天津等港口。当前，上汽、特斯拉、广汽、比亚迪、小鹏等知名车企都在加大走出去力度。上海在现有基础上大幅增加滚装船购置，进一步增强运力，打造汽车航运母港。深圳拟出台《打造世界一流汽车城规划》，成立推进汽车出口领导小组，加快推进深山合作区小漠港建设，加大滚装船购置力度，力争2023年汽车出口30万辆，打造汽车出口重要枢纽。广汽埃安将启动国际化战略，加速出口，力争2025年全球销量突破百万，2030年突破150万辆。广州汽车产业走出去战略正处在重要窗口期，更加亟须完善航运体系建设，助力汽车产业高质量发展。

二、广州市作为汽车出口港的不足之处

国内现有车企出口生产基地基本都围绕以上港口布局，滚装船公司汽车外贸滚装航线也优先选择在以上港口挂靠。据相关统计，2022年广汽出口汽车3.3万辆，从广州港出口仅约9000台，从上海港出口约1.8万台，从宁波等其他港口出口约6000台。同国内其他先进港口相比，广州港在航运企业引入、航线开通、作业空间类基础设施建设等方面还有很大差距。

（一）引入国际航运巨头企业少

目前世界前五大滚装船公司华尔威廉臣（总部位于挪威奥斯陆）、

日本邮船（NYK）、川崎汽船（Kline）、商船三井（MOL）、挪威礼诺航运（Hoegh）占据了全球92%的汽车运输份额。为拓展航运资源，上港集团通过参股、换股等方式，引入华轮威尔森、川崎汽船（Kline）和日本邮船（NYK）等国际汽车滚装船公司，并将上海港设定为汽车滚装船母港和始发港。广州仅实现了与日本邮船的战略合作，广州港集团、广汽集团、南沙港桥公司、日本邮船（NYK）分别持有南沙滚装码头公司45%、27.5%、15%、12.5%的股权，与滚装船巨头公司合作还有待加强。

（二）滚装船国际航线开通少

截至目前，上海港出口汽车品牌70多种，车辆类型涉及轿车、大型车、特种车等，出口国家多达70余个，拥有滚装船国际航线达80余条，遍布欧美、南美和东南亚。由于强大的航线优势和航运公司在滚装运输产业链中的强势地位，上海港成为中国东部甚至全国汽车滚装出口枢纽。天津、大连、青岛、宁波等地大量汽车自上海港出海，广州也有一定比例汽车从上海中转集拼。与上海港相比，广州港主要以内贸为主，拥有滚装船国际航线仅12条，主要面向欧洲、中东、东南亚、日韩等国家和地区，出海航线覆盖面远低于上海港。

（三）新增购买或租赁滚装船布局少

目前全球汽车滚装船数量共700余艘，国内滚装船数量约80艘，远洋滚装船数量仅10艘左右。受出口需求激增、运力有限等因素影响，滚装船租金不断提高。数据显示，2022年10月7000车位汽车滚装船一年期租金高达9万美元/天，比近两年低点翻了近8倍。航运大数据公司预计2023年汽车滚装船运费会继续增长，租金可能达12.5万美元/天，部分时段甚至达15万美元/天。为解决运力问题，国内车企相继推出滚装船购置计划。上汽集团与中国船舶集团签署协议，定制2艘7600车位的LNG双燃料远洋滚装船，预计2024年上半年投入运营。比亚迪打造6艘7700车位外贸滚装船，预计2025年下半年下水。中远海特计划订造或租赁15艘7000车位或以上的汽车滚装船，上海外高桥将获得3艘，预计2024年底下水，其他12艘下水时间未定。招商滚装最新订造了6艘9000车位远洋滚装运输大船，2艘预计2025年底交付，目前计划与深圳港合作下水。与上述地区相比，广州港新增滚装船的布局少，未来自主增加运力空间有限。

（四）作业空间不足制约集装箱汽车出口

由于汽车滚装运力严重不足，目前中远海运集团等综合性航运龙头企业，已开通集装箱运输汽车方式。在汽车滚装船运力紧张、运价高涨，集装箱运力富余、运价较低的窗口期，集装箱运输汽车是滚装船运力的重要补充。但集装箱运输汽车需要充足的港前装箱场地空间，要经过厂区装箱托运到港口再集中装箱，多次运输增加了成本。另外，新能源汽车在厂区装集装箱后运输到港按危险货物管制，运输成本会进一步提高。南沙汽车堆场面积有限仅60万平方米，远低于上海港（仅洋山港区堆场面积超过160万平方米），制约了集装箱出口模式。

三、加快完善航运体系助力广州汽车产业高水平走出去

（一）加强与重要航运企业战略合作，打造航运服务功能集聚区

一是充分发挥《广州南沙深化面向世界的粤港澳全面合作总体方案》（以下简称"《南沙方案》"）政策优势，通过互相参股、订单合作让利等方式，吸引具有国际影响力的航运跨国公司巨头、国际组织和功能性机构落户广州，逐步打造高端航运服务功能核心承载区。二是积极与中远海运集团、招商轮船等国内船运企业衔接，争取形成战略合作，共同开拓广州本地及华南片区新能源汽车的出口运输合作，尽快提升广州港汽车运力，努力将广州港打造成为立足华南、辐射西南、华中地区的汽车出口中心。

（二）积极争取增加航线以及增加集装箱运输，提升广州港汽车运力保障能力。

一是加快广州港滚装船航线开通。出台专项政策，扶持对内、外贸滚装运输航线，降低港口滚装运输的集疏港和港口作业成本，争取更多国际大型滚装船航线挂靠，持续提升广州港滚装船运力。二是鼓励广州港汽车集装箱运输。在大力拓展滚装船运力的同时，支持中远海运集团等重要航运企业开拓出口汽车集装箱运输，通过集装箱和滚装船并行的方式，助力

广州港加快提升汽车出口运输量，尽快推动出口运输形成规模。

（三）加快通用码头及配套设施建设，打造高效畅达的集疏运体系

一是规划拓展汽车运输配套堆场空间。以南沙港通用码头和南沙港五期建设为契机，规划扩建汽车滚装运输和集装箱装箱作业配套堆场空间，为集装箱运输创造条件。二是完善滚装码头相关设施建设。加快推进南沙港通用码头及南沙港五期前期工作，完善疏港铁路、公路等配套基础设施，逐步打造高效便捷的集疏运体系。

（四）创新航运金融服务，逐步完善相关配套支持政策

一是全面落实《南沙方案》，加快推动航运联合交易中心在南沙落户，不断吸引广州、大湾区乃至全球的航运服务要素在南沙集聚。二是发挥广州期货交易所属地优势，加快推进集装箱运价指数期货、集装箱运力期货等金融衍生品上市，提供精准有效的风险管理工具和价格参考，进一步提高我国在国际海运市场的价格影响力。三是大力发展船舶融资租赁，积极支持符合条件的融资租赁公司设立专业子公司和特殊项目公司开展船舶租赁业务。四是完善航运保险市场体系，建立具有吸引力和竞争力的国际航运保险、再保险业务支持政策体系，为汽车出口提供坚实保障。

（杨晓艳，周咨成，康达华）

做强市属金融机构
提升广州金融产业能级

【提要】金融业的高质量发展是城市经济活力的重要基础，而金融机构的建设是金融业高质量发展的重要环节。与全国一线城市和主要省会城市金融机构相比，广州金融机构发展中存在四方面问题：一是国家金融基础设施不足；二是国资金融力量分布分散；三是国资金融力量弱小；四是部分金融主体的流失和外资金融机构发展不足。建议：一是创新、差异化发展广州国家金融基础设施；二是整合国资金融力量，优化金融要素布局；三是重点吸引总部金融机构子公司和地区性总部。

实现现代服务业出新出彩是习近平总书记对广州寄予的厚望。金融业在现代服务业逐渐居于主导地位，并起着"基础设施"的作用。广州市2023年政府工作报告中提出"出台金融高质量发展政策体系，加大对金融业的扶持力度，吸引金融机构总部、区域总部、金融交易平台集聚发展"，为广州金融高质量发展提供了政策指引。本报告分析了广州金融机构发展的问题与不足，从如何做强广州市属金融机构，进一步提升金融能级提出相关的策略建议。

一、广州金融机构发展存在的问题与不足

（一）广州国家金融基础设施不足

国家金融基础设施是金融市场稳健高效运行的基础性保障，国家依托金融基础设施建立了金融交易的清算、结算和记录体系，在西方国家动辄

使用制裁的国际政治格局下，金融基础设施对于国家安全的重要性进一步凸显。北京和上海在金融业发展上的战略优势在于拥有较为雄厚的国家金融基础设施，深圳在国家金融基础设施建设上也在奋起发力。目前广州的国家金融基础设施薄弱，仅仅只有1家国家金融基础设施（广州期货交易所），远低于上海的9家（上海证券交易所、上海黄金交易所、上海期货交易所、上海保险交易所、上海国际能源交易中心、上海清算所、中国金融期货交易所、中国外汇交易中心暨全国银行间同业拆借中心、上海金融法院）和北京的6家（中央国债登记结算公司、中央证券登记结算公司、北京证券交易所、央行数字货币研究所、北京金融法院、国家金融科技认证中心），广州争取多年的大湾区国际商业银行正在推进中，尚未正式落地。国家金融基础设施的缺乏放大了广州市与北京、上海金融业发展差距，影响了广州金融要素吸引能力、服务能力、辐射力的提升，进一步制约了广州的高质量发展。

（二）广州国资金融力量分布分散

目前来看，广州国资金融企业分布比较分散，主要分布在广州金控、广州银行、广州农商行、越秀集团、广州城投和各区级金融控股公司等。从横向的国资金融企业分布所在行业来看，既有以广州金控、广州银行、广州农商行以金融为主业的金融机构，也有综合类集团的金融板块企业，如越秀集团下属的越秀资本，开发区投控下属的粤开证券。从纵向的分布层级来看，既有市属国资，也有区级国资例如开发区投控，国有金融资源布局分散，集中度相对较低，不利于金融市场发挥其聚敛和资源配置功能，造成需要集中金融力量办大事时遇到协调上的困难，难以汇聚成强有力的金融力量。

（三）广州国资法人金融机构实力偏弱

金融力量的分散对单个金融主体的功能和实力产生了影响，有限的金融力量分散在各处，从整体布局的角度是"散"，对金融主体个体的影响是"弱"。相比较上海的上海国际集团有限公司、深圳的深投控集团，广州市缺少具备广泛知名度、影响力、辐射力、引领力的核心法人金融机构。在金融的细分领域，尤其是银、证、保、期等主金融领域，像浦发银行、上投摩根基金、国信证券、深圳市高新投集团有限公司等细分金融业龙头机构也偏少。广州国资金融企业的个体实力偏弱，资本金规模偏小，广州的地方金融控股公司、券商和担保的注册资本（券商为资本金）在细分行业内仅为全国的第8名、第51名和第25名，其规模和影响力与广州在全国的城市地位、广州金融业发展的需求并不匹配（见表1）。

表1　各地地方国资金融机构注册资本概况及排名

	所在城市	上海	深圳	重庆	天津	太原	成都	武汉	广州	合肥
综合性金融控股集团	企业名称	上海国际	深投控	重庆渝富	天津泰达	山西金控	成都金控	武汉金控	广州金控	兴泰金控
	注册资本	300	280.1	168	110.8	106.5	100	100	96.8	70
	资本排名	1	2	3	4	5	6	7	8	9
券商	企业名称	国泰君安	国信证券	西南证券	渤海证券	山西证券	国金证券	长江证券	万联证券	国元证券
	注册资本	1046	759	158	187	133	210	274	98	205
	资本排名	2	8	34	29	41	26	18	51	27
担保公司	企业名称	上海浦东融资担保有限公司	深圳担保集团有限公司	重庆三峡融资担保有限公司	天津市融资担保有限公司	山西省融资再担保集团有限公司	成都市融资再担保有限公司	武汉信用融资担保（集团）股份有限公司	广州市融资再担保	安徽省信用融资担保集团有限公司
	注册资本	8	114	51	10	35.95	15	10	10.8	186
	资本排名	30	4	11	26	16	22	26	25	1

（四）部分金融主体流失

由于金融力量分散，部分金融经营的主体由于实力、经验和人才的局限，在经营金融上的战略定力不足，也引起了一些重要的金融要素流失。如中信证券出资购买越秀金控（现为越秀资本）下属广州证券100%股权，广州证券成为中信证券华南股份有限公司。对于越秀资本战略布局而言，出售广州证券一定程度上可分享中信证券的品牌效益、业务渠道和客户资源，但是广州金融业而言是流失了一家重要的国资金融机构，这对于持牌券商力量本身就比较薄弱的广州而言，是一个不小的冲击。

（五）外资金融机构发展不足

截至2022年5月末，外资银行在中国内地共设立了41家外资法人银行，116家外国银行分行和134家代表处，北京和上海依托自身发达的金融市场和基础设施布局，持续创新。例如上海支持外商投资支付机构申请取得支付业务许可证，推出航运指数期货、原油期权等国际化金融产品以支持更多境外主体参与上海金融市场业务等。对比之下，广州的外资金融机构规格和影响力不足。外资法人银行目前在广州的直属分行35家，但无一家外资法人银行总部在广州，国内9家外资控股券商中，4家在上海，4家在北京，1家在深圳，广州尚未实现零的突破。

二、提升广州金融影响能级的对策建议

（一）创新、差异化发展广州国家金融基础设施

考虑到上海和北京已有大部分金融市场基础设施，广州进行类似的重复建设难度较大。建议实现差异化发展战略：一是针对国内金融基础设施各系统之间的互联互通、与境外基础设施的互联互通、对多币种的支持、服务全球投资者等方面的短板，建议以互联互通为核心，实现支付系统、交易系统、登记托管结算系统等的互联互通，如数字人民币系统与香港本地"转数快"快速支付系统的互联互通，推动以人民币柜台对接港股通，让内地投资者可以不经过兑换直接投资港股，方便内地和香港两地居民能更便利、更普遍地使用跨境金融服务，促进提升粤港合作势能；如数字人民币系统与香港本地"转数快"快速支付系统的互联互通，推动以人民币柜台对接港股通，让内地投资者可以不经过兑换直接投资港股。二是探索建立新兴的交易基础设施，大力发展租赁资产、知识产权、文化艺术品、

应收账款、碳排放权、大数据、虚拟资产等交易。

（二）整合国资金融力量，优化金融要素布局

针对广州市国资金融存在"散、弱、单"的情况，建议采取"合、强、优"的应对策略。一是整合广州金融力量，以省、市龙头金融企业如粤财控股、广州金融控股集团为平台，通过资产置换、股权划入等形式，整合金融力量，改变目前金融机构分散的格局，打造广州的旗舰金融机构，提升金融经营主体的规模能级和影响能级。二是合理控制国资金融新设、新增机构，集中资源和力量做强存量。三是发挥市属国资联动效应，为金融企业服务广州实体经济创造更多的业务机遇，做优规模和效益。

（三）吸引总部金融机构子公司和地区性总部

在金融机构总部争夺日益激烈的格局下，将重点争取总部金融机构子公司和地区性总部作为工作重点。

一是支持全国性的银行、券商、保险、信托等持牌金融机构和全国性的交易场所在广州打造南方总部，发挥广州在粤港澳大湾区核心枢纽城市的作用，扩展持牌金融机构和全国性交易场所在南方地区的辐射力和影响力，进一步提升广州金融产业链的层次和城市竞争高度。

二是充分利用金融机构在二级市场估值不高的机遇，鼓励推动广州金融机构、政府引导基金和企业收购金融机构股权，丰富用于并购的金融工具，引导和鼓励引导基金和企业在并购中所获得的股权表决权和董事会席位委托给广州市国资企业，以集中和强化的股东意志在企业股东会和董事会发挥对金融机构的发展规划和战略布局的影响，引导控、参股金融机构将子公司、功能分部布局广州，尤其是发挥广州市金融市场规模大和大湾区金融市场互联互通先行先试的优势，引导金融市场、产品设计、资产管理等业务单元落地广州，从股权归属和要素地理聚集上提升广州金融的能级影响。

三是抓住香港北部都会区建设中金融配套设施北移外溢带来的机遇，发挥广州配套商业、生活环境、土地成本和人才优势，吸引金融机构子公司和功能性分部到广州尤其是南沙，争取和深圳竞争，推动汇丰银行全球培训中心等单位落地广州。

四是推动位于广州的外资法人银行广州分行定位与功能升格，发挥临近广州外资法人银行母行总部香港的优势，以广州为平台，鼓励和支持汇丰（中国）、渣打（中国）和恒生（中国）将广州分行升格为外资法人银行在中国的第二总部，以在穗外资法人金融机构的升格推动粤港澳大湾区金融市场互联互通，并提升广州金融在华南和全国的辐射能力。

五是为外资法人金融机构引入广州产业发展的机遇，支持香港私募基金参与大湾区创新型科技企业融资，允许符合条件的创新型科技企业进入香港上市集资平台。

（龙　潜，杨晓艳，杨　阳，李世兰）

推动广州基础设施投融资模式创新

【提要】近年来，地方政府专项债和政策性金融工具为基础设施重大项目建设提供了资金支持。但大规模专项债的发行已使广州市本级债务水平接近上限，且市政道路等非经营性项目资金来源少，基础设施建设资金供需矛盾凸显，主要体现在：一是基础设施总体建设水平存在差距；二是建设资金供需矛盾日益增大；三是社会资本参与难度大；四是大量存量优质资产价值未充分释放。为此，课题组认为广州亟须创新基础设施投融资模式，建议：一是全力争取国家各类政策性资金；二是加快基础设施产业发展基金落地实施；三是大力推进"轨道交通+TOD综合开发"模式；四是多措并举解决市政路桥类项目融资；五是完善投融资创新长效机制。

基础设施投资是经济增长的稳定器，是改善民生的助推器。党的二十大报告明确指出，"增强投资对优化供给结构的关键作用""构建现代化基础设施体系"。广州市提出2023年投资目标拟不低于1万亿元，其中基础设施和社会民生领域投资合计不低于3000亿元。然而，广州基础设施投资资金供需矛盾突出，亟须创新投融资模式，积极引入社会资本，加快推进白云国际机场三期扩建工程、"五主四辅"铁路客运枢纽、南沙港通用码头及五期及主要市政道路项目建设，推动基础设施高质量发展。

一、广州基础设施投融资主要模式和存在的问题

（一）主要投融资模式

近年来，广州积极拓展基础设施建设资金来源，一方面充分利用国家

政策争取政策性资金，另一方面积极探索投融资模式创新。

争取政策性资金方面。一是申请地方政府专项债资金。2020—2022年，广州申请获批专项债资金分别为470亿元、661亿元、873.6亿元，三年分别支持了轨道交通、机场等重点领域项目59个、96个、143个。二是申请政策性金融工具资金。截至目前，广州申请获得政策性金融工具资金241.32亿元，在全省各地市中排名第一，有力地支持了轨道交通、机场、高速公路等领域35个重点项目新开工建设。

创新投融资模式方面。一是规范有序开展政府和社会资本合作（PPP）模式。截至2022年上半年，全市正在推进实施的PPP项目30个，总投资约781亿元。包括：金融城站综合交通枢纽、黄埔区有轨电车1号线等7个交通基础设施项目（总投资226.8亿元）；庆盛枢纽、南沙区自贸试验区万顷沙保税港加工制造业区等4个片区开发项目（总投资133亿元）；垃圾污水处理以及地下管廊等15个市政设施项目（总投资425亿元）。二是探索开展"股权投资+施工总承包"模式。其中广花城际、芳白城际2条城际线路合计吸引资本约170.14亿元，含央企67.33亿元、民企44.91亿元、市属国企48.48亿元、省属国企9.42亿元，有力缓解政府财政支出压力。广州交投集团已通过增天高速项目发起设立的高健壹号基金，筹集社会资本资金7.98亿元。三是推行轨道交通沿线场站综合体开发模式。2021-2023年，由广州地铁集团通过沿线场站综合体开发筹集资金，其中白云（棠溪）枢纽综合体等国铁城际项目场站综合体可筹集资金121亿元，赤沙车辆段上盖等地铁场站综合体可筹集资金184亿元。四是积极争取开展基础设施不动产信托投资基金（REITs）试点。截至目前，广州累计发行项目2个、融资额112.4亿元，其中广河高速REIT项目总募集资金规模91.14亿元，是全国首批9个发行项目中募资规模最大项目；越秀高速REIT项目总募集资金规模21.3亿元。五是其他模式。广州港股份有限公司完成非公开发行A股股票，募集资金近40亿元；广州交投集团成功发行4亿美元境外债、44亿元资产证券化产品广州机场高速资产证券化（ABS）、债权融资计划33亿元。

（二）存在的主要问题

一是基础设施总体建设水平存在差距。与党中央关于构建现代化基础设施体系要求和现代城市发展需要相比，与北京、上海和国际大都市相比，广州基础设施建设还存在差距。比如：截至2020年底，广州电源自给率为39.1%，低于北京（50%）、上海（80%）、深圳（84.2%）；广州轨道线网密度（0.07公里/平方千米）远低于深圳（0.21）、上海（0.11）。

二是建设资金供需矛盾日益增大。2019—2021年，广州市政路桥项目每年需市财政资金约130亿元，但每年实际到位的财政资金不到100亿元。据不完全统计，目前市本级政府投资项目1478个，未来资金需求超过8800亿元。市政路桥等非经营性项目，难以直接申请专项债和政策性工具资金，资金来源主要依靠财政，目前资金缺口较大。

三是社会资本参与难度大。由于新建基础设施项目因投资规模大、收益低、期限长、未来不确定性大，导致社会资本整体偏谨慎，参与难度大。现有社会资本的参与只能结合单个项目的施工资源、土地资源等情况，灵活设计TOD、股权投资+施工总承包等个性化创新融资模式，难以形成可复制、可推广的商业模式。

四是大量存量优质资产价值未充分释放。广州在生态环保、保障性住房、高速公路、城市轨道交通等领域形成大量建成运营的存量资产，具有相对持续稳定的收益基础，社会资本参与意愿较强。但目前大部分仅通过抵质押、发行资产支持证券（ABS）等债务方式融资，权益性融资偏少，急需重新评估，吸引社会资本盘活存量，最大限度释放资产价值。

二、各地基础设施投融资模式创新的做法

为解决基础设施建设资金需求，各地都在统筹使用本级预算资金、上级补助资金等各类财政资金基础上，因地因时因势探索投融资模式创新。

政府投资基金模式。2015年广东省设立了400亿元铁路发展基金，募资主要投向国铁和城际项目省级铁路出资部分。2016年山东省设立了1000亿元铁路发展基金，70%的资金用作省级铁路项目出资，其余资金进行多

元化市场投资，平衡基金整体收益。2022年厦门市组建了1000亿元的城市建设投资基金，通过综合投资城市片区综合开发、市政设施、交通设施、重大产业项目等不同收益类型的项目，实现基金的持续健康运作。

PPP模式。浙江省近年来采取PPP模式实施杭绍台高速铁路、杭海城际铁路、杭温铁路、宁波至舟山铁路等项目，在减轻财政投资压力、撬动社会资本方面取得良好效果。东莞1号线、福州2号线等项目也是以PPP模式建设。北京大兴机场综合服务楼、停车楼以及机场离港系统以建设—运营—转让（BOT）方式，通过让渡项目一定年限的经营权与收益引入社会资金。

"轨道+土地"模式。"轨道+土地"模式即对轨道沿线站点进行TOD开发，由轨道带动土地升值形成土地收益，从而补充项目建设资金。如，深圳地铁4号线、6号线等。佛山地铁2号线一期工程采用"BOT+TOD"模式建设，探索"轨道+物业+产业"理念，以地铁沿线站场周边土地综合开发平衡地铁建设投资运营补亏。

"股权投资+施工总承包"模式。济青高铁开创了中国高铁建设"入股施工一体化"融资模式先河，被国家发展改革委列为全国首批社会资本投资铁路示范项目。济青高铁由中国建筑参与投资26.1亿元，持有项目10%股权，获得项目总承包工程150亿元，还引进了科威特投资局等战略投资者。

"土地出让+配建"模式。该模式多见于商住用途土地与保障性住房、社区配套用房配建任务捆绑。目前部分地方政府通过挂牌方式公开出让住宅用地或商服用地的土地使用权，并与公园、路、桥等基础设施建设任务捆绑。如，东莞松山湖在出让商服用地时要求配建用地相关道路。

其他模式。包括通过上市融资引入社会资本，常见于民用机场融资。如上海浦东机场、广州白云机场、海口美兰机场、北京首都机场等均已上市，为机场建设提供了融资路径。或通过非上市股权转让引入战略投资者。如西安机场建设中引入法兰克福机场公司、杭州机场引入了香港机管局。

三、推动广州基础设施投融资模式创新的建议

（一）全力争取国家各类政策性资金

各区各部门依托全市投资信息化平台，围绕地方政府专项债、政策性金融工具等创新投融资工具支持领域，进一步加大项目谋划储备力度，加强资金申报力度，明确主体责任，加快推进项目前期工作，及时规范足额申报需求，最大限度用足用好国家优惠政策性资金支持。

（二）加快基础设施产业发展基金落地实施

目前《广州市基础设施产业发展基金组建方案》已经市政府常务会议审议通过，社会资本参与出资意愿强烈，已有15家社会投资人承诺意向出资1748亿元。建议用好基础设施REITs试点、《进一步盘活存量资产扩大有效投资的意见》（国办发〔2022〕19号）等政策利好，加快基础设施产业发展基金落地实施，最大限度盘活存量资产，回收资金用于新项目建设，构建基础设施投、融、管、退良性循环，同时带动与资产交易相关的金融产业发展。

（三）大力推进"轨道交通+TOD综合开发"模式

为切实保障广州市城市轨道交通第三期建设规划调整线路、广珠澳高铁、佛穗莞城际等轨道交通重大项目顺利落地实施，缓解市区财政出资压力，依据《关于支持铁路建设推进土地综合开发的若干政策措施》（粤府办〔2018〕36号）及《广州市轨道交通场站综合体建设及周边土地综合开发实施细则》（试行）（穗府办规〔2017〕3号）精神，在广州"十三五"时期赤沙车辆段上盖、陈头岗车辆段上盖、汉溪长隆综合体开发的成功经验基础上，"十四五"时期继续大力推进"轨道+TOD综合开发"的模式，建立市区共同承担国铁、城际的可持续经营责任机制，形成良好的市区联动机制，在编制线路建设规划、可行性研究等工作中开展土地摸查、划定融资地块，重点用于轨道交通可持续经营责任（运营补亏），以实现轨道交通可持续发展。

（四）多措并举解决市政路桥类项目融资

建议积极与片区综合开发能力强的国企合作，在荔湾区如意坊放射线

工程、中心知识城至中心城区快速通道（人才大道）等项目建设中，探索将市政路桥项目建设融入片区综合开发整体规划建设，加大经营性和准经营性项目投融资创新，腾挪更多资金用于市政路桥等纯公益性项目建设。在产业园区基础设施项目策划时，要将园区内道路及边市政道路等公益性项目纳入项目建设范围，统一申请专项债或政策性金融工具资金。

（五）完善投融资创新长效机制

研究建立广州投融资创新顶层设计，完善激励约束机制，对积极主动担当的区、部门和市属国有企业予以奖励。探索建立投融资创新工作情况与财政预算支持挂钩机制。完善国有企业及负责人的考核机制，将投融资创新工作情况纳入考核体系，营造敢创新、能创新、愿创新的良好氛围。

（杨晓艳，肖　苏，康达华）

以房地产投资信托基金（REITs）助力广州保障性租赁住房建设

【提要】 推动保障性租赁住房存量资产发行房地产投资信托基金（以下简称"REITs"），有助于回收资金用于新的保障性租赁住房建设、促进投资良性循环，是促进广州市保障性租赁住房高质量发展的重要机遇。目前，北京、深圳、上海、厦门等地已有保障性租赁住房项目实现REITs上市，但是广州保障性租赁住房发行REITs还面临资源分散、发行主体缺位等困境。建议：一是成立专项工作组，建立保障性住房发展的工作机制；二是发挥专业机构作用，充分论证相关政策与资本运作事项；三是组建市直属安居集团，集中资源办大事；四是尽快启动保障性租赁住房发行REITs工作，形成高质量发展新模式。

保障性租赁住房是解决新市民、青年人等群体住房需求的重要方式，对广州房地产市场健康发展和老百姓实现"住有所居"具有重要意义。广州市保障性租赁住房建设需要健康可持续的发展模式作为支撑，应充分利用现有保障性租赁住房资源，加快推动REITs发行落地，实现保障性租赁住房投资良性循环，更好支持广州市保障性租赁住房建设。

一、REITs是保障性租赁住房建设的有效创新模式

（一）广州市保障性租赁住房建设亟须模式创新

经初步了解，广州市已建成的保障性租赁住房及配套资产价值超过400亿元，但收取租金较少，靠租金的投资回收期很长，是典型重资产模

式。同时，保障性住房建设资金来源单一、财政压力巨大。按照广州市出台的《关于进一步加强住房保障工作的意见》（穗府办〔2021〕6号），到2025年全面完成66万套保障性住房建设筹集任务，每套建设资金20万元，则总体投入需要1320亿元，财政资金难以满足上述资金需求。加上债务融资又存在地方政府隐性债务等限制条件，亟须探索健康可持续的融资模式创新。

（二）REITs是广州市保障性租赁住房建设的有效创新模式

第一，REITs是盘活存量资产的成熟方式，利用REITs盘活广州市保障性租赁住房存量资产，可以尽快回收资金用于新的保障性租赁住房建设。第二，REITs是权益性融资方式，无需将资产进行抵押、担保，不会形成政府隐性债务，发行保障性租赁住房REITs可以在不增加任何债务的情况下筹集大量建设资金。第三，REITs是以租金收益为核心的分红型金融产品，极为适合持有型经营性物业的金融化退出。广州市以成熟的保障性租赁住房发行REITs，形成"开发+培育+退出+再开发"的闭环发展模式，可以加快建设周期。第四，保障性租赁住房发行REITs上市后，资本市场在监管、信息披露、投资者等方面的要求，以及REITs注重租金分红的商业逻辑，有助于深化广州市保障性租赁住房运营管理体制改革，提升运营管理的市场化和专业化水平。

二、广州市保障性租赁住房发行REITs存在的主要问题

广州市保障性租赁住房资产数量多、规模大，大多保障性租赁住房小区项目的月租金在20～35元/平方米不等，按此计算的资产收益率达到并超过4%，相当部分保障性租赁住房的收益率达到发行REITs的基本要求。同时，广州市保障性租赁住房的土地以划拨或出让方式获得，建设和租赁手续均较为完整，即便有相关手续缺失或不足，亦可通过补办或出具无异议函等方式解决，在REITs的合规性要求上无实质性障碍。当前，推动广州市保障性租赁住房发行REITs实质落地还需要解决以下主要问题。

（一）保障性租赁住房资源比较分散

2017年，广州市即已就保障性租赁住房进行体制改革，市政府相关会议决定将市属保障性租赁住房资产划转给市城投集团和珠江实业集团两家市属国企管理。资产划拨完成后，两家企业分别持有东部和西部片区保障性租赁住房资产。该管理模式下，由两家企业分别发行REITs，在发行效率、融资效果、市场影响等方面，与集中到一家发行主体相比存在不足。一是分两家发行时每只REITs的规模会偏小，储架规模难以超越深圳、上海等城市，若由一家主体合并发行，则有可能创造全国最大规模REITs，首期规模亦可创国内新高达百亿以上，市场影响力截然不同；二是两家主体分开发行不易统筹上市审核、投资者推介等工作，发行上市效率不高；三是分开发行难以集中优势物业资源，融资成本很有可能较高；四是未来发展受到制约，难以形成合力在全国发展，成长性较弱。

（二）未形成符合条件的发行主体

REITs发行主体要求是企业，但广州市财政将保障性租赁住房资产划转至企业的工作因对政策理解不一致还未能实施。主要是根据财政部《关于贯彻落实国务院关于加强地方政府融资平台公司管理有关问题的通知相关事项的通知》（财预〔2010〕412号文），保障性安居工程属于公益性项目，而《关于国有资本加大对公益性行业投入的指导意见》（财建〔2017〕743号文）及《中共中央　国务院关于防范化解地方政府隐性债务风险的意见》（中发〔2018〕27号文）规定，地方政府不得将公益性资产注入国有企业，不得增加政府隐性债务。由于公租房资产具有公益属性，存在被认定为公益性资产的可能性，进而制约了将资产划转至企业，对REITs发行造成影响。

三、多措并举力创广州市保障性租赁住房REITs发展新模式

（一）成立专项工作组，建立保障性租赁住房发展的工作机制

保障性租赁住房发展及发行REITs事项重大，政策性强，历史遗留问题较复杂，属于跨部门事项。一是建议由市领导牵头，发改、财政、

住建、国资、金融等部门参与，成立专项工作组，统筹广州保障性租赁住房发展规划、与上级政府部门沟通、体制与机构改革、资产划转、发行REITs等重大事项。二是建议工作组加强与上级政府沟通，获得国家支持。充分利用保障性租赁住房和REITs两方面政策的叠加支持措施，由工作组主要领导挂帅沟通上级政府部门，尤其是财政部和国家发改委，以及广东省相关部门，取得其在资产划转和发行REITs等事项上的支持。三是在必要且充分论证合规的情况下，由市政府做出相关决策，支持推动资产划转、发行REITs等重点难点堵点事项。

（二）发挥专业机构作用，充分论证相关政策和资本运作事项

此前北京大学课题组在广州公租房REITs前期研究方面发挥了重要作用。建议针对资产划转和REITs发行等工作，委托政策、法律、REITs等方面的专业机构和专家，摸清公租房划转至企业的政策和各地做法，充分做好合规性论证，制定相关专业方案。目前，相关政策环境已发生较大变化，相关文件如财预〔2010〕412号文已于2016年废止，相关主管部门后续发布的文件没有再规定保障性住房属于公益性项目。发行REITs不会形成政府隐性债务，该事项在北京保障房中心REIT项目中已明确提到。北京市相关部门已出具意见，以公租房资产发行REITs不会构成地方政府隐性债务。据了解，目前有上海、湖南、贵州等多地将公租房产权注入地方国企的案例。在此情况下，广州市将保障性租赁住房资产划转至国有企业具有合规性。

（三）组建市直属安居集团，实现市场化可持续发展

参照深圳、北京等地做法，改变现有由两家市属国企二级单位从事租赁住房业务的格局，组建市直属安居集团，集中资源办大事。首先，保障性住房带有较强的政策性，租金定价、配租、客户标准等等均不是完全市场化的行为，在市级层面引入两家或以上的投资与运营竞争性机构不是十分必要。其次，从提升服务质量角度看，可以引入市场化的物业管理机构，为居民提供更好的物业服务。因此，投资与运营机构可以由安居集团担任，由市国资委直接管辖、市住保办政策指导。最后，安居集团的组织架构可以在当前两家主要租赁住房企业的基础上搭建，并将公租房资产划转到安居集团，既实现资产与运营管理的统一，也保持公租房运营管理的平稳过渡。

（四）尽快启动公租房发行REITs工作，形成高质量发展新模式

一是论证资产划转政策的同时，以优质项目先行启动发行REITs前期方案制作，力争在年内获得国家批复，且发行规模在全国同行领先，具明显成效，募集资金用于新项目建议缓解广州财政压力。二是由安居集团统筹广州市保障性住房业务，产职住融合，租售并举，形成投资建设、综合开发、租赁运营、REITs发行一体化运作。三是探索与广州正在设立的广州市基础设施发展基金合作，组建保障性租赁住房Pre REITs基金①，为推进我国房地产高质量发展提供经验示范。

（杨晓艳，龙　潜，康达华）

---

① Pre REITs基金是指在REITs正式设立和发行之前成立的用于投资、收购、培育具有发行公募REITs潜力的基金。

数字赋能广州老字号高质量发展

【提要】老字号是广州千年商都工商业发展历史中孕育的"金字招牌"，蕴含着巨大的经济、社会、文化价值。老字号企业推进数字化转型升级遇到企业数字化转型的动力不足，受行业影响较大，缺乏支持，缺少专业人才等重大挑战。广州可借鉴其他省市在数字赋能老字号方面的经验，积极拥抱数字经济，通过树意识、建机制、明激励，建档案、定标准、搭平台，引资金、育人才、建队伍，重技术、设场景、强宣传等环节，共同促进广州老字号企业高质量发展。

老字号是广州重要的历史文化资源，是广州作为"千年商都"的"金字招牌"，更是"让城市留下记忆，让人们记住乡愁"的重要载体。以老字号企业为主体，以新一代信息技术为支撑，对传统产业及其产业链上下游进行数字化改造，以产业数字化为老字号实现赋能，能够更好地为老字号企业"守正创新"注入新的活力，为人民群众提供更多的优质商品和便利服务。积极拥抱数字经济，推动数字化转型升级是老字号企业实现高质量发展的战略选择，也是广州高质量实现老城市新活力、"四个出新出彩"的有效探索。目前，我国有中华老字号1128家、地方老字号3277家，其中有701家中华老字号创立至今超过100年。全国老字号年营业收入超过2万亿元。广州市属国企共有老字号83个，占全市总数过半；其中中华老字号29个，占全市83%、全省51%。2022年，83个老字号企业实现营业收入646.4亿元、利润总额42.2亿元。截至2022年底，资产总额706.9亿元、净资产348.6亿元。广州老字号品牌企业广泛分布在食品、餐饮、零售、医药、商旅、文体艺术、快速消费品等行业，老字号在消费促进、产业升级、文化引领等方面均发挥着重要作用。

一、广州数字赋能老字号存在的问题

（一）老字号企业数字化转型的动力不足

传统老字号企业要搭上数字经济的便车，必须依靠数字技术重塑其发展逻辑，通过数字技术降低企业的交易成本、管理成本、财务成本等各类成本，提高资源配置效率、运营效率和劳动生产率。广州老字号企业在数字化发展过程中还存在明显的动力不足。一是对数字化转型的理解比较落后。老字号企业大多有着几十乃至上百年的传承，秉持传统技艺和经营理念，专注和执着铸就老字号的金字招牌。"老"是老字号企业的资本，也是其数字化转型的绊脚石。调研发现，老字号企业的数字化转型大多仅停留在某项生产工艺中使用自动化设备，或企业日常管理中使用信息化操作等。受传统思维限制，很多老字号企业决策层和管理团队对数字化转型认识还停留在技术更新等较浅层面，没有意识到数字化转型的必要性和迫切性。二是数字化转型成本压力大，企业难以平衡长期与短期收益。数字化转型的成本压力是横亘在老字号企业面前的一个现实问题，导致老字号企业"不敢转""不愿转"。企业的数字化转型需要付出相对较高的成本和代价，比如引入科技能力提升业务智能化、改善连接方式创造全新的客户体验、融入数字生态体系接受平台企业的挑战和竞争、打破组织壁垒推行数字文化、运用数据驱动重塑商业场景和供应链、优化员工结构以适应数字化转型要求等，甚至会出现因数字化转型引发的结构性失业问题，目前包括国企在内的老字号企业对数字化转型带来的长期收益仍然不明晰，缺乏信心，很大程度上削弱企业数字化转型的积极性。

（二）老字号企业数字化转型受行业影响较大

一是行业属性对老字号企业数字化转型的效果影响较大。身处第一、第二产业的老字号企业在生产过程中的容易形成规范化操作，劳动力的数字化替代成本比较低，数字化转型较为容易。第三产业的老字号企业集中在交通出行、上门服务、餐饮外面、物流、医疗、教育等服务行业，面对面为顾客提供服务，属于劳动密集型产品，其服务产品具有非标准化的特点，企业与客户之间的互动性较强，个性化需求较大。数字技术的应用将直接作用于服务产品，直接影响客户的体验感，对客户个性化需求的能力将减弱，如果无法有效提升客户的满意度，老字号企业的数字化转型将失去动力。二是行业内规模和企业发展阶段对老字号企业数字化转型程度分化显著。在快速消费品、医药和传统零售等领域的老字号企业与其他老字号企业在数字化转型方面拉开了较大差距。在这些领域的老字号企业基本属于传统行业内的头部企业或第一梯队，其自身的资产规模、市场规模都比较大，产业链整合能力较强，具有高素质管理团队和对市场、客户的深刻理解，在数字化转型过程中对行业痛点的分析、数字化转型方案的系统性设计以及财务风险把控能力等方面均具有明显优势。而大量处于行业第二、第三梯队的老字号企业，尤其是对于经营一般、没有优势或优势不明显甚至存在经营困难的老字号，由于资产、市场规模过小，加上社保、税收、融资等制度性成本较高，企业生存压力普遍较大，缺乏成熟的战略思考能力和风险防控能力，对于数字化转型的趋势还属于被动适应的态势。

（三）老字号企业数字化转型缺乏支持

解决老字号企业数字化转型问题，需要企业内部发力，也需要来自政府、行业协会等外部力量的支持。一是缺乏企业内部自下而上的转型支持。数字化转型数字化转型是一项长期、艰巨的任务，要求企业从经营理念、战略、组织、运营等各个领域的重大变革，只依靠信息技术部门，自下而上难推动，导致数字化转型与企业经营战略两张皮，不仅无法提高效率，还大大增加了企业成本，难以真正实现数字技术与生产经营的深度融合。目前全社会数字化消费环境与消费习惯正处在成长期，老字号企业的数字化转型要真正实现"前人栽树后人乘凉"，面临技术创新、业务能力、人才培养等多方面的挑战，需要自上而下的通力合作和协同配合。二是缺乏数字化建设的方法和经验的指引。老字号企业分布在不同的行业，且行业细分差异很大，企业个性化很强，即使是同行业的老字号企业由于企业前期积累和体量不同，经营效益差异也很大，因此各家数字化转型的突破口也各不相同，企业往往没有可以直接照搬的模板，缺乏可借鉴的经验和专业的指导。三是缺乏政府及行业对老字号企业数字化转型的支持。单靠企业自身远远不够，还需外部支撑大力发挥政府和行业协会的引导促进作用。目前，政府与行业协会在专门针对老字号企业数字化转型方面的支持还较为欠缺，缺少针对性。转型资金不足是老字号企业数字化转型的核心挑战之一，加上老字号企业大多处在劳动密集型的传统行业，利润空间较小，与其他年轻的中小企业相比，包袱比较重，转型成本和转型代价更大，需要更多资金的支持或政策的倾斜。老字号企业经过时间沉淀，在市场上自然形成了自己的品牌影响力，其数字化转型对客户群体消费习惯的影响是非常显著的，还需要政府和行业协会对于老字号企业数字化转型的发展氛围、消费场景等方面进行引导和宣传。四是对老字号国企数字化转型评估标准缺乏针对性。国有企业数字化转型的排头兵，广州市属国企共有老字号83个，其中中华老字号29个，老字号国企的数字化转型评价体系、评估指标还缺乏精准定位，应该考虑到老字号的特殊性，评估的目的是"以评促改"，形成老字号国企在传统产业数字化转型过程中的样本与示范，不断完善全面有力的激励，而不是成为企业的负担和应付完成的任务。

（四）专业技能人才及跨界人才大量空缺

老字号企业由于历史悠久，分布在传统行业、劳动密集型居多，劳动力门槛较低，劳动者技能相对单一，在数字化转型过程中，缺乏专业对口的高素质复合型人才。数字化转型如火如荼，各行各业急需专业数字化人才，IT人才更青睐于互联网企业等新兴行业的企业，很少选择传统行业的老字号企业，因此老字号企业招聘专业的数字化人才非常困难。另外，老字号企业对本身技能型人才的数字化技能提升和培训也非常困难。老字号依赖传统技艺的传承，这与数字经济时代的学习方式有很大的不同，传统技能型人才适应和学习新技能需要很长的适应期。老字号企业的数字化人才供给明显不足，需求断层越来越明显。

二、国内其他省市数字赋能老字号的经验借鉴

（一）精准支持，鼓励老字号深耕细作

杭州市商务局出台《推进杭帮菜高质量发展十大行动（征求意见稿）》，针对杭帮菜老字号精准支持，通过制定菜系标准、行业规范、加大餐饮研发力度、打造小吃新IP等方式，着力提升杭帮菜品牌。比如，制定杭帮菜菜系标准，鼓励行业协会、杭帮菜大师工作室等参与，且成果经标准化行政主管部门发布或备案后，分别给予最高100万元的一次性奖励；加强杭帮菜经典名菜向预制菜，杭帮菜创新作品向餐饮产品的转化，鼓励餐饮企业和食品企业加大研发力度，构建产品矩阵，对在杭州注册运营的企业销售杭帮菜单品年销售额首次突破0.5亿元、1亿元、2亿元的，分别给予不超过25万元、50万元、100万元的奖励；打造特色小吃强IP，如葱包桧、定胜糕、春卷、杭州小笼包等，形成杭州特色美食地标，塑造年轻人记得住、愿分享的新消费品牌；发挥杭州"电商之都""直播基地"的优势，通过媒体平台开展常态化宣推。

（二）精细管理，对老字号建档培训

厦门市专门对老字号传承发展和运行情况普查，对市级以上商务主管部门已认定的老字号、抽查尚未认定的有关企业（25年以上）进行调研，健全老字号信息管理档案。成立"百年老字号研究院"，在商务局的指导下，依托厦门经济管理学院，举办"厦门老字号数字化营销公益培训班"，对100多家厦门老字号企业及其他传统品牌、相关行业企业进行培训，引导老字号企业将传统经营方式与大数据、云计算等信息技术相结合，升级营销模式，发展新业务。北京市商务局指导阿里巴巴主办"重燃老字号2023巡回公开课"在北京开启，吸引了包括吴裕泰、便宜坊等40多家老字号企业以及周边城市的企业参加，邀请天猫、淘宝教育、故宫宫廷文化、老字号企业代表等进行了经验分享，从创意策划、IP打造、品牌营销、内容电商等角度，探讨实现传统文化结合创意产生高效转化。

（三）精彩营造，拓展老字号消费场景

面对激烈的市场竞争，如何激发消费动力成为老字号品牌亟待解决的

问题。商务部、文化和旅游部、国家文物局联合印发《关于加强老字号与历史文化资源联动促进品牌消费的通知》，积极推动老字号依托历史底蕴和文化精髓营造消费场景、提升消费者体验。比如，北京携手阿里巴巴集团面向老字号品牌商家推出"老字号新神奇"计划，目前北京老字号中约75%老字号已对接电商平台、流量平台，实现触网，吴裕泰、全聚德、北京稻香村等老字号在拥抱数字化方面不断发力焕新颜。新疆第一窖古城酒业有限公司2011年被商务部认定为中华老字号品牌，企业打造了新疆第一窖古城酒文化博物馆，带动当地旅游业，丰富古城酒业销售渠道。狗不理集团通过"互联网+技术创新"转型新兴业态，探索"直播间下单、送餐到家"的新模式，拉近了与消费者的距离，降低了堂食成本，大大增加了营业收入。山东省打造中华老字号直播基地，组织开展"中华老字号直播嘉年华"活动，通过线上展示展演和网络互动，为消费者解读老字号厚重文化和精湛技艺，推动老字号走进现代生活和年轻人群。贵州茅台集团上线元宇宙平台APP巽风数字世界，通过互动引擎、3D建模、实时渲染等技术，茅台三大烧坊成义、荣和、恒兴被映射到虚拟世界中，用户可以通过游览、探索、社交、交易、做任务等方式得到茅台发布会门票、茅台限量生肖酒数字藏品、创建专属数字家园的资格等。

（四）精致包装，助力老字号不断"出圈"

推进老字号数字化转型，推动百年传承的老字号品牌在数字化消费时代中，与年轻人的时髦发生碰撞，长久不衰，需要激发老字号的新活力。通过对老字号更加精致的包装、打造数字强IP，强化老字号在年轻消费群体中的品牌形象。一方面，跨界联名成为老字号品牌不断"出圈"的新方式。比如，五芳斋与迪士尼、王者荣耀等知名IP联名打造了一系列高颜值产品，深受年轻消费者喜爱；内联升与大鱼海棠联名推出的300双女款布鞋开售18小时内即告售罄；为迎接即将到来的兔年春节，大白兔奶糖携手可口可乐推出了大白兔联名兔年限定礼盒，成为许多年轻消费者中意的兔年春节拜年礼品。另一方面，不少老字号也开始选择打造自己的IP。同仁堂深入挖掘五子衍宗丸和乌鸡白凤丸产品特点，推出"衍宗"和"白凤"两个IP形象，迅速拉近了产品与年轻消费者之间的距离。全聚德推出新IP

形象萌宝鸭及马克杯、帆布包、雨伞、餐具、徽章、冰箱贴、毛绒公仔等相关文创产品，受到消费者广泛好评。

（五）精心服务，搭建老字号服务平台

面对经济和消费环境变化，老字号餐饮企业举步维艰，想寻求改变又缺乏思路办法，政府、行业协会对企业的支持无疑是雪中送炭。在西安市商务局指导下、西安老字号产业促进会和美团共同组织了"老店新活力——西安老字号数字化转型签约会"，搭建了互联网企业与老字号的合作平台。平台拿出300万元商家补贴支持老字号商家率先做好线上运营，从而带动餐饮行业复工复产和经济复苏，通过提供专业人才培训、特色数字化解决方案等方式，利用流量扶持、专属服务、广告资源等手段，不断助力西安老字号数字化转型发展。

三、数字赋能，擦亮千年商都"金字招牌"的建议

（一）树意识、建机制、明激励

近年来，我国深入实施数字经济发展战略，数字经济成为高质量发展的新引擎，企业的数字化转型是不可逆的趋势，老字号企业的数字化转型是广州作为商业繁荣的"千年商都"，在传统产业数字化发展的重要试验田。一是政府和行业协会必须不断帮助老字号企业树立的数字经济发展的意识，提高战略思维，加深对数字化转型的意识。帮助老字号企业必须准备好从变革驱动、创新能力、组织架构等多维度共同推动的数字化转型蓝图，确定自上而下的数字化转型发展规划。二是以老字号国有企业为重要抓手，强化数字化转型的机制创新。推行老字号国有企业数字化转型"一企一战略"和"一把手"负责制，加快实施数字化转型投入视同于利润政策。在工作机制方面，试点"首席数字官"制度，建立数字化转型和公共数据开放的勤勉尽职和容错机制。在岗位设置方面，设置数字化转型特设岗位，不受本单位岗位总量、结构比例和岗位等级限制，对数字领军人才等高级专家，聘用为正高级专业技术岗位的，可不占所在单位的正高级岗位结构比例。三是积极运用考核激励工具，为老字号企业创新数字化转型

提供支持。优化国有老字号企业负责人考核模式，突出创新改革驱动考核导向，对老字号企业数字化转型投入视同实现利润予以加回。对数字化转型取得重大成果的企业，在年度考核中给予考核奖励加分，并适度扩大创新奖励加分范围。

（二）建档案、定标准、搭平台

截至2022年，我市累计有147家企业被认定为"广州老字号"企业，其中35家被国家商务部认定为"中华老字号"，其中市属国企共有老字号83个，中华老字号29个。一是要组织对我市所有老字号传承发展和运行情况普查，逐步完善"广州老字号信息管理档案"。对已认定的老字号进行调研，对经营时间较长的企业进行考察，建立千年商都的"金字招牌"名录，以便分行业、分类型更加精细化管理和引导老字号企业。二是依托行业协会制定老字号标准，发挥好行业协会在老字号企业数字化转型过程中的积极作用，如粤菜菜系标准、粤菜师傅标准、广式凉茶标准等，从老字号企业的产品到所属行业相关领域制定标准，量化老字号企业的技术要求和服务质量。培育细分领域高水平的数字化产品和服务供应商，引导传统产业的数字化转型供应商提供普惠性、通用型数字化产品和服务，并以相应行业的老字号国企为抓手，打造老字号的"金字招牌"样本。三是搭建老字号行业专业服务平台，将分散的资源和各个单一的企业组织整合起来，建立行业共性技术研发平台，帮助企业减少数字技术研发成本，提高研发效率和质量，促进老字号企业相互合作、抱团发展。四是发挥政企对接作用，通过协会商会宣传党和政府的方针政策，及时反映本行业在数字化升级创新中面临的突出困难，并且提出有价值的意见，为政府决策提供参考，推动决策优化。依托协会组织老字号企业学习数字化转型理论和技术，组织企业参观考察数字化发展典型案例等。

（三）引资金、育人才、建队伍

一是积极运用财政金融工具，支持老字号企业数字化转型。为积极投入数字化转型的老字号企业提供减税降费、补助补贴、政策性贷款及上市融资等方面的政策支持，统筹运用政府采购、专项债、企业技术改造资金等政策工具，加大对老字号企业数字化转型的政策资源投入和政策工具创新，帮助老字号企业纾困解难；设立老字号企业数字化转型基金，支持符合条件的数字经济企业进入多层次资本市场进行融资，引导国家级投资基金与老字号企业合作，更好地解决老字号企业因成本压力的"后顾之忧"；合理引导投资流向，加强资本对数字技术研发、新型基础设施建设的投入力度。

二是强化数字经济人才支撑，引导专业人才向老字号企业聚集。通过开展专题培养、与高校、研究院所等机制合作共建、组织国内外考察等方式促进行业数字化人才培养。引导老字号企业优化综合性数字化人才的开发投入机制和选拔培养体系，支持老字号企业充分加强与高等院校、科研院所在信息技术人才方面的交流合作，构建产业技术创新战略联盟，深化产学研协同创新机制。引导职业教育培养高素质数字化技术技能人才，加快推进面向数字经济的新工科、新文科建设，让职业教育更好地服务制造强国和数字中国建设。根据老字号企业数字化转型实际需要，"清单式"引进优质对口的高精尖科研型、应用型人才，为人才提供适合的发展平台；同时坚持"创新成果越多、经济贡献越大、奖励补贴越多"，优化升级产业发展与创新人才奖。

（四）重技术、设场景、强宣传

一是鼓励老字号企业将传统经营方式与大数据、云计算等现代信息技术相结合，营造消费新场景。推进5G、工业互联网、大数据等现代信息技术与老字号特色食品全产业链深度融合，促进原料采收、生产加工、仓储物流等各环节数字化发展；探索传统文化与现代商业双向融合，支持老字号企业巩固与商超、便利店、社区生鲜等传统渠道的合作，加强与大型电商平台、直播平台产销对接，与Z世代（互联网新时代人群）深度交互；科学构建老字号特色食品消费需求数字预测模型，解析消费流行趋势，引导产业链上下游合理调配研发、制造及营销资源，及时满足消费新需求。

二是积极引导老字号制造业智能化转型，重构竞争优势。建议依托行业协会，成立由智能制造领域专家专家咨询委员会，积极向老字号企业宣传智能制造发展和相关政策，形成相关产业的老字号企业数字化转型常态化问诊机制；积极组织全市老字号制造企业、老字号专精特新企业等前往知名智能制造示范工厂调研；推进老字号数字化转型试点示范；引导老字号企业加快传统线下业态的数字化改造和转型升级，发展个性化定制、柔性化生产；聚焦制造业、消费类等领域的细分行业，挖掘一批低成本、模块化、可落地、易推广的智能制造典型场景。

三是支持老字号企业创新数字化营销推广手段，贴近年轻消费者。支持各类媒体开设老字号专题专栏，充分运用人民群众喜闻乐见的方式扩大宣传，持续营造良好的舆论环境；支持各类新媒体平台举办"直播探店"等专题活动，引导老字号企业积极开发数字化产品和服务，运用短视频推介、视频直播、区块链等创新手段，发挥引流作用，扩大宣传范围；鼓励老字号企业积极参与各类区域文旅活动，提升品牌影响力，拓展消费场景；支持老字号传承人、相关老字号企业负责人参与电商直播，讲述老字号历史文化，展示传统工艺，推广创新产品；帮助老字号企业及其产品对潮流艺术家和新文化传播公司，为其量身定制个性化IP形象，不断推陈出新，抢抓年轻人市场。

（李沁筑）

精准微调优化广州消费券发放方案

【提要】近来，国内消费市场持续低迷，发放消费券成为促进消费恢复的"一剂急药"。当前广州已发放多轮消费券，发放密度大、时间紧、任务重，取得了一定效果。但在消费券发放和使用过程中，出现了"通道窄""门槛高""时间紧""范围小""声势弱"等五个问题。借鉴国内其他城市消费券发放经验，有必要精准微调优化广州下一阶段消费券发放方案：一是调整消费券支出结构，注重对低消费人群的"精准滴灌"；二是丰富消费券使用范围和场景，注重"享受型"消费需求；三是多渠道宣传消费券，提高广州消费券热度；四是鼓励更多商家协同共振，提升消费市场活跃度；五是加强全过程全方位监管，不断优化消费券方案。

促进消费恢复是稳经济的基础。当前，一些省市利用发放消费券等做法刺激消费。广州已经完成多轮消费券发放，取得一定效果。为了提升政策效果，"把钱用在刀刃上"，建议借鉴国内其他城市消费券发放的经验，对消费券发放和使用过程中出现的困难和问题进行复盘，精准微调优化消费券发放方案，为下半年消费券发放工作做好准备。

一、精准微调优化广州消费券发放方案的必要性

（一）广州消费市场低迷不振

受国内外形势影响，2022年以来，广州消费市场复苏状况并不理想：一是消费需求下滑，社会消费品零售总额增速放缓。2022年第一季度，全市社会消费品零售总额2709.34亿元，同比增长3%，增速低于全国3.3%，

一季度21个社会消费品商品类别中有15个零售额出现不同程度下降，居民消费更趋保守。二是商超、住宿、餐饮、娱乐、文化旅游等接触性消费受到重创。2022年一季度住宿餐饮业零售额增长率为-2.7%，部分住餐企业反映营业额仅为正常情况下的10%～30%。一季度旅游接待人数3032.72万人次，其中过夜游客844.36万人次，分别降低12.14%、20.33%，酒店客流也随之大幅下降。预计4月单月住宿餐饮零售额将下降50%以上，比2021年"5.21"本土疫情时期更为严峻。三是消费惯性导致客流恢复比较缓慢。疫情防控常态化背景下居民生活半径收缩，逐渐形成新的消费习惯，如网上购物、餐饮外卖等，对实体购物场所的消费需求和依赖减少，出行周边化导致旅游收入恢复程度显著低于人次恢复。疫情期间所形成的消费习惯，加剧了提振线下消费市场的难度，需要借助外力打破这种惯性，尽快提振线下消费市场。

（二）消费券是当前刺激消费的有效政策工具

消费券作为一个短期政策工具，能够产生立竿见影的效果，并通过"乘数效应"拉动相关消费成倍增加。由于国人储蓄率较高，直接进行现金补贴难以达到促进消费的目的。一方面，消费券能直接激励居民消费，并通过满额消费折扣等方式放大杠杆，可以释放更大的市场需求；另一方面，消费券能精准定向扶持特定行业，将客流引导到受到疫情影响较大的旅游、餐饮、酒店等行业，帮助其渡过难关。然而，疫情对广州社会经济整体活跃度有明显的影响，促消费的实际难度依然较大。在增量政策工具"能出尽出""能用尽用"的背景下，有必要对广州前三轮消费券发放和使用过程中出现的困难和问题及时复盘、精准微调、不断优化。

二、广州目前消费券发放情况及存在问题

为响应国家和省委服务业领域纾困的号召，广州安排超1亿元发放消费券，于2022年5月启动"羊城欢乐购——广购羊城悦来粤好"促消费活动。目前，消费券已发放三轮，主要涵盖受疫情影响较大的零售业、住宿餐饮业、汽车、家电、电商平台等行业，包括从10元至1000元面额不等，

产生了一定的杠杆效应，一张100元的消费券有望撬动600元至800元不等的消费额。同时也要注意到，高密度高强度的消费券的资金安排、发放使用、效果评估、流向管控等也存在一些问题。

（一）消费券"通道窄"

从目前形式来看，消费券的三个申领通道为：穗好办APP、云闪付APP及"羊城通×穗康生活"微信小程序，均为线上通道，需要通过专门的APP或微信操作，而且使用消费券时需要下载云闪付APP，绑定银行卡进行支付。这对于一些低收入群体和不会使用移动支付的老人来说，"拼手速"的消费券虽然"近在眼前"，实际上却"远在天边"。另外，三轮消费券的申领均采用限时报名、随机摇号的方式，虽然公平公正，但是这对智能手机用户的使用习惯要求很高，需要实时留意消费券申领时限，一旦申领者一次没有摇中，可能就失去了对消费券申领的热情和关注，让消费券的后续活动逐渐变得"无人问津"。

（二）消费券"门槛高"

广州消费券存在使用门槛限制，无法刺激消费者随心所欲地释放购买力。广州发放的消费券都是属于满减性质，对于一些本身没有太高消费意愿的家庭来说，大额消费券不能带来实际的优惠。对一些中低收入的群体来说，想买杯奶茶、吃个简餐这类小额的消费达不到满减要求，导致消费者放弃使用消费券，或失去消费券的动力。消费门槛在很大程度上制约着消费券的领取率与使用率，低消费门槛的消费在占据主流，而高消费门槛的消费则主要集中在不在意"这几个钱优惠"的高收入人群中，往往"大额满减"没有"小额直减"受欢迎。

（三）消费券"时间紧"

目前广州发放的消费券基本都有一个明确的使用期限，一般为7—9天。即每一轮消费券必须在既定时间内全部消费，并且在到期日后将失效。受限时约束，表面上加速了消费者"及时消费"的意愿，被不同程度的优惠、便利"迷惑"，实则对自身实际需求丧失了基本的判断，"为了花消费券而消费"的现象普遍存在。而在疫情防控常态化背景下，消费券的目的不仅仅是刺激瞬时的消费能力，而是缓解恐慌性的心理压制提升消费安全感，激发人们的消费欲望和持续的消费潜力。"时间紧"的消费券反而增加了消费压力，使得消费具有强制性的前提，而这种消费券很难在长时间里带来稳定增量，限制了消费持续增长的潜力。

（四）消费券"范围小"

广州消费券的可使用范围小，存在着一定的局限性。成功领取消费券的市民，可根据消费券类型到线下门店或活动电商APP购物的门店的商家数量只有11个品牌（广百、广州友谊商店、粤海天河城商业、陶陶居、广州酒家、苏宁易购、国美电器、永旺、华润万家、家乐福、中国石油等），其商户覆盖了餐饮、商超，但覆盖商家数量较少，参与消费券的商超主要是大型、知名的百货电器、超市便利、住宿餐饮、轻餐茶饮商户门店，属于中高水平的消费群体的消费范围，没有为中低收入水平的群体设定平价实惠的小型餐饮、商超品牌，消费券的使用范围较小，受到消费券滴灌的群体和商家都严重不足。

（五）消费券"声势弱"

"羊城欢乐购——广购羊城悦来粤好"促销活动消费券发放和使用的宣传力度仍显不足。根据调研，输入"羊城欢乐购"等关键词，通过网络搜索到的关于广州消费券新闻报道和宣传主要集中在如新浪、搜狐、广州日报等主流新闻媒体。但是，许多体验式消费的主体为年轻人，他们对主流新闻媒体的关注度并不高，而是通过小红书、知乎、豆瓣等媒体，以及大众点评、美团等线上消费APP来了解消费市场和动态。关于消费券如何申领和使用的说明大多转自"广州本地宝"等本地媒体，解释文本比较单一，无法解释各类型消费者关于消费券使用过程中的疑惑。另外，急缺在实体消费场景中，设置关于消费券申领广告和使用指引，且大部分广告以文字和图片的静态展示宣传，缺乏音频和视频动态展示，未能达到全方位、多角度激发市民申领消费券的效果。

三、国内其他省市发放消费券的经验借鉴

2022年3月以来，为促进消费恢复，国内已有二十多个省市先后推出

了不同形式的消费券，产生了良好的政策效果。例如，杭州发放的前两期消费券，核销2.2亿元，带动消费23.7亿元，拉动效应达10.7倍；郑州发放的首期消费券，核销1427万元，拉动消费1.87亿元，拉动效应达13倍。其他城市消费券发放工作为广州提供了宝贵经验。

（一）针对不同群体发放消费券

消费券分为公益型消费券和普惠型消费券，前者主要着眼于补贴民生，更大程度上是政府帮扶困难群体的惠民举措，后者着眼于扩大内需，力图通过"乘数效应"来提振消费市场。从国内消费券发放情况看，许多城市向社会公众发放普惠型消费券的同时，还特别向困难群众发放具有公益性质的消费券，兼顾提振消费和促进公益。例如，2022年杭州市消费券发放总额度为5亿元，其中1500万元用于向困难群众发放人均100元的现金补助形式的消费券。再如，2022年郑州发放了红利性消费券和社会消费券两大类消费券，其中红利性消费券专门向低保、低收入、特困、优抚四类救助对象发放，每人500元。

（二）消费券向需求弹性大的商品领域发放

大部分城市发放的是限定领域的定向消费券，如百货、家电、餐饮、旅游、体育健身等消费券，只有少数城市曾发放过不限定领域的通用消费券。从发放效果看，虽然通用消费券使用更为便利，但拉动消费的效果并不理想。例如，2020年杭州发放的第一阶段2亿元的消费券，76.8%流向了好又多、华润万家等大超市，购买的商品以生活必需品为主，产生的"替代效应"较为明显。而定向型消费券，如耐用消费品、旅游等消费券的效果更佳。其中，旅游消费券的拉动效应尤其显著。例如，2022年2月25日，佛山市采取政府出资、企业让利的方式，派发价值500万元的文旅消费券，截至5月8日，共分5轮发放消费券28.9万张，惠及市民及游客超100万人次，带动消费超8700万元。今年春节期间，东莞市安排了500万元专项经费在"乐购东莞"微信平台发放文旅体消费券，消费券已消费核销435万元，核销率87%，关联消费总额约1200万元，直接消费杠杆2.75倍，为文旅消费发展注入强劲动力，使文旅消费市场"向春回暖"。

（三）消费券与现金搭配使用

消费券分为混合使用型消费券和直接使用型消费券。混合使用型消费券必须搭配一定比例的现金才能使用，可以较好地起到以少带多的杠杆作用。近期国内城市发放的大多是混合使用型消费券，例如，消费券每张面值10元，规定单笔消费满40元可用一张消费券。也有一些地区发放的是直接使用型消费券，一般适用于价格较高的商品，如南京发放的信息消费券，没有规定消费限额，可以按照每张100元的面额抵用手机价款，不足部分由消费者补足。综合来看，混合使用型消费券更加可取，除了上面提到的可以避免完全"替代效应"之外，还能视情况提前设定优惠幅度，如单笔消费满40元可用一张10元消费券，实际上让消费者享受了七五折优惠。

（四）消费券面额与单笔限用张数匹配

消费券面额与单笔支付限用张数应相互匹配可以适用更多情形，保证消费券使用效果。如果消费券面额较小、数量较多，又规定每笔支付限用一张消费券，就可能发生消费券在规定的期限内使用不完的情况，发放消费券的效果就会大打折扣；如果消费券面额较大、数量较少，又允许可以多张叠加使用，消费者可以一次用完所持消费券，不利于鼓励消费者多次消费，就会减弱消费券的"乘数效应"。设计消费券方案时，应综合考量设置消费券面额与单笔限用张数。例如，2020年杭州第一期消费券面额较小、数量较多（5张10元面额的通用消费券），又规定每笔消费只能用一张消费券，导致消费券普遍使用不完。杭州第二期消费券有针对性地做了改进，提高消费券面额，减少消费券数量，仍然不允许叠加使用，但每个卡包价值为100元，内含面额为20元、35元、45元的通用消费券各一张。

四、精准微调优化广州消费券发放方案的建议

为了更好地统筹推进疫情防控和促进消费恢复工作，发挥消费对经济循环的牵引带动作用，在借鉴国内其他城市发放消费券经验的基础上，对精准微调优化广州消费券发放方案提出以下建议。

（一）调整消费券支出结构，注重对低消费人群的"精准滴灌"

根据近年来国内城市发放消费券的结果显示，中老年和低消费档人群的消费拉动效应高于其他人群。因此，针对广州下一轮次的消费券发放，应考虑消费券和现金补贴（数字人民币）双管齐下，将疫情救助与刺激消费相统一，民生保障和消费增长相结合。多元的消费券形式，不仅能够适应不同消费群体的现金习惯，精准纾困疫情受损群体和低收入群体，还能够普及和推广数字人民币的使用，加速广州建设数字人民币试点。据调查，截至2021年底，广州有低保、低收入等困难人员6万多人。建议把今年广州消费券余下额度中的2000万元用于向低保、低收入困难家庭、特困人员等困难群众发放，以数字人民币补助的形式每人发放300元。

（二）丰富消费券使用范围和场景，注重"享受型"消费需求

根据近年来国内其他城市发放消费券的结果显示，额度越高，消费拉动效应越显著。在广州下一轮消费券发放时，一是既要设计有小面额消费券以满足餐饮、食品等"必需型"消费场景，也要有数百元中等面额消费券以满足美妆服饰、娱乐旅游等"享受型"消费场景；二是新增服务消费券、旅游消费券两种类型，精准刺激休闲娱乐、文化旅游等线下消费业态；三是优化发放方式和面额设计，对服务消费券、旅游消费券全部采用电子消费券的形式在网上发放，采用"先领先得"的方式，对服务消费券、旅游消费券定性为混合型消费券，即必须搭配一定比例才能使用，并设置多张较小面额的消费券，方便消费者在不同消费场景下使用。一个服务消费券礼包内含5张20元面额的消费券，价值100元。消费满100元可使用1张20元面额的消费券（相当于八折）。一个旅游消费券礼包内含10张20元面额的消费券，价值200元。消费满100元可使用1张20元面额的消费券（相当于八折）。

（三）多渠道宣传消费券，提高广州消费券热度

消费券惠及广大市民，往往引起社会各界的广泛关注，成为各级媒体、社会舆论的热点话题。要加大宣传力度，让广大市民知晓，并激起消费欲望，一是充分利用报纸、电视、广播等各类传统媒介，积极运用微信公众号、微博贴吧、门户网站、直播平台等新媒体渠道，打造"热点话题"；二是重视"网红"影响力，实现线上线下互动，及时地向社会发布广州消费券活动的相关信息，提高社会各界对广州消费券的关注度；三是策划举办新闻发布会、旅游推介会、大型论坛等一系列宣传活动，通过交通工具、交通枢纽、公共场所广告投放，拍摄消费券申领和使用说明视频，为消费券发放营造适宜的氛围。

（四）鼓励更多商家协同共振，提升消费市场活跃度

鼓励商家配合政府消费券发放工作开展内容丰富、形式多样的让利促销活动，让消费者享受更多实惠，在短期内有力促进客流回升。建议：一是尽快启动商家报名和审核工作，宣传动员更多的符合消费券支持条件的商家参与消费券活动，落实定点商家的优惠让利方案，并视情况不断扩大定点商家的范围；二是以北京路、天河路商圈为重点，尽量将主要商业载体、沿街主要店铺纳入到消费券活动中来，推动城市主要商圈加快回暖；三是市商务主管部门、各区商务部门、相关行业协会和市主要商贸企业应通力合作，按照"政府搭台、商会组织、企业联动"的方式，共同参与策划和研究储备一批促消费活动。

（五）加强全过程全方位监管，不断优化消费券方案

对消费券发放、申领、使用全过程进行严格规范和监管，及时发现问题处理问题。一是各主管部门要做好定点商家的监管工作，指导参与消费券活动的定点商家出具诚实守信、公平经营的承诺书，确保所售商品和服务的质量；二是消费券发放要坚持公开公平公正原则，预约、摇号和申领环节要透明，并做好相关公告和公示工作；三是加强各类消费券使用环节的监督管理，严禁出现套取现金、倒买倒卖、低价收购、反复流通、替代现金找零等乱象，防止假冒伪劣、以次充好、短斤缺两、变相涨价行为的发生；四是利用大数据、云计算等先进技术手段，密切跟踪消费券的发放和使用情况，适时分析市民预约、申领、使用消费券的行为特点，为后期进一步调整和改进消费券提供依据。

（杨姝琴，李沁筑，徐小雅）

广州普惠托育服务供需矛盾及对策建议

【提要】普惠托育服务体系作为积极生育支持政策的重要组成部分，是有效促进人口结构优化和人口素质提升的重要载体。目前，广州托育服务发展势头良好，但仍存在三大供需矛盾：托育服务需求旺盛与供给不足的矛盾依然突出；高额托育服务费与普惠性需求的矛盾愈显尖锐；优质托育的需求与服务质量良莠不齐的矛盾日益凸显。建议：一是摸清托育底数，建立多主体、灵活多元、开放多样的服务供给体系，确保托育服务的可获得性；二是回应普惠发展主旋律，通过发挥价格管制、探索构建托育券制度和弹性收费制度等，提高托育服务的可负担性；三是完善服务规范与督导评估制度，为提高托育服务质量提供有效保障。

婴幼儿托育服务不仅是民生保障的重中之重，更是我国人口持续变迁形势下，释放生育潜力、促进人口长期均衡发展、完善人口结构的战略需求。2023年5月5日，习近平总书记在二十届中央财经委员会第一次会议上强调，"要建立健全生育支持政策体系，大力发展普惠托育服务体系，显著减轻家庭生育养育教育负担，推动建设生育友好型社会，促进人口长期均衡发展"。2023年5月15日，以"惠普托育共同行动"为主题的全国托育服务宣传月活动启动，动员社会各方支持托育服务发展。近年来，广州市托育服务体系发展势头良好，并于今年入选第一批全国婴幼儿照护服务示范城市。但总体看广州托育服务仍处于发展起步阶段，尽管"幼有所托"的照护难题逐步得到缓解，但实现"幼有优育""幼有善育"的目标仍存在很大挑战，托育服务高质量供给还面临着一些发展的堵点难点问题，须进一步补齐短板，打造方便可获得、价格可接受、质量有保障的托育服务。

一、广州普惠托育服务发展现状及供需矛盾分析

近年来随着社会经济制度的急剧变迁，家庭结构倾向核心化、双薪家庭数量增加和生育政策逐步放开等多种因素叠加，使得人民群众对托育服务需求日益增长。据统计，截至2022年底，广州登记注册且实际提供托育服务的机构共1083家，可提供的托位数为6.03万个，其中通过备案的机构223家，通过卫生保健评价的托育机构388家，每千常住人口拥有托位数为3.58个。尽管广州托育机构数量和托位数均居全省前列，但距离国家"十四五"规划每千人托位数达4.5个的目标还有较大差距。目前，广州托育服务仍存在三大供需矛盾。

（一）托育服务需求旺盛与供给不足的矛盾依然突出

广州作为超大城市，不仅人口总数多，处于婚育年龄的人口比例也相对较高。根据广州市人口普查年鉴2020数据以及2020—2022年《广州市国民经济和社会发展统计公报》数据分析，全市20～44岁人口总数约930万，每年增加新生儿人数约在10万～15万人左右。从需求层面看，针对广州1.1万户家有3岁以下婴幼儿家庭开展的调查显示，广州35.6%的家庭有让孩子入托的意愿；从供给层面看，以人口普查3岁以下人口以及总人口的数据为基础进行估算，按照每千人口托位数4.5个的标准，意味着广州须提供8.46万个托位，才可以覆盖约两成的3岁以下婴幼儿。目前广州可供给托位6万余个，实际入托率仅为5.5%左右，远难满足0～3岁婴幼儿普惠托育服务刚性需求。

（二）高额托育服务费与普惠性托育服务需求的矛盾愈显尖锐

由于公办普惠性托育资源供给严重不足，目前广州托育服务发展主要以市场化为主导，九成以上是营利性机构。市场化托育服务普遍面临投入大、成本高、招生难等困境，造成托育服务价格相对较高，超出一般工薪家庭可负担能力，对一些中低收入家庭来说更难承担。据调查，广州托育服务机构（场所）平均月收费3000～6000元，部分高端托育服务月收费标准超过一万元。相对于广州全口径城镇单位就业人员月平均工资在一万元左右的收入水平，入托成本高成为很多家庭必须面对的现实问题。托育服

务的功能随着收费价钱的增加而递减，没有成本的可负担性，无论提供多少托位供给，托育服务也只能是"可望不可求"的服务，进而降低社会的生育意愿和生育积极性。

（三）对优质托育服务的需求与服务质量良莠不齐的矛盾日益凸显

公办托育服务供给严重不足和民办托育服务事故频发，造成社会化托育无法让家长"放心托管"。课题组调查显示，家长对民办托育服务机构的专业性、安全性方面的不信任，已经成为部分家庭回避托育服务的重要原因。广州教保各类人员队伍有一定的数量基础，2022年，广州已开展育婴师登记认定10963人次，获证9530人，开展保育师等级认定5407人次，获证4609人，但是因工资待遇缺乏保障、专业发展困难等问题突出，导致广州教保队伍力量依然薄弱、质量参差不齐问题较为突出。另外，广州尚未建立0～3岁托育服务机构的准入标准和服务标准等制度，既有对托育服务的日常监督和管理聚焦于服务机构的备案与管理、卫生与安全等硬件要求方面，忽视托育服务的课程质量、运行规范等软件要求。同时，托育服务机构的财政投入机制、保障机制、绩效奖惩机制以及退出机制尚处于缺失状态，积极有效的政策引导和监管制度缺乏，造成现有托育服务质量良莠不齐。家长难以得到充足的信息以全面对比了解托育服务的准入资质、教保人员资质、园所环境等方面，很容易受不实信息误导。家庭对优质托育的需求与服务质量良莠不齐的矛盾，造成机构招生难与家庭送托难的"供需两难"局面并存。

二、加强广州普惠托育服务体系建设的建议

为全面落实中央关于促进人口长期均衡发展和发展普惠托育服务工作的部署，广州应将普惠性托育服务作为育儿家庭支持政策的重点内容，将可获得、可负担和有质量作为发展普惠托育服务的基本原则和主要目标，促进普惠托育服务在布局、数量和质量三方面的均衡发展。

（一）构建多元主体供给体系，确保托育服务的可获得性

普惠托育服务供给首先要提供足够数量的托育服务，确保托育服务的可获得性。第一，摸清托育需求底数，以片区为单元，掌握新增幼儿状况以及潜在托育需求，通过科学测算和按需规划，建立与片区新生儿数据同步动态调整的托育服务供给机制，进一步完善布局"15分钟托育服务圈"。第二，在拓宽普惠性托育服务收益范围的基础上，倡导新办和改办托育机构，引导和支持多方参与，建立灵活多元、开放多样的服务供给体系，形成兜底性、福利性和需求导向性服务兼容发展的供给格局：一是重启幼儿园托小班、推行托幼一体园建设。目前上海市全市已有1000家幼儿园开设了托班，占全部幼儿园的60%。广州可借鉴相关经验，充分利用现有普惠性幼儿园的校舍、硬件设施和师资力量等办学资源，改扩建一批托幼一体项目。二是支持有条件的企事业单位单独或联合供给托育服务，在工作场所为职工提供福利性托育服务。三是引入专业的社会组织、行业协会、民营机构来提供公建民营、民办公助、委托经营等形式的托育服务。四是嵌入社区，鼓励构建社区托育点、家庭托育点，更好地满足托育服务的便利性和可及性。第三，托育服务的托育时段、设立类别、服务内容等服务内涵需回应不同家庭托育需求。由于婴幼儿父母的工作时间越来越灵活、多样，父母照看婴幼儿时间的不确定性增加，为了更好地满足不同家庭托育服务需求，增加托育服务开放时间的灵活性，增加晚上、周末、节假日的开放试点，从而帮助家长更好地平衡工作与家庭生活。

（二）回应普惠发展主旋律，提高托育服务的可负担性

出台行政价格管制政策，并针对供给侧和需求侧完善财政扶持政策，扩大普惠托育服务资源的有效供给，切实提高家庭获得托育服务的可负担性，是缓解当前家庭养育负担过重问题的重要措施。第一，发挥政府的价格管制的作用，让托育服务的市场收费标准维持在一个相对合理的范围之内。目前广州托育服务发展已形成了以市场化为主导的局面，托育服务收费标准受托育条件、时间、师资课程等因素影响，政府应明确托育服务的普惠导向，通过制度设计规范收费标准，出台具体的托育服务价格指导意见，避免漫天要价情况发生。第二，增加托育项目补助，强化托育财政支持举措，从而降低托育服务收费标准。深入了解不同类型、不同等级托育机构建设和运营成本状况，通过消除土地政策束缚、财政补贴、税收优惠、租金减免等方式实行分类别分等级财政补助政策，打破"唯公"思维，对公办、民办、企事业单位办的托育服务建立无差别化的托育财政扶持制度，只要能提供惠普性托育服务，并且是规范有质量的服务，均应给予财政支持。第三，探索构建托育券制度和弹性收费制度。一方面，通过托育券制度，充分发挥消费券的乘数效应，刺激托育需求，从而提升托位利用率，增加机构收入，促进机构可持续发展。2022年4月，深圳市托育服务协会联合百家托育机构发起"百园千万托育补贴券"活动，每个0～3岁孩子均可申领1000元托育补贴券，大大激活了市场购买力。另一方面，探索实行弹性收费制度，收费标准依据子女数量和家庭经济条件进行调整，以保障家长的选择权，增强家庭的支付能力，亦有利于促进多子女、收入低、单亲等弱势家庭子女的起点公平。

（三）完善服务规范与督导评估制度，为增强托育服务质量提供保障

托育服务质量是衡量普惠托育服务的重要指标之一，是制约普惠托育服务功能有效发挥的关键。第一，制定及完善广州托育服务规范及质量评估标准。普惠托育服务高质量内涵体系的构建是一项系统工程，需要加强政府的顶层设计和政策引导。尽快出台托育机构服务规范的地方标准，以完善托育机构等级备案、卫生与安全和机构管理制度等，引导托育机构规范化发展。同时，加强对托育服务师幼互动、课程质量、游戏活动等过程性质量评估标准的研究和探索，构建科学的托育服务过程性质量评估指标体系，作为托育服务从业者依循的准绳。第二，建立严格的督导评估制度与奖惩机制。建立由督导专家、一线工作人员和家长代表组成的督导队伍，实施"风险+信用"分级分类管理，以强化托育服务综合监管。监管评估结果可以作为政府奖惩的依据，建立财政奖补、税收减免、整改退出等不同程度的奖惩机制。另外，完善"保健熊"等托育信息平台以保障服务质量客观、及时评价与公开，让家长能得到充足的信息以比较不同机构的托育服务质量，从而减少不实信息的误导。第三，加强托育人才队伍建设，做好人才保障工作。建议参考中小学、幼儿园教师收入水平，合理制定保育员、育婴师等从业人员薪酬标准和工资增长机制；进一步拓宽婴幼儿教保队伍从业人员的培养渠道，鼓励有条件的中高职业及本科院校贯通，加大对从业人员的职前职后一体化培养培训力度，提高托育人员队伍质量。

（张紫薇，杜燕锋）

第五部分
现代化国际化营商环境
出新出彩篇

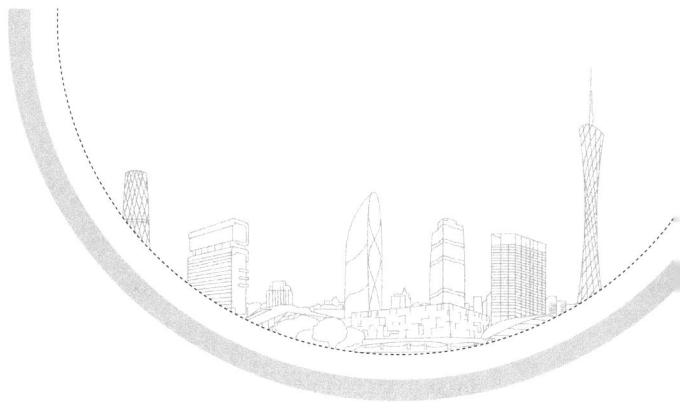

广州应在食品经营环节
推行"申请人承诺制"

【提要】食品经营环节推行"申请人承诺制"，是广州深化审批制度改革、优化营商环境的内在要求，旨在进一步简化和优化食品经营许可流程，提高审批效能。目前广州在食品经营环节办理经营许可证存在着三大问题：一是办证程序过于繁琐；二是事中事后监管方式粗放；三是创新监管改革动力仍显不足。借鉴深圳、成都和佛山等市在食品经营环节推行"申请人承诺制"的做法经验，建议：一是以市场需求为导向放宽准入，推行"申请人承诺制"；二是打通数据壁垒，提升办证便利度；三是以改革倒逼，创新事中事后监管。

我国《优化营商环境条例》和《广州市优化营商环境条例》均多次提及推行告知承诺制，并指出"符合相关条件和要求的，可以按照有关规定采取告知承诺的方式办理"。2020年10月国务院常务会议决定全面推行证明事项和涉企经营许可事项告知承诺制，以改革更大便利企业和群众办事创业。在食品经营环节推行"申请人承诺制"，是广州建设国家营商环境创新试点城市的内在要求，是广州推动营商环境改革迈入5.0时代的深入探索，旨在进一步简化和优化食品经营许可流程，提高审批效能，引导持证经营，加强事中事后监管，促进经营者落实食品安全主体责任，推动社会信用的构建，保障食品安全。目前广州在食品经营许可领域，出于食品安全管控考虑，暂未全面推行"许可事项告知承诺制"，改革进展不仅落后于粤港澳大湾区的深圳、中山、江门等市，也大大影响了广州市场主体满意度和获得感的提升。

一、广州在食品经营环节办理经营许可证存在的问题

近年来，尽管广州"证照分离"改革通过取消部分审批事项、审批改备案或告知承诺的方式，把一些审批项目进一步简化甚至取消，但在实际操作中，办理食品经营许可证的过程中仍然面临许多堵点、痛点和难点。

（一）办证程序过于繁琐

2020年5月，广州开通企业开办"一网通办"平台，实现企业开办全程网上办理，0.5个工作日取证。连锁企业普遍反映广州办照便利度显著提升，但是企业后续还需要办理食品、公共卫生、环保等等许可证，这些属于后置审批，严重拖慢了企业开业的进度。目前广州各区的食品企业监管基本上是根据《食品安全法》《食品经营许可管理办法》相关规定，即使企业总部已经申领《食品经营许可证》，连锁食品经营企业后续每开一家直营分店仍需要申请一次。在连锁食品经营方面，许可审批是在营业场所装修完毕，厨房、前厅设备设施到位，具备营业条件的情况下才提交申报材料。同时，《食品经营许可管理办法》规定，相关机构应自受理申请之日起20个工作日内应作出是否准予行政许可的决定，有特殊原因的可以再延长10天。目前由于广州各区现场核查标准不统一、核查时间过长等现实因素的影响，企业在具备营业条件的情况下，从提交申请到拿到食品经营许可证一般需要三至四周时间或者更长。如越秀区在办理连锁企业食品经营许可证前会要求增加一个选址确认书，要求城管、工商、卫生三部门一起检查，同意并颁发确认书后，企业才有资格去办理食品经营许可证。这样不仅增加大量的前置审批环节，而且耗费大量时间，大大延缓了企业正式经营的时间。虽然广州市目前已在个别区（如南沙）实行了《大型连锁食品经营单位食品经营许可试行"申请人承诺制"工作实施办法》，但限定条件较多，适用范围很小。

（二）事中事后监管方式粗放

对食品经营的连锁企业，在放宽准入门槛的同时，需要强化保障食品安全并需要不断创新监管方式。尤其是食品餐饮领域很多新零售、新业态涌现，对传统监管思维形成了巨大的挑战。传统经济监管侧重分区域、

分行业监管，采用人工巡查、专项行动、行政处罚等线下监管方式，已经不适应"四新"经济的网络化、扁平化、平台化、融合化的发展趋向和要求，对监管部门的权责划分与信息共享提出了挑战，在执法中容易产生监管缺失、相互推诿、重复执法和选择性执法等问题。以联合惩戒为例，有部门提出，制定联合惩戒清单基本靠一个牵头部门"单相思"，"绞尽脑汁地想这个单位可以做什么、那个单位可以做什么"，但事实上其他部门究竟能不能做并不清楚，而且相关单位间如何建立这种联合，缺乏有效的沟通机制和渠道，需要"顶层设计"的指引。

（三）创新监管改革动力仍显不足

许多市场主体反映，经过广州营商环境1.0到4.0版改革后成效显著，各部门不断倒逼重构审批和监管的工作流程，办事流程大大缩短。但对比国内先进城市对于证照分离的大胆创新探索，广州在"承诺制""容缺制"实践上倾向于保守做法，设置准入门槛较高，少数事项"放"得不够彻底，"证"的环节改革了，但"照"的环节没有解决，没有想象中那么顺畅。特别有是遍布全国的连锁企业反映，广州对比先进城市，与粤港澳大湾区城市相比，在制度创新上主动性不强，改革红利未能完全释放。

二、国内城市在食品经营环节推行"申请人承诺制"的改革经验

从目前全国各地餐饮业环境管理改革的情况来看，审批豁免制和告知承诺制是普遍采用的两种方式。成都、深圳和佛山市顺德区在这方面已经先行做出示范，并取得了较好成效，具体如下：

（一）成都市在食品经营环节推行"申请人承诺制"的先行示范

为优化食品经营许可条件、简化许可流程、缩短许可时限，降低食品经营企业准入准营的制度门槛和交易成本，2019年成都市市场监管局会同市网络理政办出台《关于推行连锁企业食品经营许可"申请人承诺制"的指导意见（试行）》，推行连锁企业食品经营许可"申请人承诺制"。符合条件并申请适用的连锁企业总部，经评审纳入适用范围后，其新开办直

营连锁门店申请食品经营许可适用"承诺制"审批，实施"先发证、后核查"规范。为保障食品安全，对于适用该制度取得食品经营许可的门店，通过"证后检查、信用惩戒"等方式加强事中、事后监管，实现科学监管与发展经济之间的良性互动。截至目前，成都市已有28家连锁食品经营企业申请适用（其中24家通过评审），100余家连锁门店适用"承诺制"并成功取得食品经营许可，顺利开展经营。

（二）深圳市在食品经营环节推行"申请人承诺制"的经验借鉴

为进一步深化行政审批制度改革，简化和优化食品经营许可流程，促进连锁食品经营企业发展，深圳市于2017年6月即下发《深圳市市场和质量监管委关于大型连锁食品经营单位食品经营许可试行申请人承诺制的通知》，对市内连锁食品销售单位包括超级市场（超市）、便利店、专业店（专卖店）、综合商场等使用统一商号、做到统一采购配送食品、统一经营管理规范的门店，实行"申请人承诺制"制度。新冠肺炎疫情暴发后，为满足市场需求，深圳市市场监管局在告知承诺制机制建设上进行了诸多创新，比如食品行业的食品经营许可承诺制，对于大型连锁经营单位采取"评审通过批量发证"的形式进行。目前已有星巴克、盒马、喜茶等23家餐饮企业的3000多家门店，均通过大型连锁单位申请人承诺制拿到了相关证件，不必再像过去那样，每开一家分店就要申办一次食品经营许可，大大提高审批效率，优化简化审批流程，企业市场投资热情持续高涨。

（三）佛山市顺德区首推食品企业"一照通"改革

为进一步深化"证照分离"改革，实现照后减证，能减尽减，能合则合，破解"准入不准营"问题，2020年5月，佛山市顺德区市场监督管理局按照佛山市市场监督管理局的统一部署，先行先试，担起"一照通"改革试点大旗，将涉及市场监管领域的经营许可与营业执照整合，实行一次受理、审批、发照。改革后只颁发营业执照，不再颁发食品经营许可证。市场主体凭一张营业执照即可从事食品经营许可，实现"一企一照，一照通行"。2020年11月，顺德再次将"一照通"改革扩大实施范围，将全部食品销售、餐饮服务事项一并纳入，此后从事食品销售、餐饮服务的商事主体均可在申领营业执照时一并申领食品经营许可，实现"一套表格，一次申领，一次跑动"。预计惠及主体数量将新增1.12万家，每年可减少群众跑动5.07万人次，全区企业开办效率在原有基础上将整体提速33.1%，实实在在地激发了市场经济活力。

三、广州在食品经营环节推行"申请人承诺制"的政策建议

在食品经营许可改革的总体思路是将管理重心从事前审批向事中和事后监管转移，通过推行"申请人承诺制"放宽准入，由企业总部签署诚信经营承诺书，集中提交布局流程图予以统一审核，创新食品经营监管方式，实现宽进严管，激发市场活力和动力。

（一）以市场需求为导向放宽准入，推行"申请人承诺制"

鉴于规模连锁食品经营单位主观珍惜自身品牌形象，客观违规成本高的实际情况，建议连锁食品经营单位申办《食品经营许可证》应试行"申请人承诺制"程序。试用上述办法的企业，建议为规模连锁食品经营单位，包括超级市场（超市）便利店，专业店（专卖店），综合商场，及大型餐馆、中型餐馆、小型餐馆、饮品店、糕点店等。尤其新零售生鲜电商业态连锁企业的发展变得越来越多元化，建议建立试错、容错机制，放宽行业前置准入门槛，加强事中事后监管，鼓励创新业务先落地试行、后规范监管，探索适应新业态特点的审慎包容监管方式，深化商事体制改革，进一步"证照分离"，在连锁企业等细分领域内落实"申请人承诺备案制"。试点企业总部应签署诚信经营承诺书，加强内部管理，履行相关法律责任和义务。向各市区食药监管局申请，集中提交"布局流程图"予以统一审核，审核通过的移交各区分局。连锁企业各新开门店按总部报备审核通过的布局流程图实际执行，各区分局在日常监管时，如发现现场布局流程与原审核通过报备资料有超过20%差异，或出现违反《食品安全法》及《食品经营许可管理办法》规定的情况，除要求整改、依法给予相应处罚之外，情节严重的还可采取取消其《申请人承诺制》试点资格的惩戒。

（二）打通数据壁垒，提升办证便利度

对广州连锁企业食品经营许可推行"申请人承诺制"改革涉及的办事

情形、审批和服务事项、办事指南、所需材料和表单、办事流程等进行梳理细化，按照"一套材料、一表登记"的原则，将办理营业执照信息与经营许可信息编制成综合申请表，整合简化文书规范，使办事更便利。按照统一规范和标准，改造升级各相关业务信息管理系统，可借鉴佛山顺德经验，将涉及市场监管部门的商事登记、食品经营许可等事项通过一体化平台统一受理、审批，打通政府部门内部之间数据壁垒，实现各部门、各层级、各业务系统数据信息互联互通、充分共享，最大程度做到"数据多跑路，群众少跑腿"。

（三）以改革倒逼，创新事中事后监管

目前广州已启用"双随机一公开"抽查系统，加强事中事后监管，执法从立案到结案的过程全公开，营造公开公平的营商环境。食品经营许可手续简化带来的办理时间更短，并不意味着一证到手就可高枕无忧，更不意味着可以弄虚作假。随着"证照分离"改革的实施，放宽市场准入，企业总量快速增长，但良莠不齐、鱼龙混杂现象也更加突出，这就对事中事后监管提出更高要求。建议在制定广州连锁企业食品经营许可推行"申请人承诺制"具体监管方案时，要就事中、事后监管分别作出考虑；对已经制定好的逐项的事中事后监管方案及协同监管机制等，要进一步深化细化，使其更具可操作性，并放在实践中不断检验和完善；对可能存在风险点的事项，做好评估和研判，制定风险防范和应急预案；推广市场监管部门"一次出动综合检查多个领域项目"的做法，将专业监管和综合监管高效结合，提高监管效率；通过建立配套的审批预警机制，与信用惩戒联合一起，对虚假承诺的失信行为进行严格监管，对检查中发现与承诺内容不相符的，给予严肃和严厉的行政处罚，并将经营主体划入失信黑名单，让失信者"一处失信，处处受限"。

（杨姝琴）

借鉴先进城市做法经验
推进广州数字政府建设

【提要】近年来，国内外先进城市主动顺应数字技术发展潮流，着眼政府数字化转型，在制定战略规划、提升服务能级、推动数据融合、深化数据应用、保护数据安全以及发展数字人才等方面积极开展创新实践，有力推动了政府治理体系的重塑与治理方式的变革。先进城市实践经验，可为广州建设精准高效数字政府提供有益借鉴：一是把握国家数字化政策法规调整机遇，加快完善相关制度标准；二是主动顺应需求端新变化新趋势，进一步深化政务服务供给侧改革；三是以建设全市统一的综合人口库为契机，加速打通数据共享大动脉；四是完善政务数据开放利用机制，着力盘活数据资源；五是建立数据分级分类保护制度，强化数据安全与风险防范；六是以政府首席数据官制度为依托，加快建设数字人才队伍。

数字政府建设是数字中国体系的有机组成部分，是连接贯通数字经济和数字社会的"核心引擎"，也是增强发展动力与人民福祉的重要举措。近日，中央审议通过《关于加强数字政府建设的指导意见》，就数字政府建设再次作出重要部署。广州作为重要国家中心城市，理应抢抓数字时代发展机遇，在充分发挥先发优势的基础上，积极借鉴国内外城市政府数字化转型先进经验，着力破障碍、补短板、强基础，全力打造国际一流、国内领先的数字政府建设广州范例。

一、国外先进城市数字政府建设经验

（一）纽约：构建开放共享的数字政府生态

一是出台法律法规，保障政府数据开放和大数据应用顺利推进。早在2012年便出台《纽约市开放数据法案》，并在2013年颁布《306号行政命令》，提出数据驱动的城市服务目标。开发和构建全市数据交换平台，归集和更新来自不同机构的数据或其他来源的数据。二是组建完善的组织体系，领导协调推进大数据应用。成立市长办公室数据分析团队，任命政府首席数据分析官和首席开放平台官，组建由纽约运营副市长牵头的纽约市数据分析指导委员会，制定全市数据分析的总体战略。三是基于已有技术和平台，研发数据融合共享系统，使得各部门之间能够安全地进行信息交换。

（二）伦敦：着力改善公民与政府的数字互动体验

一是提供更多基于用户设计的服务，希望依靠数据包容性、公民创新力、公众互动平台和技术的多样性最大程度提升市民体验感和参与度。二是成立伦敦数据分析办公室，制定全市范围的网络安全策略，强化数据权利和推动问责制度的构建，以提高政府创新能力和增加透明度。三是创建伦敦大数据库，市民可通过数据库免费访问大伦敦管理局和其他公共部门持有的数据并进行数据使用。四是开展数字学徒行动，通过数字学徒模式提高社会的数字技能基础，保证所有市民都可以从技术就业的增长中获得收益。

（三）新加坡：打造"以公民为中心"的整体政府

一是制定数字政府建设的战略规划和相关法律法规，如《电子交易法》《信息公开法》《滥用计算机法》《个人数据保护法》等。二是开通"一站式"政府数据开放网站，把土地、人口、商业和公共安全数据整合到统一框架下实现四大数据全面共享。三是建立政府信息化特派专员制度，为信息共享、大数据管理提供人才支撑。四是开发方便快捷的数字政务服务项目，打造公民参政议政的网络数字平台，提升公民幸福感。

（四）东京：实施"项目+人才"驱动的数字转型战略

一是通过开展未来办公空间营造、"5个less"、一站式在线手续办理、政府数据开放、初创企业与公民科技协同、内部管理事务流程改造以及数字化能力提升等项目推动行政服务数字化转型。二是在政府内部设立"智慧东京"建设专业顾问，公布实施《东京都ICT战略》，扩大信息通信技术（ICT）人才的培养力度。同时，组成多个由行政公务员、ICT技术公务员和专业顾问组成的小分队，负责具体项目的管理和推进。

二、国内先进城市数字政府建设经验

（一）北京：打造数字治理中国方案服务高地

一是连续发布《政务服务领先行动计划》，围绕"率先基本实现政务服务现代化"的目标，持续推动"接诉即办""放管服"等各项改革，不断融合"一门、一网、一号"三个平台，全面提升为民服务水平和能力。二是深入推进大数据行动计划，建立统一的市级大数据管理平台，实现政务数据和部分社会数据的汇聚共享和融合应用。发布《北京市公共数据管理办法》《北京市数据分类分级指南》《北京数据交易服务指南》等政策文件，完善数据安全保护制度。三是加大政府数据开发利用力度。围绕民生热点、政策落地等，加强数据资源分析挖掘，辅助科学决策。

（二）上海：打造超大城市"数治"新范式

一是拓展"一网通办"建设，围绕企业群众实际需求，深化"高效办成一件事"，实现"一件事"基本覆盖高频事项，构建全方位、全覆盖服务体系。二是深化"一网统管"建设，聚焦公共安全、应急管理、规划建设、城市网格化管理、交通管理、市场监管、生态环境等重点领域，实现态势全面感知、风险监测预警、趋势智能研判、资源统筹调度、行动人机协同。三是以"云网端边安"一体化数据资源服务平台为载体，形成"一网通办""一网统管"互为表里、相辅相成、融合创新的发展格局。四是以党建为引领，加强数字赋能多元化社会治理，推进基层治理、法治建设、群团组织等领域数字化转型。

（三）深圳：打造"数字中国"城市典范

一是深化公共服务"一屏智享"。深化"放管服"改革，实施"数字市民"计划，推进公共服务"一屏享、一体办"。推广"秒报秒批一体化"模式，全面提升民生服务领域智慧化水平。二是强化城市治理"一体联动"。探索"数字孪生城市"，升级"城市数字大脑"。构建数据资源全生命周期管理体系。推动科技赋能基层治理，加强社会信用体系建设，深化智慧城市合作。三是筑牢网络安全防护"防火墙"。2021年出台《深圳经济特区数据条例》，规范数据处理活动，强化网络信息安全管理、整体防护和技术应用创新，保护自然人、法人和非法人组织的合法权益。四是加大新型基础设施建设力度。制定《深圳市推进新型信息基础设施建设行动计划（2022—2025年）》，推动通信网络全面提速，建设城市大数据中心，增强算力、算法、数据等人工智能基础设施服务能力。

表1 广州与北上深杭数字政府建设相关政策制定情况

城市	时间	文件
北京	2021.9	《北京市接诉即办工作条例》
	2022.4	《北京市数字经济全产业链开放行动方案（征求意见稿）》
上海	2021.6	《上海市人民代表大会常务委员会关于进一步促进和保障"一网通办"改革的决定》
	2021.11	《上海市数据条例》
	2021.12	《上海市全面推进城市数字化转型"十四五"规划》
	2022.1	《推进治理数字化转型 实现高效能治理行动方案》
	2022.3	《上海城市数字化转型标准化建设实施方案》
深圳	2021.7	《深圳经济特区数据条例》
	2021.8	《深圳市推行首席数据官制度试点实施方案》
	2021.10	《深圳市人民政府关于加快智慧城市和数字政府建设的若干意见》

（续上表）

城市	时间	文件
深圳	2022.3	《深圳市推进新型信息基础设施建设行动计划（2022—2025年）》
	2022	《数字政府和智慧城市"十四五"发展规划》
杭州	2021.10	《杭州市数字政府建设"十四五"规划》
广州	2021.5	《广州市进一步加快智慧城市建设全面推进数字化发展工作方案》
	2021.7	《广州市推行首席数据官制度试点实施方案》
	2022.1	《广州市数字经济促进条例》
	2022.3	《广州市加快打造数字经济创新引领型城市的若干措施》

（四）杭州：打造"整体智治、唯实惟先"的现代政府

一是纵深推进"一网通办"，不断提升政务服务品质，深化人工智能等新一代信息技术应用，探索构建便利可及、平等包容和普惠共享的智慧化公共服务体系，建设高标准市场监管体系，打造最佳营商环境。二是持续优化"一脑治全城、两端同赋能"的运行模式，全面深化城市大脑"全域感知、深度思考、快速行动、知冷知暖、确保安全"的功能，运用数字孪生理念，整合各项应用，打造社区数字生活新空间。三是搭建全市统一的政务云资源管控中心，加强多级异构云平台之间的互通和融合管理，加快建设高速、移动、安全、泛在的市级网络基础设施体系，推进数据分级分类保护和安全管理，构建覆盖数据全生命周期的可追溯安全体系。

三、先进城市数字政府建设经验对广州的启示

（一）把握国家数字化政策法规调整机遇，加快完善相关制度标准

我们不难看出，国外先进城市都把制度先行作为政府数字化转型的

首要任务。与此同时，国内城市也开始日益重视顶层设计的重要性，尤其是北上深杭，在近两年内围绕数字政府、数字经济、数字城市以及数据管理等问题相继出台多份法律法规和政策文件（见表1），为加快推进政府数字化转型提供了有力的制度支撑。相比而言，广州无疑需要加快脚步，抢抓国家数字化政策法规调整机遇，加速完善配套相应地方法规与落地实施方案，通过持续有效的制度供给，为有序推进数字政府建设保驾护航。一是尽快出台《广州市数据条例》《广州市智慧政务服务条例》等相关法律文件，为数据要素的开放共享、流通利用和安全管理以及政务服务智能化、标准化、法制化筑牢法治根基。二是加快出台并落实《广州市数字政府建设"十四五"规划》及系列配套举措，为系统建设精准高效数字政府提供明确方向和指引。

（二）主动顺应需求端新变化新趋势，进一步深化政务服务供给侧改革

"以公民为中心"推动政务服务提质增效，保障企业和公民不断增长的公共需求得到满足，是近年来新加坡政府数字化转型的重要内容。广州应积极学习借鉴其经验，秉持人民至上、需求至上的理念，进一步深化以人民群众获得感和满意度为导向的政务服务改革，不断提升政务服务品质，优化政务服务效能。一是继续深耕现有政务品牌，持续开发并迭代更多实战管用、基层爱用、群众受用的应用场景，在准确把脉和精准识别群众和企业需求、体验和感受的基础上快速匹配政务服务资源，进一步提升用户参与感。二是深入推进"一件事一次办"改革，做精做细高频服务事项，聚焦解决"难点""堵点""痛点"问题，不断增强群众和企业享受政务服务的获得感。三是依托数字赋能进一步拓展和延伸基层智慧政务，提高线上政务服务的功能性和易用性，实现更多更全的政务服务事项"掌上办、指尖办"，打通数字赋能基层群众和企业的"最后一公里"。

（三）以建设全市统一的综合人口库为契机，加速打通数据共享大动脉

针对数字政府建设过程中长期存在的数据交互性低、融合度弱的关键问题，可学习国外先进城市建立开放共享平台或数据库的做法，以及北京、上海、杭州等地建立全市统一的数据资源服务管理平台和政务云资源管控中心经验，进一步推动数据联通和流程再造。一是加速打造市级大数据平台，实现对全市公共数据资源的统一、集约、安全、高效管理。加快制定《广州市公共数据管理办法》，完善数据检索、回流和追溯机制，以更大力度构建公共数据资源使用规范体系，着力打破数据壁垒。二是建立统一的政务云管理平台，整合、纳管各区各部门原有政务云，提高政务云集约化管理水平。在此基础上逐步建立并完善基础数据库、业务数据库、专题数据库等各类数据库建设，增强数据的兼容互认和共享共用。三是通过统一门户、智能嵌入、功能交互、无缝应用等方式积极探索更具包容性和开放性的扁平化管理模式，打通部门、层级合作障碍，实现资源整合、协同发展。

（四）完善政务数据开放利用机制，着力盘活数据资源

国外先进城市数字政府建设经历了从被动开放数据到主动开放数据再到挖掘数据价值的过程。针对当前广州市政务数据开放不够聚焦、数据开发程度不深的问题，建议学习纽约、伦敦等城市经验，以战略思维深入推进政务数据的有序开放和利用，全面提升政务公开水平及数据应用价值。一是选取创新驱动、经济发展、民生福祉等相关重要领域，逐步开放更多优质内部数据，与此同时，不断改善帮助用户理解数据的基础设施和技术条件，通过采取"数据公开行动"形成政府与公众的持续对话。二是统筹各部门社会数据需求，探索政企数据融合，扩大可利用数据范围。三是探索更加灵活的政企数据合作开发新模式，如建立与企业收益和成果利用情况挂钩的奖惩机制，采用成果先收费、收益归开发企业、再逐步过渡到免费的分阶段模式等，集中力量打造一批符合发展需求的、更新及时的、人无我有的精品成果。

（五）建立数据分级分类保护制度，强化数据安全与风险防范

针对数据收集、储存、共享与开放过程中数据安全与隐私问题，可学习伦敦制定网络安全策略和新加坡通过立法确保数据安全及国内城市建立全生命周期数据管理体系的做法，加快建立数据分级分类和隐私保护制度，构建动态安全的数字政府网络。一是立足"三位一体"数据安全原

则，逐步升级数据采集、传输、应用、处理、共享等各项技术，夯实数据安全的技术支撑。二是探索建立智能识别信息系统，从源头解决数据失真问题。制定高级别数据信息保护标准及数据应用授信机制，进而强化数据信息保护。三是加快数据安全与隐私保护立法进程，明确个人隐私的范围和权利边界，严厉打击数据泄露、诈骗与侵犯个人隐私的违法犯罪行为。

（六）以政府首席数据官制度为依托，加快建设数字人才队伍

针对当前公务人员数字素养和能力不足尤其是基层数字人才匮乏的问题，可学习新加坡和东京重视数字人才培养与供给的做法，结合当前政府首席数据官制度的推行，进一步加大数字人才队伍建设力度，将提升公务人员数字素养作为促进数字政府建设的重要软实力。一是重点针对全市政府首席数据官队伍进行专业培训，尽快打造一支本领过硬的领军型骨干力量。二是对全市公务人员的信息素养进行全面摸底，根据公务人员的岗位要求和信息素养基础进行分级分类培训，不断增强公务人员运用大数据处理和解决业务工作问题的能力。三是畅通数字人才流动通道，鼓励市、区高端数字人才定期向基层下沉，优化基层数字人才供应链。四是出台有效的政策激励机制，引导专业化技术人才积极投身于数字政府建设，为人才发展创造良好的社会氛围。

（万　玲）

完善广州政府首席数据官制度

【提要】数据是数字时代的重要资产和战略资源。设立政府首席数据官统筹广州数据战略推进、推动政府数据资源的开放共享与开发利用是广州政府数据治理体系创新的重要举措。从目前广州政府首席数据官制度的初步探索来看，虽然一些做法值得肯定，但仍存在诸多不足，亟须在汲取前期试点经验的基础上，统筹考虑、多措并举进一步推动广州政府首席数据官制度向纵深迈进。建议：一是完善实施细则，进一步明确政府首席数据官的职责权限；二是深化协同联动，最大限度激发政府首席数据官的撬动效应；三是加强队伍建设，着力构建政府首席数据官的全链条培养体系；四是营造良好生态，全面夯实政府首席数据官的工作根基。

在政府层面设立首席数据官是顺应数字化变革趋势、提高数据治理和数据运营能力的必然要求。2021年7月，广州正式启动政府首席数据官试点工作，迄今为止，已近两年时间。政府首席数据官制度作为一项新生事物，广州的探索试点对其他城市具有一定借鉴作用。总结广州前期试点工作的主要特点和问题并提出改进思路和建议，对稳妥推进广州政府首席数据官制度，助力广州数据要素市场化配置改革和全面数字化转型具有重要意义。

一、广州探索政府首席数据官制度的主要做法与成效

（一）创新体制机制，完善工作体系

坚持高位推动的原则，由分管政务数据管理的市领导担任市首席数据

官，同时增设首席数据执行官一职，协助市首席数据官开展工作。各区、部门（含公共企事业单位）分别设立区属、部属首席数据官，海珠区还在街道层面率先设立数据联络专员，由此初步形成了包含市首席数据官—市首席数据执行官—各区、部门首席数据官—街道数据联络专员四级联动的首席数据官队伍。同时，建立议事协调述职机制，规范首席数据官任职、联席会议、跟踪督办、工作专报、年度述职、考核评估等制度，确保首席数据官队伍能真正运作。

（二）开发特色场景，打造共享平台

各试点单位积极发挥首席数据官的职责作用，以数据驱动业务变革，形成了诸多富于特色的数据应用。如海珠区聚焦"经济""人口"等两大核心关键数据资源，致力于打通数据壁垒，在全省率先打造了经济大数据平台和人口大数据平台，实现了跨层级、跨部门、跨系统数据在平台上的融合汇聚。番禺区设置46名首席数据官，助力数据高度共享、业务高度协同。目前，区数据中心交换数据超21亿条，日均交换量达600多万条。南沙区积极开展粤港澳大湾区数据要素跨境合作试点工作，编制了数据合作试验区发展规划，并深入研究科研数据跨境流动和深入融合的最优路径，为充分发挥数据的倍增效应作出了有益尝试。

（三）健全制度安排，强化数据管理

出台《广州市数据要素市场化配置改革行动方案》，推动制定"一规章两办法"（即《广州市公共数据管理规定》《广州市公共数据开放管理办法》《广州市政务数据安全管理办法》），加强公共数据采集汇聚和质量管理。上线市政务大数据中心门户，开展公共数据资源普查工作，共采集摸查3000多个数据资源近240亿条数据，数据挂接率、规范率、鲜活率均在全省名列前茅。简化部门数据申请流程，并以荔湾区实有人口数据为试点，将清洗后的数据主动回流赋能基层治理。健全公共数据开放制度体系，为首届广州白云数据创新应用大赛和2021全球开放数据应用创新大赛等提供开放数据支持。

（四）加大培训力度，提升团队效能

市政务服务数据管理局牵头举办首席数据官队伍数字化能力素养培

训。市人力资源社会保障局举办"数字化能力提升"系列培训。市统计局"以赛选才"，组织举办统计技能大赛，挖掘信息化突出技能专才，并发挥技能能手"传帮带"作用，引导更多年轻干部投身数字化改革。广州供电局在企业专业技术、技能人员评价标准中突出了数字化素养方面的要求。广州公交集团组建大数据中心事业部，以"规模化整合、专业化运营"为思路，整合集团信息化人才资源，赋能集团数字化转型，实现"十四五"智慧公交企业的建设目标。

二、广州政府首席数据官制度面临的主要问题

（一）职责定位不清晰，权责结构亟待规范

从前期的试点方案来看，广州对于政府首席数据官的职责定位还过于模糊，而且缺乏阶段性指引，一定程度上影响了制度效力。反观深圳、佛山、珠海等地，尽管各地表述不一、各有侧重，但无一例外对政府首席数据官的职责范围有较为清晰的说明（见表1）。此外，作为一种全新的复合型行政职位，政府首席数据官实质上是一套完备的组织架构和管理体系，其在整个政府治理架构中的角色权限尤其是在数据要素交易合作机制中的功能定位以及整体的工作优先级如何确定等问题仍需在具体实践中作进一步的明晰和规范。

表1　深圳、佛山、珠海等地政府首席数据官职责范围

城市	政府首席数据官职责范围
深圳	①推进智慧城市和数字政府建设；②完善数据标准化管理；③推进数据融合创新应用；④实施常态化指导监督；⑤加强人才队伍建设；⑥开展特色数据应用探索
佛山	①推进数字政府建设；②统筹数据管理和融合创新；③实施常态化指导监督；④加强人才队伍建设
珠海	①统筹数据管理工作；②协助推进数字政府建设；③实施常态化指导监督；④加强数据运营支撑

（二）联动效应不明显，整体合力亟待提升

政府首席数据官是大数据治理的核心力量，在推动建立数据驱动型政府治理体系和提升政府数字化治理能力方面发挥着关键的作用。而从目前的具体实践来看，很显然，广州政府首席数据官的影响力仍相当有限。其中除了因为这是一个新生的事物之外，很大一部分原因仍在于各部门的政府首席数据官之间还并未形成长效的联动机制，因此不能够很好地将其他业务数据和专业力量嵌入到各自的核心工作之中，从而合作确定数据治理的关键问题与任务需求，吸纳与整合内外资源的能力与数字政府建设的要求之间还存在一定差距。与此同时，其在开展数据技能培训、倡导数据共享文化、优化政府数据分析流程等方面的作用也还有待进一步的发挥。

（三）人才供需不匹配，技术困境亟待破局

成功的政府首席数据官必然善于与体制内外的机构开展各种各样的合作，并形成服务于整个机构的合作团队。而现实中我们看到，很多单位其实并没有专门的信息部门，即使有，相关的专业人员也非常少，根本无法对接当前如此大规模的数字服务需求。公务人员数据技能欠缺，专业化数据治理人才匮乏已经成为困扰目前政府首席数据官有效开展工作的普遍性困难。尤其是越往基层，这样的矛盾越发凸显。而且，从前期试点情况来看，市、区层面目前针对这一新型岗位进行的有组织有计划的专业培训还比较少，并没有形成政府首席数据官队伍的系统培养规划和体系，专业人才的结构性改革还有待进一步深化。

（四）配套保障不充分，运行环境亟待改善

可以预见，随着数字政府建设步伐的日渐加快，不同层级和部门之间政府数据治理的统筹规划与结构优化任务将会不断凸显，这无疑给政府首席数据官提出了严峻的挑战。要切实完成政府和企业赋予首席数据官的重要使命，除了上文中提到的权责空间和人才因素之外，还需从法律制度、基础设施等多个维度为首席数据官提供坚实的条件支撑，唯有如此，才有可能真正实现政府数据治理的长效化和常态化。

三、完善广州政府首席数据官制度的政策建议

为进一步提升政府数据治理能力，广州可充分借鉴国外政府首席数据官制度的实践经验，在当前基础上，从完善实施细则、深化协同联动、加强队伍建设、营造良好生态等角度统筹考虑，多措并举进一步推动广州政府首席数据官制度落实落细。

（一）完善实施细则，进一步明确政府首席数据官的职责权限

综观世界各国，无不把明确政府首席数据官的角色权限和责任义务作为数字政府建设的首要之举。广州若要全面推行政府首席数据官制度，无疑仍需进一步明确其多重职责及作用边界。建议：一是对政府首席数据官的职责定位进行全方位建构。包括明确常规职责、差异职责和阶段职责等。与此同时，细化政府首席数据官的治理目标及推进路线。可制定广州市政府数据治理三年或五年行动方案，明确不同阶段的任务要求和实施路线图，实现统一部署、一体推进，确定政府首席数据官在不同阶段的重点任务和工作优先级，避免在众多职责中顾此失彼。制定重点事项清单，为政府首席数据官更好地开展工作提供清晰指引和明确遵循。二是进一步完善政府数据跨地区、跨部门以及跨领域开发利用权责体系。强化政府首席数据官的组织地位，提升首席数据官在重大数据问题上的话语权。根据政府首席数据官的职责定位、政府部门数据治理的资源设施、配套条件与管理能力等因素，明确不同层级、不同部门和不同领域首席数据官规模、结构、分工以及合作方式，逐步形成层次分明、纵横贯通、衔接紧密、权责相适的政府数据治理组织架构。

（二）深化协同联动，最大限度激发政府首席数据官的撬动效应

政府首席数据官并不是孤立的存在，相反，其与政府内外其他要素之间是一个相互关联、不可分割的整体。应充分发挥其核心引擎作用，加快形成以首席数据官为牵引的多主体、多部门协同的整体化数据治理格局，最大程度提升治理效能、释放数据红利。建议：一是继续落实落细市、区两级政府首席数据官联席会议制度，定期组织召开会议就各区、各单位数据治理的经验和问题进行沟通交流，并对全市数据管理进行战略决策，共

同提升数据治理能力和水平。二是完善不同层级和业务部门之间首席数据官的协同机制，借助首席数据官承上启下、里外衔接的职能发挥，进一步强化对政府数据价值链的全方位开发与管理。三是完善数据治理的具体业务流程与规则，如针对不同部门间元数据标准、数据格式、许可条件等差异，加快制定并形成涵盖数据管理技术、标准、规则的全生命周期管理体系，从根本上解决数据融合、隐私保护以及权属利益问题。

（三）加强队伍建设，着力构建政府首席数据官全链条培养体系

种类繁杂的数据任务、开放兼容的工作原则对政府首席数据官的知识结构与能力素质提出了较高要求，亟须提升其对数据治理的内生能力、运营能力、综合领导能力以及绩效管理能力。建议：一是进一步拓展政府首席数据官的选拔渠道。如，可采取竞争上岗或面向社会公开招聘的方式选拔政府首席数据官，也可以从科研单位、高校等机构中选拔数据治理方面的专家学者进入政府数据治理体系。二是建立政府首席数据官借调或挂职制度，打通上下人才流通壁垒。可分期分批选派市、区两级优秀的政府首席数据官到基层锻炼，加大对基层的技术扶持力度。三是创新团队合作机制。鼓励政府首席数据官与不同类型数据运营商、民间非营利机构等围绕政府数据平台建设、数据项目开发等问题建立紧密的多元合作伙伴关系。在此基础上，借鉴美国芝加哥的做法，积极建立和部署一系列拥有不同专业技能的团队，如高级分析团队、开放数据团队、业务智能团队和数据管理团队等，以方便业务流程上下游的无缝对接。四是构建全链条培养体系，通过与高校、科研院所等机构联合开发面向政府首席数据官以及公务人员的多样化数据技能培训课程，不断提高首席数据官和公务人员的综合素养和数字能力，全力打造一支"懂业务、懂技术、懂管理"的复合型数据资源管理队伍。

（四）营造良好生态，全面夯实政府首席数据官的工作根基

一项好的制度要真正发挥作用，离不开周遭环境的支持。从美、英、法等设有政府首席数据官职位的国家来看，无不把营造政府首席数据官施展能力、发挥作用的基本生态作为共识之举。因此，建议：一是加快完善数据管理法律规范和政策框架，通过制定开放数据和数据安全隐私保护政策及相关执行方案等，为首席数据官的职责履行提供合法性依据。同时，加快推进不同机构间数据制度的相互衔接以及数据规范的统一，进一步破除数据壁垒。二是加大数据基础设施投资力度。可学习深圳做法，尽快制定广州新型信息基础设施建设行动计划，适度超前布局更富于竞争力的通信基础设施，通过前沿技术的及时嵌入为政府首席数据官的作用发挥提供坚强的后盾和保障。

（万　玲）

国内先进城市数字社会建设经验及其对广州的启示

【提要】数字社会建设作为城市全面数字化转型的重要组成，是推进城市高质量发展、创造高品质生活、实现高效能治理的重要抓手，也是实现老城市新活力的重要途径。近年来，北上深杭等城市在数字社会建设方面进行了有益探索，其经验做法对广州数字社会建设具有积极启示：第一，加强政府主导和顶层设计是数字社会建设的组织保障；第二，聚焦群众生活打造标杆场景是数字社会建设的最佳切入点；第三，加大场景开放及政企合作力度是数字社会建设的重要途径；第四，促进数据开放与保障数据安全并重是数字社会建设的基石；第五，提升全社会数字技能数字素养是数字社会建设的关键因素。

"打造融合普惠的数字社会"是推动城市全面数字化转型的重要内容。相对于数字经济和数字政府，数字社会所涉及的领域更加广泛，内涵界定也相对模糊。进一步厘清数字社会的内涵，以数字社会建设为引领推进广州公共服务和社会治理创新，构筑全民畅享的数字生活，对于探索符合时代特征、广州特色的城市数字化转型新路子，加快建设具有全球影响力的活力城市具有重要意义。

一、从社会数字化与治理数字化两方面把握数字社会的内涵与要求

近年来"数字社会"虽然在理论研究和政策文本中频频出现，但并未

形成统一的概念界定。目前，学界和对"数字社会"概念的使用主要可以概括为以下三方面：

一是从生产力发展角度把数字社会定义为人类社会的一个新发展阶段。如有学者认为，人类社会的发展可分为狩猎采集社会（1.0社会）、农业社会（2.0社会）、工业社会（3.0社会）、信息社会（4.0社会）与数字社会（5.0社会）五个阶段。其中数字社会"是人类所正面临的，但未来样态尚未明确的第五个发展阶段。该社会是第四代'数字革命'的产物，其发展依托于大数据、互联网、人工智能、区块链以及新无线网络、5G技术等"。

二是从社会关系和社会存在形式角度把数字社会理解为全面实现数字化智能化区块链化的社会。这一观点认为数字社会的主要或一切社会属性和社会行为均用数字刻画，社会的分化、整合，社会不平等均依可计算原则呈现。"数字社会是一个用数字缔结的、万物互联的社会关系体系。""数字社会就是全面实现计算机化、智能化、网络化和区块链化的社会。"

三是从社会运行和社会治理的角度把数字社会认定为智能化敏捷化现代化的社会。这一观点认为：数字社会是与信息技术革命相适应的，基于数字驱动实现社会智能化、敏捷化和现代化运转的社会形态，其具体内涵是在传感技术、移动智能终端、人工智能等信息技术发展的基础上，利用网络及其应用积累的海量数据首先实现社会关系的网络化，并将各个不同的领域划分为网络节点，通过大数据和网络节点打通现有领域条块分割的格局，进一步驱动社会的共建共治共享，最终高水平实现社会协同和公众参与的目标，即治理的数字化。

在政策层面，目前的政策文本侧重于对"数字社会"建设内容进行阐述，对概念本身没有做出界定。2017年党的十九大报告提出建设"智慧社会"，其内容涵盖了经济发展、政府决策、社会治理、公共服务等方面。2021年3月，《中华人民共和国国民经济和社会发展第十四个五年规划和2035年远景目标纲要》中首次提出建设数字社会，其内容包括三方面：一是提供智慧便捷的公共服务，二是建设智慧城市和数字乡村，三是构筑美好数字生活新图景。另外，2021年12月发布的《"十四五"国家信息化规划》中，认为数字社会建设的主要内容包括：社会治安和公共安全、基层治理、新型智慧城市和数字乡村建设。

综合相关理论研究及政策文本对数字社会的阐述，数字社会的内涵主要有两大维度：一是社会的数字化，二是治理的数字化。社会数字化是指数字技术打破了社会的时空界限，带来了社会生活领域的革命性变革，在线化、协同化、无接触为特点的应用场景不断迭代，利用传感技术、物联网、移动智能终端、人工智能等信息网络技术，逐渐将社会结构、社会关系转变为网络节点并组织化。治理数字化是利用移动智能终端和大数据技术推动社会治理和民生服务，打通社会各领域条块分割格局，互联网成为创新社会治理、激发共治共享的平台。从政策的可操作性出发，可以将数字社会建设理解为：通过大数据、互联网、人工智能、区块链、云计算以及新无线网络、5G等技术的广泛应用，实现人们社会交往、日常生活、公共服务、城市治理、乡村发展的数字化、智慧化。

二、国内先进城市数字社会建设的做法经验

北京、上海、深圳、杭州、厦门等城市近年来把数字社会建设作为城市数字化转型的重要内容大力推进。总结其经验做法，对广州加快数字社会建设具有借鉴意义。

（一）加强组织领导，完善顶层设计

党委、政府的高度重视和科学的顶层设计是数字社会建设顺利推进的必要条件。国内先进城市都先后成立了以党委、政府主要领导担任组长的数字化转型工作领导小组，统筹指挥经济、社会、治理数字化转型工作，制定长期发展规划、近期实施方案、颁布各项保障措施及法律法规，健全统筹协调和推进机制，协调解决工作中遇到的重大问题，加强跨区域、跨部门、跨层级的组织联动。

表1　各市数字化转型领导机构与顶层设计

城市	领导机构	政策文件	目标
北京	2021年8月，成立全球数字经济标杆城市建设专班，市主要领导担任专班领导	2020.9《北京市促进数字经济创新发展行动纲要（2020—2022年）》 2021.7《北京市关于加快建设全球数字经济标杆城市的实施方案》 2022.5《北京市数字经济促进条例》 2022.5.21《关于加强基层治理体系和治理能力现代化建设的实施意见》	2022年，进一步巩固国内标杆城市地位 2025年，进入国际先进数字经济城市行列 2030年，建设成为全球数字经济标杆城市，全面实现数字化赋能超大城市治理
上海	2020年12月，成立上海市数字化转型工作领导小组，市委书记李强、市委副书记、市长龚正担任组长	2021.7《关于全面推进上海城市数字化转型的意见》 2021.7《推进上海生活数字化转型　构建高品质数字生活行动方案（2021—2023年）》 2021.10《上海市全面推进城市数字化转型"十四五"规划》 2022.2《上海城市数字化转型标准化建设实施方案》	2025年，打造国际一流、国内领先的数字化标杆城市 2035年，建成具有世界影响力的国际数字之都
深圳	2021年7月，成立智慧城市和数字政府建设领导小组，市长覃伟中担任组长	2019.8《深圳市智慧城市建设总体方案》 2021.1《深圳市人民政府关于加快智慧城市和数字政府建设的若干意见》 2021.6《深圳经济特区数据条例》	2020年，建成国家新型智慧城市标杆市，达到世界一流水平 2025年，全球新型智慧城市标杆和"数字中国"城市典范

（续上表）

城市	领导机构	政策文件	目标
杭州	2018年12月，建立杭州市城市大脑建设工作领导小组，后更名为数智杭州建设工作领导小组，市委改革办为统领、各相关部门组成	2018.4《杭州城市数据大脑规划》 2019.4《杭州市深化"最多跑一次"改革推进政府数字化转型实施方案》 2021.10《杭州市数字政府建设"十四五"规划》	2025年，基本建成"整体智治、唯实惟先"的现代政府 2035年，数字化推动政府深化改革和生产关系变革成效凸显，数据要素的流通体制机制基本健全，全面实现用数据决策、用数据服务、用数据治理、用数据创新
厦门	2007年成立数字厦门建设领导小组，刘赐贵市长为组长	2021.12《厦门市"十四五"数字厦门专项规划》 2022.5《2022年数字厦门工作要点》	2025年，基本实现数字化改革与发展目标，使厦门成为"数字中国"建设样板城市和数字经济创新发展示范市

（二）坚持"以人民中心"的发展理念

国内先进城市在推进数字社会建设过程中践行"以人民为中心"的发展理念，以数字化提升市民服务体验为切入口，围绕基本民生、质量民生、底线民生三大板块，聚焦健康、成长、居住、出行、文旅、消费、扶助、无障碍等领域，不断提升各类民生服务的精准性、充分性和均衡性。

表2　各市推进民生服务数字化的主要做法

城市	做法
北京	①加快"数字市民"建设 ②深化数字技术在各个社会事业领域的应用 ③提升公共服务、社会治理的数字化水平 ④努力在数字教育、数字文化、数字社会保障、数字社区建设方面取得更大突破

（续上表）

城市	做法
上海	①以满足市民对美好生活的向往为目标，打造智能、高效、便捷的数字化公共服务体系 ②推动公共卫生、健康、教育、养老、就业、社保等基本民生保障更均衡、更精准、更充分 ③打造一批智慧医院、数字校园、社区生活服务等数字化示范场景
深圳	①积极推广5G、人工智能、区块链等新一代信息技术在民生服务领域的应用 ②推动远程医疗、智慧交通、智慧教育、智慧养老、数字文化等重点领域服务新模式快速发展
杭州	①探索构建便利可及、平等包容和普惠共享的智慧化公共服务体系 ②坚持和完善"民呼我为"为民服务机制 ③加快构建幼有善育、学有优教、病有良医、老有颐养、住有宜居、劳有厚得、弱有众扶的智慧公共服务体系
厦门	①全面提升数字惠民水平 ②大力推进智慧医疗、智慧教育、智慧交通、智慧社区、智慧民政服务

（三）推动多元主体共同参与

各市在推进数字社会建设过程中，积极构建政府、市场、社会共同参与的多元共建共治格局，实行政府主导、企业参与、产学研合作的开发与建设运营模式，同时积极鼓励公共数据和社会数据共建共享，实施全民数字素养提升工程，增强全社会对数字社会建设的认知度和参与度。

表3　各市构建多元主体共建共治格局的主要做法

城市	做法
北京	积极推动社会力量参与，共同营造引领全球的数字社会生态
上海	①坚持政府与市场"和弦共振"。在政府引导下，调动市场主体的积极性，鼓励市场力量参与和支持数字社会创新应用，构建多方协同治理格局 ②强化全民"数字素养"教育。鼓励高校、社会机构等面向各类群体建立数字化技术终身学习平台和培训体系，引导市民重塑数字时代的认知能力与思维模式

城市	做法
深圳	①建立完善智慧城市和数字政府项目长期运营合作伙伴机制 ②探索多模式开展项目规划、建设和运营 ③鼓励社会机构积极参与应用场景开发
杭州	①探索设立智慧城市建设创新基金，积极构建"政府主导，企业主体，市场合作，购买服务"的多元化筹资渠道 ②深化政产学研合作，以场景和数据开放为载体，深化与高校、科研机构和企业的合作，探索社会化、市场化开发与建设运营模式 ③实施全民数字素养提升计划
厦门	①有效整合产业链上各方力量，吸纳优秀企业共同参与"数字厦门"建设 ②完善以政府投入为引导，吸引社会资金广泛参与的多元化投资建设与运营模式 ③充分发挥"数字厦门"专家委员会和科研院所、咨询机构等智库和行业专家力量

（四）优化数字社会安全发展环境

数据安全是数字社会运行的基础，数字政府越发达、数字经济越壮大、"数字市民"场景越丰富，一旦出现安全问题，带来的损失就越严重。各地在数字社会建设过程中都把打造数字安全发展环境作为重要内容同步推进。北京建立健全数字经济市场监管体系，完善平台企业垄断认定、数据分级分类收集使用管理、消费者权益保护等方面的监管措施，完善数字经济治理体系。上海颁布《上海市数据条例》及配套政策，出台数据安全领域"1+5+X"政策性文件，为上海城市数字化转型打下坚实的制度基础，提供有力的法治保障。深圳制定了《深圳经济特区数据条例》《深圳经济特区信息化建设条例》，强化网络信息安全管理、规范数据处理活动，保护个人、法人、非法人组织的合法权益。杭州建立数据安全管控平台和保密自监管系统，推进数据分级分类保护和安全管理，构建覆盖数据治理全生命周期的可追溯安全体系。厦门推进数据安全、个人信息保护等领域基础制度建设，建立健全网络应急处理协调机制，强化网络安全保障能力和应急能力，开展网络安全培训和应急演练。

（五）打造超大城市社会治理数字化新范式

各市将大数据、人工智能、云计算等为代表的数字技术广泛运用于城市治理的各个方面，促进了社会治理的流程再造、规则重构、功能塑造，生态构建，提升了社会治理数字化水平，打造了超大城市社会治理新范式。

表4　各市打造超大城市社会治理数字化的主要做法

城市	做法
北京	①以深化吹哨报到和接诉即办改革为牵引，加强网格化管理平台建设，健全问题发现、研判预警、指挥调度、督办处置、考核评价四大核心功能 ②推进12345市民服务热线联动贯通，构建以诉求解决、主动服务、群防群治三位一体综合化网格工作模式 ③推进基层治理智慧化，加快推进"一库、两平台"建设，实现数据赋能基层治理
上海	①以党建为引领，加强数字赋能多元化社会治理，推进基层治理、法治建设、群团组织等领域数字化转型 ②以"云网端边安"一体化数据资源服务平台为载体，形成"一网通办""一网统管"互为表里、相辅相成、融合创新的治理新格局
深圳	①构建"1+4"智慧城市和数字政府体系 ②推动"六个一"发展目标，即"一图全面感知、一号走遍深圳、一键可知全局、一体运行联动、一站创新创业、一屏智享生活"
杭州	①做强做优城市大脑，完善城市大脑"一整两通三同直达"治理体系，持续优化"一脑治全城、两端同赋能"的运行模式，全面深化城市大脑"全域感知、深度思考、快速行动、知冷知暖、确保安全"的功能 ②运用数字孪生理念，整合各项应用，打造社区数字生活新空间
厦门	构建智能化、融合化的城市运行"一网统管"治理体系，切实提高社会治理能力现代化水平

（六）着力消除数字鸿沟

随着信息技术发展，越来越多的便民服务需要在网上办理，但部分人群却被拦在了互联网门外。为了让老年人等特殊群体能跟上数字化步伐，各市重视解决"数字鸿沟"问题，让每个市民都能享受"数字红利"。北京推行适老化和无障碍信息服务，开展科技惠老活动，帮助老年人融入数字社会，保留必要的线下办事服务渠道。上海聚焦老年人就医、出行、居家、文娱、学习等需求，搭建综合为老平台，实现各类服务"一键通"，鼓励发展居家"虚拟养老院"新模式，提升服务触达性和精准度；鼓励电信服务向残疾人、农村居民、老年人等特殊群体倾斜，提升各类公共服务的"数字无障碍"水平。深圳建立社区养老助残服务平台，为老年人、残疾人等群体提供办证、领取补助等公共服务；建设社区医养一体化系统，将社区医疗和养老相结合，为老年人、残疾人等提供移动医疗、养老信息管理、生命体征监测等服务，有效解决老年人及残疾人的就医及养老问题。杭州启动数字包容行动，围绕出行、就医、教育、文娱等高频民生事项，推出适应老年人、残疾人等特殊人群需求的智能化服务；实施数字均等化计划，推动优质公共服务向基层、向欠发达地区、向特殊群体延伸，着力弥合城乡、区域间优质公共服务差距。厦门实施长者服务"银色数字工程"，帮助老年人更好适应数字社会。

（七）加快数字乡村建设

北京、上海、杭州、深圳、厦门等地将数字乡村建设作为数字社会建设的重要方面，着力弥合城乡数字鸿沟，统筹推进农村经济、政治、文化、社会、生态文明和党的建设等各领域数字化建设。北京2018年印发的《实施乡村振兴战略扎实推进美丽乡村建设专项行动计划（2018—2020年）》，提出要充分利用互联网、大数据等手段分析乡村振兴战略22项具体指标的实施效果。同时，市政府办公厅编制的《北京大数据行动计划工作方案》中提出了"四梁八柱深地基"的大数据平台总体架构，农业农村是"八柱"的重要组成部分。上海以数字化推动农业生产智慧精准。打造数字农业"一张图"，完善农业空间信息基础，加快数字农田建设，加快农业种植、渔业养殖、河流、土壤潜力等信息采集，编制关键要素基本名

315

录。杭州建立健全市、县、乡镇、村"四级联动"机制，高标准推进数字赋能乡村产业发展、美丽乡村建设、行业监督管理、乡村"四治"融合。通过建立城乡公共服务的融合机制，将城市公共服务资源延伸到农村社区，推进城乡基本公共服务均等化。探索推进"数字农业"，开发农业农村大数据平台。厦门进一步完善乡村数字基础设施，增强乡村治理能力。推广"综治中心+网格化+信息化"管理新模式，提高社会治理社会化、法治化、智能化、专业化水平。推动"最多跑一次"改革向基层延伸，加快在乡镇建设综合便民服务平台和网上办事平台，实行"一门式办理、一站式服务"。开展"互联网+农村教育"计划，实现宽带网络和多媒体教室校校通。持续开展对农村饮用水水源水质、农村污染物、污染源在线监测，切实改善农村人居环境。提升信息惠农服务，结合"信息进村入户工程"，构建起覆盖全市、统一管理、上下联动的益农信息服务体系。通过大数据分析，动态监测脱贫对象的生产、生活变化，实施主动帮扶、精准救助。

三、对广州数字社会建设的几点启示

（一）加强政府主导和顶层设计是数字社会建设的组织保障

各市在推进城市数字化转型过程中都成立了专门的领导机构，如北京的全球数字经济标杆城市建设专班、上海的城市数字化转型工作领导小组、杭州的"数智杭州"建设领导小组和"1+5"工作专班、深圳的智慧城市和数字政府建设领导小组、厦门的"数字厦门"建设领导小组，负责统筹推进各项工作，取得了较好的效果。建议广州在推进数字社会建设过程中也要进一步加强政府的主导作用，完善顶层设计。一是成立一个强有力的领导小组，能够跨区域、跨部门、跨层级统筹协调各方面力量；二是设置专门的工作机构，能够打破部门壁垒，及时梳理并协调解决数字社会建设中遇到的难点、堵点，推进建设项目落地实施；三是制定全面的数字社会建设政策、规划、行动方案以及相关法律法规，保证数字转型有序推进。

（二）聚焦群众生活打造标杆场景是数字社会建设的最佳切入点

上海在数字社会建设中优先打造了11个老百姓最关心、最直接、最受用的标杆应用场景，包括医疗、为老服务、酒店、交通出行、教育、商圈、社区、早餐工程等场景；杭州的"数智就业"、"e房通"、数智助残的"辅具智配"、智慧医疗、智慧养老等智能便捷服务，受到广大市民的好评；厦门大力推进"三医联动一张网"整合，推进智慧出行、智慧校园、智慧健康、智慧民政服务，极大提高了公共服务的便捷化智能化。建议广州在数字社会建设中突出以问题为导向，坚持急用先行的原则，注重以场景建设为牵引，围绕市民普遍关心的医疗、教育、交通、养老、安全、社区生活等领域，也是痛点、难点、堵点较多的领域打造数字化便捷应用场景，使人民群众能享受到数字红利，从而更主动参与到数字社会建设中。

（三）加大场景开放及政企合作力度是数字社会建设的重要途径

建设数字社会离不开信息网络、人工智能等新技术的广泛应用，离不开各类科技企业的参与。北京上海等城市数字社会建设都积极与科技企业合作，开放众多领域，创新场景应用。建议广州在设计、规划城市数字社会建设中进一步加大场景开放力度，加强与科技企业的合作，主动寻求用科技手段解决社会治理、公共服务中存在的痛点难点问题，促进新技术在人民生活、社会治理、应急管理、安全生产等领域落地应用，通过大场景、大项目建设带动数字社会建设整体推进。

（四）促进数据开放与保障数据安全并重是数字社会建设的基石

当前，政府数据向社会开放程度不足，各部门间存在数字壁垒、政府数据和企业数据共享不够是数字社会建设的重要障碍。与此同时，随着城市数字化建设提上日程，数据安全、个人隐私保护、知识产权保护的重要性也日益凸现。建议广州在数字社会建设过程中必须把促进数据共享和保障数据安全同步推进。一是构建开放共享的数据资源体系，强化数据资源汇聚共享，打破信息孤岛、数据壁垒。广州虽然已颁布了数据共享的相关法规政策，但在具体实施细则上还不够完善，存在很多模糊地带，制约了信息共享的推进。当前应在现有法律法规基础上进一步细化相关规定，明确政府数据共享的权责、边界、路径，使信息共享具有更强的操作性。二是深化数据资源开发利用，编制公共数据资源开放目录清单，发布年度公共数据开放计划。三是加强信息安全和个人信息保护。要根据数字社会建设的需要尽快出台相关法律法规及实施操作细则，保护政府、企业及个人的信息安全，保障数据的安全运行，打造安全开放的数字空间。

（五）提升全社会数字技能数字素养是数字社会建设的关键因素

城市数字化转型对各级领导干部、党政机关工作人员、社区工作人员的数字素养、数字技能、运用数字化思维解决问题的能力都提出了新的更高的要求。市民的信息素养、数字能力也需要不断提高以适应快速发展变化的数字化生活环境。建议广州广泛开展数字化转型技能培训，面向专业技术人员、公务人员等推广数字化培训项目。党校（行政学院）要增加城市数字化转型的培训内容。强化全民"数字素养"教育，高校、社会机构要面向各类群体建立数字化技术终身学习平台和培训体系。

（刘　杰，王韵婷）

进一步加快广州"数字"立法

【提要】数据作为一种新型生产要素，已成为广州推动高质量发展的新动能。在数据采集、应用不断向经济社会领域延伸的同时，也伴随着权属不清、边界不明、无法可依、执法无据等问题显现。作为数字化改革先行城市，广州有必要加快立法步伐，为数字化改革保驾护航。与其他先进城市相比，广州"数字"立法工作还存在一些不足，主要表现为：立法结构不尽合理、规制重点尚不突出以及数据全周期法律保障体系还未形成等。针对上述问题，建议：一是强化系统思维，统筹谋划立法工作；二是完善立法布局，明确立法工作"路线图"；三是创新民意表达机制，打造"数字"立法新高地。

数据治理能力是衡量社会治理现代化水平的重要标尺，而"数字"立法则是构筑数据治理能力的基石。特别是面对当下复杂多变的总体形势，对于超大型城市的社会治理而言，更须在数字法治轨道上推进数字治理行稳致远。当前，广州正围绕"建成国际一流智慧城市"这一目标，紧扣健全信息基础设施、建设统一数据平台、推动数字经济发展、提升公共服务品质与基层治理精细化水平等领域的重点建设任务，高质量打造数字政府、数字经济和数字社会"三位一体"的智慧城市。但调研发现，相较于"数字"立法先行城市的实践，广州在"数字"立法方面仍有差距，亟须进一步加快"数字"立法步伐，为广州全面数字化转型保驾护航。

一、广州"数字"立法工作存在的不足

（一）立法结构不尽合理

当前广州已初步构筑起以地方性法规、政府规章、其他规范性文件为主干的规范框架，但就立法结构而言，地方性法规仅有一部（《广州市数字经济促进条例》），政府规章仅有两部（《广州市政务信息共享管理规定》和《广州市公共信用信息管理规定》），其余的属于其他规范性文件，其中尤以政策文件类占比较大。调研发现，由于制定主体层级不高（其他规范性文件的制定主体往往为市政府职能部门）、制定程序相对简化（其他规范性文件在制定程序上往往不及地方性法规、政府规章严谨）、规范内容较为抽象（特别是政策文件类规范往往侧重政策宣传与引导）、规范周期管理松散（其他规范性文件在执行、修订、监督等环节管理较为松散）等原因，其他规范性文件难以在政策执行过程中发挥应有效能。同时，相较于"数字"立法先行城市而言，广州在"数字"立法的中长期战略规划与立法顶层设计方面缺乏统一谋划。例如，上海制定了《上海市数据条例》、杭州制定了《杭州城市大脑赋能城市治理促进条例》、深圳制定了《深圳经济特区数据条例》，而目前广州尚没有一部在数字治理领域发挥统领作用的地方立法，不少规范性文件往往属于"零敲碎打"，甚至是"应景式立法"，且《广州市国民经济和社会发展第十四个五年规划和2035年远景目标纲要》第四章中仅明确"完善数字政府建设的各类标准规范和法规制度"，这既未能涵摄数字治理的其他领域，也未能从全市发展规划层面清晰勾勒"数字"立法路线图与时间表。

（二）规制重点尚不突出

数字政府、数字经济和数字社会在立法规制上各有侧重，但也应看到三者在数据治理底层逻辑上具有相通性。在数据治理链条上，"数据形成—数据流通—数据利用"与全链路上的"数据安全"构成了立法规制的重要节点，但纵观广州现有"数字"立法，上述规制重点仍不突出，不少重要节点立法仍属空白。以数字政府为例，在数据形成领域，数据质量是关键评价指标，数据质量本质上反映数据对目标对象的刻画程度与数据的可利用程度，为后续基于数据的决策奠定基础。已有立法先行地区无不出台数据质量评估体系，如贵州省出台了《贵州省数据质量评估体系》，该规定建立了全国首个数据质量评估体系。而广州对数源部门采集端的数据质量尚无统一规范与评价体系。调研发现，疫情防控期间，由于缺乏规范的数据质量要求，市职能部门与区、街道在某些信息的数据采集上往往无法有效对接，导致大量重复性工作。在数据流通领域，打通数据共享关隘是枢纽工程。尽管《广州市政务信息共享管理规定》建立了政务信息共享目录机制，但广州数据共享在纵向（跨层级）和横向（跨部门跨地区）上仍面临挑战，特别是政务数据资源条块分割、数据标准不一、"数据孤岛"、市以上层级数据获取、跨地区数据对接等问题仍为掣肘。在数据利用领域，数据开放是发挥数据价值、促进数据治理的应有之义，《广州市数字经济促进条例》已明确规定公共管理和服务机构应当建设公共数据开放平台，广州也建立了面向公众的广州市政府数据统一开放平台，但数据开放不应局限于探索数据要素市场化配置的经济领域，如浙江省、上海市、贵阳市先后出台公共数据开放管理办法，对数据开放的程序设计、主体责任等作出明确规定。在政务服务、社会治理层面，广州同样需要数据开放的立法规范支撑。在数据安全领域，个人信息保护与公共数据安全是数据治理全链路上的"防火墙"。贵阳、宁波等城市先后出台了数据安全管理规范。广州作为粤港澳大湾区中心城市，承载着海量数据处理压力，同时，近期《区域全面经济伙伴关系》（RCEP）的生效既是广州深化对外开放的重要契机也对广州健全数据跨境流动安全体系提出了更高要求，但当前广州对数据分级分类的安全管理规范集成度不高，数据安全的风险评估、风险控制及主体责任等内容散见于各类规范性文件之中，尚未形成具备有效抗风险能力的数据安全规范体系。

（三）数据全周期法律保障体系还未形成

广州"数字"立法同样面临急难繁重的疫情防控工作考验，大数据、云计算等信息技术是打赢疫情防控阻击战的重要法宝，但也应看到，在数据形成、数据流通、数据利用与数据安全等重要节点上，立法规范的缺失也一定程度上阻滞了疫情防控工作的顺畅运转，如程序规范的短缺导致某些信息失真、失时、失序。权责规范的模糊助长了部门间的推诿与扯皮。这就提示我们，"数字"立法不仅需要考虑经济社会常态化发展的需要，也要充分估计潜在风险，为应对"黑天鹅"等非常态事件提供规范治理工具。

二、进一步完善广州"数字"立法的建议

（一）强化系统思维，统筹推进立法工作

"数字"立法是一项系统工程，必须统筹谋划。一是要在宪法法律框架内做好"数字"立法工作。根据《中华人民共和国立法法》的相关规定，广州制定的有关数据治理的地方性法规、政府规章不得与宪法、法律（《中华人民共和国民法典》《中华人民共和国网络安全法》《中华人民共和国数据安全法》《中华人民共和国个人信息保护法》等）、行政法规（国务院相关规定）和本省地方性法规（《广东省数字经济促进条例》《广东省社会信用条例》等）相抵触，除法律保留的事项外，根据广州数据治理的具体情况和实际需要，可以先制定地方性法规。应当制定地方性法规但条件尚不成熟的，因行政管理迫切需要，可以先制定地方政府规章。特别需要注意的是，根据法治精神与地方立法的基本原则，没有法律、行政法规、地方性法规的依据，地方政府规章不得设定减损公民、法人和其他组织权利或者增加其义务的规范，在广州"数字"立法工作中应尊重各类主体的合法权益，保障其提出异议与寻求救济的基本权利。二是要深入做好广州现有"数字"立法的规范清理工作。规范清理工作是"数字"立法的"里子"工程，要对照现有法律、行政法规、本省地方性法规的具体规定，以国家政策、本省工作部署为指引，结合广州数据治理的现实情况系统开展数据规范清理工作，及时废止、修订、整合已有数据治理规范，特别是针对数量庞大的其他规范性文件，应采取"制定部门自查+部门间互查+市统一督查"的深度清理

方式，解决"数字"立法领域的"历史遗留问题"，确保"数字"立法更新工作轻装上阵。

（二）完善立法布局，明确立法工作"路线图"

广州在"十四五"规划基础上应进一步完善"数字"立法布局，确立中长期战略规划与立法顶层设计。依据国家"数字"立法实践与政策要求，针对广州现有"数字"立法的现实需要与立法短板，建议在中长期战略规划上制定广州"数字"立法总体框架，以"守正创新、以人为本、包容发展、审慎监管"为原则，构筑未来5—10年广州"数字"立法的发展蓝图，为市场主体、城市居民乃至全球投资者提供一份"固根本、稳预期、利长远"的数据治理路线图与时间表（见图1）。在立法顶层设计层面，建议采取"顶层—支柱—配套"的立法思路，将具有统领作用的"智慧城市"立法作为数据治理的"母法"，一揽子解决"数字"立法的原则性问题，并为非常态化事件中的数据治理提供适当政策工具与制度安排。将数字政府、数字经济、数字社会的专门问题规定在相应的顶层立法中，如广州已实施的《广州市数字经济促进条例》。同时，以数据治理重要节点的立法规制为支柱，将数据治理中的一般问题进行集中规定，在数据形成领域推动数据质量立法，建立市域层面统一的数据质量评价标准；在数据流通领域夯实数据共享立法，打通跨部门跨地区的数据协同关隘；在数据利用领域探索数据公开与利用立法，挖掘数据要素的潜在价值与数据治理的有效工具；在数据安全领域落实个人信息保护与公共数据安全立法，推动域内个人信息的周全保护与跨域数据流通的合规有序。此外，在"数字"立法的四梁八柱之外，还需要健全其他数据治理节点的规范，进一步优化"数字"立法的配套机制。

（三）创新民意表达机制，打造"数字"立法新高地

数字化转型是广州深化改革推动高质量发展实现老城市新活力、"四个出新出彩"的关键一招，"数字"立法更是老城市焕发新活力的核心"软基建"。因此，广州应率先探索创新"数字"立法的立法数字化手段，改变以往由规范制定机关相对封闭单向征求意见的立法形式，对具有探索性试验性的"数字"立法内容，不设已形成的征求意见稿，依托线

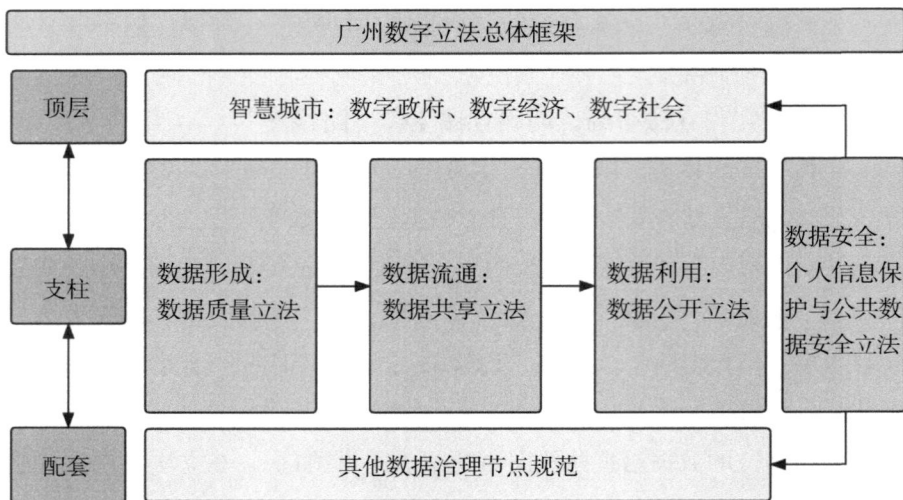

| 广州数字立法总体框架 | | | |

| 顶层 | 智慧城市：数字政府、数字经济、数字社会 | | | |

| 支柱 | 数据形成：数据质量立法 | 数据流通：数据共享立法 | 数据利用：数据公开立法 | 数据安全：个人信息保护与公共数据安全立法 |

| 配套 | 其他数据治理节点规范 | | | |

图1　广州"数字"立法"路线图"

上（如市政府官网、穗好办等平台）与线下（媒体宣传、公交地铁展示）平台的双线推广与宣介，采取面向市域内全体民众的开放式议题设置与规范文本形成方式，实现"数字"立法的线上"众包"，由此提升民众的参与性、议题的针对性与程序的透明度。在"众包"基础上再通过专家咨询、利益相关主体意见表达等成熟机制，剔除"数字"立法过程中的"噪音"，实现立法规范的有效筛选。在这一立法形式创新过程中，"穗好办"将不再被动的满足民众的政务服务需求，而是主动引导民众的服务需求，从而推动广州向更为智能的政务服务形态迈进，这必将助力广州打造大湾区"数字"立法标杆城市，迈向"建成国际一流智慧城市"目标。

（何　平）

健全广州人民建议征集制度

【提要】"人民城市人民建，人民城市为人民"，人民建议征集制度是落实全过程人民民主的有效形式，对提升城市治理水平具有重要意义。广州市人民建议征集工作目前已形成了一些较为成熟的做法和体制机制，但与新时代人民城市建设的目标要求相比仍有差距，表现在：全市工作缺乏统筹规划、各部门重视程度不够；征集形式以被动收集为主，缺乏针对热点问题、专门领域的主题征集，缺乏针对特定群体、特定地区的专项征集；市民知晓度、接受度、参与度不高；缺乏跟踪督办机制等。建议：一是建立健全全市统筹的人民建议征集工作体制机制；二是进一步拓宽征集渠道、扩大征集范围、丰富征集方式；三是积极构建促进人民建议成果转化的制度机制。

习近平总书记强调，走好新形势下的群众路线，要善于问需于民、问计于民，更好倾听民声、尊重民意、顺应民心，把党和国家各项工作做得更好。"人民城市人民建，人民城市为人民"，在城市建设和治理过程中，充分听取人民建议，有利于找准城市治理短板弱项，提升精准服务水平，增强市民责任感、归属感，凝聚城市建设合力，打造良好城市形象。人民建议征集制度是落实全过程人民民主的有效形式，是社会主义民主制度体系的重要组成部分，对新时代发扬人民民主、凝聚群众智慧、转化吸附矛盾、化解纠纷、优化社会治理格局具有重要意义。

一、广州市人民建议征集工作的主要做法

广州市人民建议征集工作主要由相关部门结合自身职责，通过自有

渠道收集、办理。目前已初步制度化并取得一定成效的探索主要有以下方面：

（一）党代表、人大代表、政协委员履职听取群众建议

人大代表每年不少于两次到社区联络站开展代表接待群众活动，听取群众意见建议。代表可现场答复群众，或将建议转交相关部门办理，部门建议经代表、委员选取、加工后作为提案议案提出。2022年上半年，各区、镇（街）人大组织全市各级人大代表进社区开展活动6200余人次，收集群众意见建议近4000条并及时转相关部门研究处理。

（二）通过信访渠道收集群众建议

据统计，2021年，广州信访部门收到建议类信访事项3870件，12345热线收到建议类事项113786件。收集到的建议按照信访事项办理程序转有权处理部门办理，在规定时限内书面答复信访人即可办结。对办理结果、成效等方面没有监督考核机制。2022年3月，广州信访局成立了人民建议征集处，加大了建议征集工作力度。

（三）相关部门根据法律法规或制度规定开展征集

如市人大常委会通过网站、微信、微博、信函等渠道对地方性法规的制定、修改、废止等征求公众意见；市政府门户网站开设民意征集栏目，各部门根据《广州市人民政府规章制定办法》对政府规章的制定、修改、废止等征求公众意见；市发改委对广州市十件民生实事征求意见；市规划设计院对规划设计征求意见等。征集结果及采纳情况在网上公布。

此外，部门、街道、社区等面对行业、区域等热点问题，也有通过上门服务、设点宣传征集等方式开展人民建议征集工作的情况。例如针对小区学位、规划建设、邻避问题等，由职能部门、街道组织的听证会、意见征集会、现场宣传，但尚未形成常态。

二、广州人民建议征集工作存在的问题

（一）缺乏统筹规划

各部门均在自身工作机制内开展建议征集工作，没有在全市层面形

成有统筹、有规划、有组织的建议征集体制机制，没有代表市委、市政府开展人民建议征集工作的专门机构。各级各部门对人民建议的重视程度不够，办理流程五花八门，对建议人的沟通回应不足。相对而言，近年来上海、北京、重庆等城市对人民建议征集工作的统筹力度加大。上海是最早开展人民建议征集工作的城市之一，十年前，市委、市政府信访办设立人民建议征集处。2020年7月，成立上海市人民建议征集办公室。2021年，地方性法规《上海市人民建议征集若干规定》正式施行。目前，上海全市16个区均成立了人民建议征集办公室。人民建议占信访总量的比例从2012年的6.5%上升至2020年的30.0%，采纳率也从58.0%一路攀升至98.0%。

（二）征集形式单一

各部门都主要以开通网上渠道，被动收集的方式为主。缺乏针对热点问题、专门领域的主题征集，缺乏针对特定群体、特定地区的专项征集，缺乏深入基层社区的上门征集，缺乏通过对海量普通诉求汇集、分析形成的专门建议。群众参与的积极性不高，有利害关系的大多数人没有发声，建议缺乏代表性，质量不高，针对性不强，对社会治理难以发挥有效作用。

（三）宣传发动欠缺

由于没有全市统一的征集机制，没有开展人民建议征集的宣传，市民知晓度、接受度、参与度不高，没有形成"人民城市人民建、人民城市为人民"的氛围，市委、市政府密切联系群众、鼓励人民参政议政的形象没有得到充分展现。以信访渠道为例，建议类信访事项占信访总量的比例由2018年的9.00%逐步下降到2021年4.34%，2022年1—4月，仅占3.57%。相反，近年来人民网等媒体开办的"网友留言"等板块受到群众热捧。据统计，2021年人民网建议类留言734件，同比上升154%。

（四）成果转换不足

对人民建议的办理没有明确的流程要求，各部门通常作为普通信访事项处理。在信访工作办理要求中，对意见建议类信访事项的办理规范又往往比投诉请求类更加宽松，缺乏跟踪督办机制。因此，相当部分建议没有得到认真研究和回应，真正能够转化为政策措施的更是凤毛麟角。

三、健全广州人民建议征集工作的几点建议

（一）建立健全全市统筹的人民建议征集工作体制机制

设立广州市人民建议征集办公室，各区相应设立工作机构，统筹指导推进该项工作。一是在信访部门设立人民建议征集办公室。在近几年颁布的信访工作相关制度规定中都明确提出要建立健全人民建议征集制度，鼓励和引导人民群众对党和政府工作献计献策。相较于民意间接表达的人民代表大会制度和政治协商制度，信访制度更贴近民众，门槛更低，更能为群众接受，并且具有一定的工作基础。二是建立完善人民建议征集工作体制机制。制定工作规定，统一征集平台，完善畅通征集渠道，明确征集主体、职责、征集范围、形式、工作流程、成果转化等内容。三是建立书记市长阅批人民建议制度。书记市长阅批人民建议制度能够保证人民建议征集工作高位推动，切实体现市委、市政府听取民声、集中民智的治理理念。四是加大人民建议征集宣传。定期举办人民建议转化成果展示、优秀建议评选表彰、积极建议人奖励等活动，扩大人民建议征集宣传效果。

（二）进一步拓宽征集渠道，扩大征集范围，丰富征集方式

一是建立统一的人民建议网上征集平台。通过建立统一的人民建议征集平台，整合信访、12345、"两代表一委员"以及各部门开展法规意见征集的途径和数据，能够为人民建议征集提供更加便捷畅通的渠道，有利于汇集各方意见开展大数据分析，有利于促进广州市人民建议征集品牌的打造。二是开展专题征集。针对群众反映热点问题、政府治理难点问题组织开展专题征集。如针对每年的10件民生实事、优化疫情防控保障措施、城市规划等开展专题征集，听取群众意见；针对旧楼加装电梯、邻避问题、学区划分问题等开展特定区域的征集，转化吸附矛盾，探寻解决问题的更优方案。三是注重分析汇集。除了接收群众建议，政府部门还要充分利用各种诉求表达渠道收集到的海量数据，梳理、发现苗头性、倾向性、代表性问题，主动开展调查研究、分析研判，形成完善政策、改进工作的建议，通过向市委、市政府报告，向有关地区或职能部门建议等方式推动落地见效。四是加大建议群体的培育、鼓励力度。为提高建议质量，要

注重培育专业化、高素质建议人队伍。要主动联系高校、科研机构、社会团体、群众组织、企业等单位，建立常态化沟通对接机制，加强对特定行业、特定领域建议的汇总收集。要注意发动社区村居有威望、热心公益的居民，通过授予称号、颁发奖励等方式，建立相对固定的建议群体，以此引导更多市民参与建议征集工作。五是把主动征集延伸到末端。要让人民建议真正代表绝大多数群众的意愿，要让"沉默的大多数"的心声能够得到表达，需要注重开展上门征集、主动征集工作。结合"两代表一委员"进社区、网格化日常管理、居委会村委会日常服务等工作，大力宣传人民建议征集渠道，通过周到的服务、有效的沟通反馈，吸引市民愿意参与、主动发声。例如荔湾区成立历史文化街区公众咨询委员会，在社区规划、改造等方面广泛听取居民意见，值得学习推广。

（三）积极构建促进人民建议成果转化的制度机制

加强对人民建议有效转化为实际成果的制度保障，促进人民建议征集制度焕发生机活力。一是要压实人民建议征集工作机构的主体责任。人民建议征集工作的主体是各级国家机关，要明确工作职责，压实工作责任，落实办理机构、工作人员和工作经费。二是要建立人民建议办理工作机制。市人民建议征集办公室应指导各级机关建立人民建议征集、办理、反馈机制，调研论证、综合研判机制，建议成果转化情况分析发布机制，优秀建议和建议人奖励机制等，促进人民建议征集工作规范开展，为成果转化创造必要条件。三是要建立监督考核机制。把人民建议征集工作情况和成果转化效果纳入市委、市政府督查事项，作为人大监督的重要内容，定期开展督查、检查。同时纳入社会治理、信访等考核内容，督促各部门认真履职。

（刘　怡，刘　杰，李　强）

全面推广"区域集中供冷"
助力广州实现双碳目标

【提要】"北方集中供暖，南方集中供冷。"在广州大学城、珠江新城等地用十多年时间进行了成功实践后，全市推广集中供冷的时机已经成熟。集中供冷不仅能带来可观的直接经济效益，还能提升区域综合能效、减少建筑碳排放和改善环境的生态效益。但目前在全市推广集中供冷还存在对实施条件认识不清、规划引领不到位、使用维护规则不明、建筑物业主及物业公司的认知不足四个方面问题。建议：完善规划、土地出让和建筑施工方面政策支持；将集中供冷设施纳入区域基础设施建设；制定区域集中供冷的管理规则和使用标准；因地制宜叠加"综合能源"使用效果更好；从法律角度加强事前、事中和事后的全流程监管。

"北方集中供暖，南方应集中供冷"。中国建筑科学研究院的研究显示，我国建筑行业的碳排放占全社会碳排放总量的38%（建设过程18%，运营过程20%），因此抓好建筑领域的减碳是粤港澳大湾区核心城市减排的重点之一，对于全社会实现绿色发展转型具有重要意义。区域集中供冷（District cooling system，简称DCS）是在全球得到广泛应用和验证的成熟技术，能减少建筑物的二氧化碳排放和氟利昂的使用，并兼具改善城市生态环境，增加可再生能源规模化利用等社会效益。广州市从2004年在广州大学城、2010年在珠江新城的探索实施集中供冷以来都取得良好效果，目前正是在全市全面推广的好时机。

一、区域集中供冷的发展历史及现状

区域集中供冷是指以相对集中建设的供冷中心能源站，通过管网向所服务的建筑物群分配供应冷冻水，满足其空调负荷需求的新型城市能源基础设施。区域集中供冷于20世纪60年代发源于北美地区，目前在北美、欧洲、东南亚、中东得到广泛的应用，并被联合国环境规划署（UNEP）确定为改善城市与大气环境，减少氟利昂使用量，降低对大气臭氧层破坏的重要措施，同时也是提高空调系统能效的主要手段之一。

国内的第一个区域集中供冷项目2002年在北京市核心区域中关村投入使用，采用基于冰蓄冷的区域集中供冷技术，为周边45万平方米建筑群提供空调冷源。2004年广州大学区域集中供冷项目开始运营，共建设了3个能源中心，总设计供冷能力7.5万冷吨，服务于大学城的十所高校。目前国内综合运营效益最好的项目是2010年投入使用的广州珠江新城核心区集中供冷项目，设计供冷能力4万冷吨，服务于核心区内的约200万平方米的公共、商业建筑以及地下轨道交通，每年节约5600吨标准煤，较少二氧化碳排放14000吨／年，减少二氧化硫排放100吨／年，相当于572亩森林的碳汇能力，带来了巨大的经济效益和生态效益。

根据行业协会的统计，国内现有超过60个区域集中供冷项目，其中以2015年前后启动建设的深圳前海区域集中供冷项目以及珠海横琴区域集中供冷供热项目的规模最大，规划供冷能力分别约40万冷吨，服务面积分别接近2000万平方米。广州是南方最早使用集中供冷的地区，但是近年来发展相对滞后。

二、在广州推广区域集中供冷的社会效益

根据国内区域集中供冷项目的实践经验，区域集中供冷特别适用于建筑物密度高、建筑物功能差异大的中央商务区、大学城、创业园、开发区等地区，科学的规划、建设和运营的区域集中供冷项目可产生多重社会效益。

（一）通过减少制冷设备装机规模来减碳

通过集中供冷代替楼宇单独的空调系统能减少项目投资和减少二氧化碳排放。因空调负荷的"同时使用系数"效应而大幅度减少区域内制冷设备的装机规模，这些设备潜在的加工制造过程中产生的碳排放全部得以消除，并大幅度减少制冷剂氟利昂的使用。而空调电制冷主机所使用的含氟制冷剂氟利昂的温室效应是二氧化碳的约500倍，是受到《蒙特利尔公约》严格管制的温室效应物质（我国是《蒙特利尔公约》签约国），装机规模的削减同时也等效削减了含氟制冷剂的用量。以珠江新城核心区区域集中供冷项目（以下简称"珠城项目"）为例，其设计供冷能力4万冷吨，但所服务的建筑群如果全部自备制冷系统的话，总装机规模将超过6万冷吨，因实施区域集中供冷削减制冷设备的规模达33%，因此而减少的含氟制冷剂的充注量达到10吨。

（二）减少制冷系统运行产生的碳排放

由于区域集中供冷系统中得以采用大型高效制冷设备，能服务于多个建筑，供冷负荷相对较大，在由专业化管理团队运营的情况下能够达到远高于建筑物物业管理单位所管理的楼宇自备制冷系统的能效，从而显著的降低制冷系统的运行电耗和碳排放。根据广州珠江新城项目2019年的运行数据，结合浙江省大型公共建筑能耗测评标准（DB33 / 1070–2010）中关于蓄冰系统电耗折算的规定（蓄冰电量按0.6折算），供冷中心的年综合能效高达4.5（kwh / kwh）。

（三）有助于电力负荷"移峰填谷"

在国内绝大部分的区域集中供冷项目上，一般会采用一种以上的节能技术或可再生能源应用技术，包括：冰蓄冷、水蓄冷、江水冷却或水源热泵、光伏、天然气三联供等。以珠城项目为例，由于采用了在夜间用电制备冰的冰蓄冷技术（国家发改委长期推广的重点节能技术），其所发挥的电力负荷"移峰填谷"效应最高可在夏季削减约14000千瓦的电力负荷，并因此提高夜间电力生产效率和减少输配环节的损耗，从而在更大范围的统计效果上实现节能减排。

（四）打造智慧城市的能源基础单元

区域集中供冷系统在高效满足建筑物制冷需求的同时，天然形成了能量流、信息流汇聚以及可响应区域电网削峰需求的智慧能源系统，可成为智慧城市体系的重要基础单元，为城市提供能耗调节手段以及大数据资源。2021年9月，珠城项目加入了由市供电部门发起的"虚拟电厂"计划，随时可以利用蓄冰系统的储能能力响应电网的削峰填谷需求。

三、区域集中供冷为用户带来的直接经济效益

（一）减少初始投资且使用简便

接入区域集中供冷服务的建筑物，所有自备制冷系统中的制冷主机、冷却塔、冷却泵、配电系统都可以取消，转换为一个静态的板换系统，随用随开、随关随停，使用上极为方便。按照保守测算，珠城项目的200万平方米用冷建筑全部取消自备制冷系统折算的投资能减少约2亿元。

（二）增加商用面积并改善周边环境

使用区域集中供冷的用户因取消了大部分的制冷设备（空调主机、冷却塔、冷却泵以及配套供电设备），所节约的地下机房的面积可以转化为停车场等，为业主带来额外的收益。而冷却塔的取消也会带来额外的地面或裙楼屋顶等建筑物可使用面积的增加，并避免冷却塔运行带来的噪声、震动、水雾、热污染。以珠城项目200万平方米的商业面积为例，因采用区域集中供冷减少用户侧制冷机房及配电房就可增加商业面积合计约8000平方米，价值数亿元。

（三）减少建筑物的综合管理成本

采用区域集中供冷服务的建筑物免除了复杂的制冷系统的日常运行维护，也免除了建筑物在运营15～20年后的制冷系统重置等成本，建筑物全运营周期的综合管理成本得到显著的降低。

四、推广区域集中供冷所面临的问题

（一）对区域集中供冷的实施条件认识不清

区域集中供冷并非适用于所有场景，需要集合空调负荷的强度、规模、业态差异性、能源站选址条件、管网路由保障等综合条件，尤其适合建筑物密集和用能大的中央商务区（CBD）、创意园、开发区、大学城等。在一个确定的区域是否适合实施区域集中供冷需要严谨科学的前期研究，用数据说话，必须能够带来显著的环境改善和降低碳排放的社会效益，并具备技术和经济可行性方可实施。

根据专家测算，在城市和工业园区使用的条件不同。在城市范围需要达到的条件：第一，空调负荷规模：拟实施集中区域的建设项目的总计容面积达到100万平方米，建筑物数量超过5个，建筑物用途超过3个种类；第二，能源站及管网条件：能源站及公共区域的管网路由纳入该区域的规划条件，且能确保能源站建设用地距离各个用冷地块的平均距离小于1.5公里。

在工业园区的经验条件第一是总的空调负荷需求达到1万冷吨，第二是能源站距离各个工厂换热站的平均距离小于1.5千米（如果有工业余热资源，则应优先使用余热资源，并采用吸收式冷机转换为空调冷冻水，这种情况下的输送距离可以适当放宽）。

（二）规划引领不到位

在双碳目标成为国策的背景下，全社会在解决发展、能源供应和环境保护等方面的矛盾面临巨大挑战。在新建开发区或者CBD过程中，如果没有事先在土地出让环节设定好必须接受集中供冷的条件，业主方一般难以采用集中供冷。在所有经过科学研究确定需要实施区域集中供冷的区域，应该通过土地开发规划，要明确将所开发区域的大型建筑物全负荷接入使用区域集中供冷的义务，并在设计和报建过程中放弃选择单体楼空调模式。

（三）建筑物业主及物业公司的认知不足

由于建筑业主和物业公司对区域集中供冷的熟悉度较低，并且有一系列的顾虑导致了没有大规模使用。政府是公共利益的代表，是践行双碳目标的主要推动者和引领者，也掌握着推动新型能源基础设施落地行稳的行政资源。目前难以在短期内让全社会对实施区域集中供冷的利弊有完整的认知，而实施区域集中供冷项目是实现建筑领域减碳不可多得的让生态、业主、用户、社会四赢的抓手，此时政府的政策引导成为决定区域集中供冷实施成败的最关键因素。根据对国内集中供冷行业的调研，所有政府职能缺位的区域集中供冷项目的实施效果都不理想，不仅没有实现区域集中供冷项目理论上应带来的社会效益，反而成为难以消化的包袱和影响行业良性发展的障碍。

（四）使用规则不明

调研中，业主方和物业管理方最为担心的问题是冷气的可靠性和费用问题。关于可靠性方面可能会遇到多种情况导致无法供冷，如管道问题、电力问题等问题，以及维修问题。还有就是费用问题，冷气的收费价格和单独使用空调的费用能否节约？冷气计费如何才能准确等问题。当前由于没有相关的规则导致在业主和物业公司使用上有所犹豫。

五、在全市推广区域集中供冷的建议

（一）完善规划、土地出让、建设施工方面政策支持

在新建大型建筑群如CBD、开发区、大学城、工园区，或改造老旧商业区、老旧工业园区过程中，经过科学论证符合条件的区域要从政策上明确区域集中供冷"可行立行"，而不是现在的一个区只做一个项目。在土地的规划出让环节应明确将使用区域集中供冷服务作为取得土地使用权的必要条件。其他可选的政策工具还包括：限制对建筑物制冷系统的电力负荷供应、限制自备冷却塔的安装、对采用政府规划的区域集中供冷服务的建筑物适当考虑调增容积率以及绿色建筑评定方面给予加分等。

（二）将集中供冷设施纳入区域基础设施建设

区域集中供冷是一种城市新型能源基础设施，必须大幅度早于用户的使用时间建成并具备服务能力，但也因此容易陷入重资产投资项目常见的

困境，即使有政府政策的约束，但用冷建筑物的开发和招商进度的不确定性，会使区域集中供冷投资商在投产后较长的一段时间内处于财务亏损的状态。因此，建议政府在前期研究中能够积极的从能源站土建工程、公共区域的管网工程、接入能源站的外电缆工程几个方面入手，将部分上述工程的投资纳入区域基础设施的开发成本中，减轻区域集中供冷服务单位的投资压力和运营成本，使其能够基本满足投产后三年内实现盈利的企业考核要求，以及提供对用户有吸引力的服务价格。根据行业调研，国内大部分的区域集中供冷项目，由于基本上承担了全部的能源站土建、管网、机电设备投资，以及用户负荷的增长缓慢，很难在投产后的五年内实现盈亏平衡。

（三）制定区域集中供冷的管理规则和使用标准

针对区域集中供冷制定相应的管理规则和使用标准，如冷气输出标准、计费标准、设备的使用标准、维修标准等一系列标准体系，保障使用者无后顾之忧。还应该制定相应的管理规则，明确各方的权利义务，方便处理可能的纠纷。

（四）因地制宜叠加"综合能源"使用效果更好

在工业园、CBD等项目中，有些建筑仅仅需要冷气，如写字楼。有些大型公寓、酒店、工业园还需要热水，有些还可以利用太阳能光伏等，应该考虑综合使用各种能源来达到最优的生态和经济效益。

（五）从法律角度加强事前、事中和事后的全流程监管

监管的内容主要有三个方面：第一是确保区域集中供冷项目的实施取得符合双碳目标的经济、社会和生态效益，第二是确保区域集中供冷的用户及服务单位均须按照政府规划落实各自的义务，第三是确保区域集中供冷用户及服务单位均应严格遵守签署的服务合同。另外，建议政府决策部门加大对区域集中供冷研究的广度和深度，在此基础上进一步做好顶层设计，并按程序推动相关的管理政策和法律法规的与时俱进，使区域集中供冷为广州乃至粤港澳大湾区的低碳发展、绿色发展贡献力量。

综上，在双碳目标的推动下，遵循"政府主导、规划先行、集中建设、市场运营"的原则，积极研究完善在广州全面推广区域集中供冷落地

应用的政策，并在新开发区域和旧城改造中认真研究、果断决策、认真监管和评估，不断丰富实施经验，形成广州在粤港澳大湾区乃至全国区域集中供冷行业的先发优势，力争从区域集中供冷行业相关的配套产业发展上创造新的经济增长点。

（吴兆春）

破解广州快递包装"绿色难题"
助力"无废城市"建设

　　【提要】广州是名副其实的"快递大市"，急剧增长的快递包装废弃物成为生活垃圾的首要增量和环境污染的重要来源，且增势不减，破解快递包装"绿色难题"迫在眉睫。当前广州快递包装绿色治理仍面临供需两旺、过度包装难止；寄收之争、回收再利用率低；破立之难、绿色包装成本过高；体制之困、绿色规定难落地这四大难题，给"无废城市"建设带来严峻挑战。建议以制度创新为引领，以快递包装减量化、循环化为主线，打造协同治理机制，实现快递业包装绿色转型和高质量发展，推动广州在以"无废快递"助力"无废城市"建设中率先破局、走在前列。

　　近年来，随着新业态发展和消费习惯转变，广州快递业务迅速增长，在服务民生供应、稳定产业链供应链等方面发挥了重要作用，但随之而来的快递包装废弃物急剧增长。纸类包装虽然基本实现回收，但循环利用再寄件率极低。塑料类快递包装材料主要为不可降解材料，且70%以上使用废料再生，再生产中添加的塑化剂、阻燃剂，甚至混杂的医疗和化工垃圾，所携带的病毒、细菌、重金属等随着快递包裹流入千家万户。除此之外的泡沫箱、胶带、缓冲袋和冰袋等材料，或不能循环利用，或不可降解，或被过度使用，或被随意丢弃，不仅给城市环境带来破坏，也造成严重资源浪费，影响着行业、企业的可持续发展。

　　当前全国"无废城市"建设进入快车道，广东省提出在珠三角城市建设无废试验区，珠三角9个城市全部列入国家"十四五"时期"无废城市"建设名单。作为"快递大市"，广州亟须全力破解快递包装的"绿色难题",在全国"无废城市"建设中走在前列。

一、广州快递包装绿色治理初步见效但任重道远

广州快递业务量自2016年来年均增长23%,继2021年首次突破百亿后,2022年虽受疫情影响,仍继续保持101.3亿件(见图1),分别占全国的9.1%和全省的1／3,在全国城市中居第2位;人均快递使用量约538件,是全国人均的6.8倍。其中,电商快递件占67%,其余为工厂件和个人散件,快递包装以纸箱类和塑料袋类材料为主。按业内每个快递包装0.2公斤的件均标准计算,2022年广州快递可产生202.6万吨固态"垃圾",占生活垃圾总量25%左右,成为生活垃圾的重要源头。

快递量(亿件)

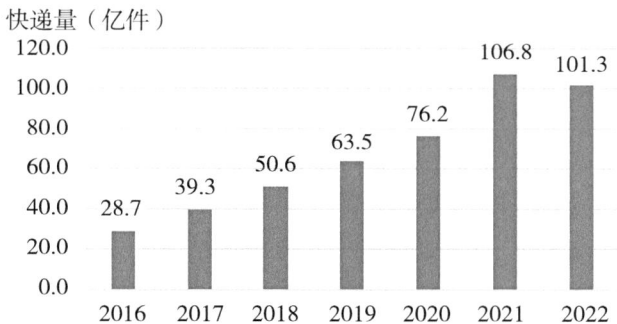

图1　2016—2022年广州市快递业务量

近年来,广州认真落实国家和省关于邮政行业绿色高质量发展的部署要求,积极推进快递包装绿色转型。一是推动包装源头减量,瓦楞纸箱由过去的5层改良为3层,普遍使用45毫米以下"瘦身胶带",快递企业对电商件不再二次包装,快递企业电子面单使用率已达99.5%;二是推广可循环快递包装,快递企业内部全面使用可循环中转袋,广州邮政率先在全部312个邮政营业网点设置了包装废弃物回收装置,2022年回收复用瓦楞纸箱共65万个;三是督促快递企业采购符合国家标准的包装产品,推广应用绿色包装材料。据统计,2021年广州减少快递包装废弃物共2.8万吨,但与200多万吨的包装废弃物总量相比(只占1.4%),仍然杯水车薪。

二、快递包装绿色转型面临四大难题

广州快递包装绿色治理成效不尽如人意，固然有快递业短期内爆发增长、海量规模等客观原因，但深层次原因是绿色转型中结构性矛盾和体制性困境。

（一）供需两旺：过度包装难止

面对繁多的快递包装，一是社会整体宣传力度不够，用户的绿色消费习惯和生活方式尚未形成，购买商品时认为过度包装即是奢华、用心，且调研发现，消费者对绿色包装的实际认知并不准确，对包装能以原始用途得到循环利用再寄件的认识不足，将包装等同于生活垃圾，收件后一扔了之；二是快递链条上的电商、厂家和快递企业等市场主体，倾向于过度包装来提高商品销量和避免差评，为了减少额外成本，往往大量使用低成本高污染的包装材料；三是在快递运输、分拣、配送过程中，存在不合理堆放、"路边摊"配送甚至"暴力分拣"等问题，增加了安全包装需求。因此，里三层外三层、大盒套小盒、轻件重包装，或者大量使用胶带反复缠绕，塞满填充物等过度包装现象屡见不鲜，尤其在化妆品、茶叶、保健用品、生鲜和礼品等领域更为突出。

（二）寄收之争：回收再利用率低

按照《邮政法》《快递暂行条例》等规定，快递包装所有权在送达前属于寄递人，投递后为收件人，快递企业回收快递包装的主动权受限，再加之我国快递相关的立法没有规定包装废弃物处置和资源化的责任主体，更没有明确违反绿色包装规定的惩罚机制，包装回收责任主体不明晰带来回收主动性低和渠道不畅问题，导致快递包装的最终环保压力从"寄出地"向"收件地"转移，转化为"收件地"污染。调研发现，由于回收主动权受限和主动性不足，广州目前只有邮政网点、部分菜鸟驿站、京东网点等设置了回收装置，且较少贴近用户需求布局，大部分快递包装纸箱随生活垃圾分类进行回收，不能按原用途"逆向回流"使用，成为一种成本外部化的低效循环。具体看，广州快递纸箱类包装废弃物只有不到5%（按重量计算）被重复使用，约有80%作为废纸回收，约15%混入生活垃

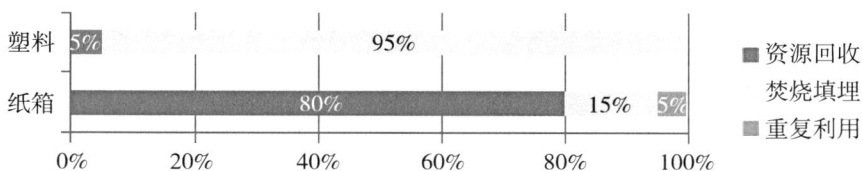

图2　广州市快递包装废弃物处理方式

圾处理，而快递塑料类包装有95%以上随城市生活垃圾被焚烧或填埋处理（见图2）。

（三）破立之难：绿色包装成本过高

《国家发展改革委　生态环境部关于进一步加强塑料污染治理的意见》明确，到2022年底在广东等6个省市邮政快递网点禁止使用不可降解的塑料包装袋、一次性塑料编织袋等，到2025年底推广到全国快递网点并禁止使用不可降解塑料胶带等。然而调研发现，广州除邮政网点外，电商平台、商家等包装主体仍有90%以上使用PE材料生产的不可降解塑料袋。另外，邮政、顺丰、京东、中通等头部企业已研发并使用绿色可循环快递箱，但投放和使用量非常有限，例如广州邮政投放4.2万个，京东8万个（主要为生鲜保温箱）、极兔436个。其中最大的阻碍是高成本制约，一只可降解的塑料袋价格是不可降解的4～6倍，"一撕得"新型快递纸箱（不用塑料胶带）是普通纸箱的2～3倍，可降解胶带是普通胶带的3.6倍，循环快递箱要使用50次后才低于其尺寸相近的纸箱成本。然而当前型号不同、大小不一、材质有别的循环包装箱也只能在单个企业内部"小循环"，难以实现规模化使用更是阻碍了成本的降低。那么，谁来为这些环保材料买单？目前是由首次使用的用户付费，用户显然缺乏积极性。对于快递企业来说，除了承担箱体购买成本、管理系统开发成本、丢失重置成本，还存在清洗、回收、调拨等运营管理成本，更是缺乏采用绿色循环包装的内在动力与价格空间。

（四）体制之困：绿色规定难落地

近年来，有关快递行业绿色治理的文件、通知、各种举措并不少见，但为何成效并不明显，主要是存在体制性障碍。一是我国立法对快递包装回收多为倡导性、鼓励性规定，如《邮件快件包装管理办法》第29条，鼓励企业对包装完好、质量达标的包装箱进行回收利用，《快递暂行条例》鼓励使用可降解、可重复使用的环保包装材料。由于缺乏强制性标准和惩罚性约束措施，导致地方和部门日常监管力不从心，形成守规的企业吃亏、投机的企业赚钱的"逆向淘汰"问题。二是多头监管体制。当前快递包装链条涉及包装生产销售企业、寄递人（电商企业、工厂和个人）、快递企业、用户、社区物业、垃圾处理机构等上下游环节，涵括环境、邮政、市监、发改、工信、商务、城管等部门，形成"铁路警察、各管一段"多头监管局面，产业链上下游部门联动协同不足，难以形成绿色循环闭环。三是快递行业普遍实行加盟制度，物流末端的加盟店自行采购包装材料，各地快递分公司无推广使用绿色包装主动权，难以把控包装质量。

三、加快广州快递包装绿色转型的对策建议

破解快递包装"绿色难题"是一项系统工程，建议以制度创新为引领，以快递包装减量化、循环化为主线，打造全链条协同治理机制，以"无废快递"助力"无废城市"建设。

（一）制度创新：率先构建有约束力的快递绿色包装治理体系

一是制度先行。目前广州正率先制订《广州快递条例》，草案在第五章增设了数字快递和绿色包装条款，但过于原则且规定标准较低，建议加快做好配套政策措施的制定和实施，增强具体操作性和强制性，并在快递包装所有权、绿色包装费用分担机制、快递包装产品合格供应商制度等行业"堵点"进行探索和突破。二是标准引领。在快递电商绿色包装、可循环快递包装、产品与快递一体化包装、合格包装采购管理等重点领域，率先制订广州地方标准，加快推动绿色包装认证。三是政策发力。适应国家出台"限塑令"及快递包装绿色转型意见，率先制订广州快递包装绿色转型实施方案，明确"路线图""时间表""责任链"。设立快递包装绿色转型引导资金，通过"揭榜挂帅"、政府绿色采购等方式，加强对快递包装关键技术攻关、创新商业模式和绿色快递包装产品推广应用等方向的资金支持。

（二）减量化：持续推动快递包装源头减量

一是持续治。深入开展过度包装治理，明确细化快递过度包装的界定标准、禁止性行为、处罚措施等方面，并加强日常执法监管力度，将快件"不着地、不抛件、不摆地摊"整治工作纳入日常监督，强化社会舆论监督，避免被动式过度包装。二是重点减。电商件是广州快递包装的大头，要压实电商企业源头减量的主体责任。建议制订广州《关于推进电子商务企业包装源头减量的实施方案》，引导唯品会等电商快递包装减量化、绿色化，督促电商平台制定一次性塑料制品减量替代实施方案。要加强电商上下游协同，设计并应用满足快递物流配送需求的电商商品包装，推进产品与快递包装一体化，推广电商快件原装直发、聚单直发，在寄递环节减少二次包装。三是源头阻。落实一次性塑料制品使用、回收报告制度，将"一次性不可降解塑料制品名录"中的商品加入禁售清单，争取到2025年底广州快递渠道全面禁用不可降解的塑料包装材料。四是大"瘦身"。推广低克重、高强度快递包装纸箱、免胶纸箱和悬空紧固类包装，减少填充物。电商、快递企业应通过积分奖励、绿色银行等方式，引导消费者使用简约包装，提高快递包装与寄递物的匹配度。

（三）循环化：大力推广使用可循环快递包装

一是以循环快递箱为突破口，先从本市或广佛等同城试点，加大可折叠快递包装箱、可循环配送箱和可复用冷藏式快递箱（袋）投放量，形成规模经济效益，争取利用1～2年时间基本建成广州同城循环快递包装体系。二是从政策上明确投递的循环快递箱由运营企业（快递企业、电商平台或第三方专业运营企业）所有，通过快递点取件或"上门"投递时收回。如用户带回或留用，则通过信用质押或扣费、超期扣款、回投返款等多种模式回收管理。三是加强快递末端回收设施建设，在高校、住宅小区、城中村、工业园区等区域配套设立快递包装回收装置，视消费者返还快递包装的完好程度给予积分奖励。四是加快循环包装社会共享。从统一标准和共享共用入手，在版式上取消企业定制和Logo，统一尺寸规格、材质和功能属性。并通过实行"一箱一码"，建设共享循环包装管理系统、电子化的箱体追踪管理系统，实现对每一个循环包装箱进行全流程监控和智能化调拨，进而实现从单个快递企业内部"小循环"进入全社会的"大循环"。

（四）协同化：强化快递包装全链条协同治理

一是建立广州快递包装绿色转型综合协调机制，明确牵头部门和成员单位，设定各部门职责分工和日常运行机构，形成齐抓共管的工作局面。二是按照"谁发出、谁负责""谁包装、谁负责"原则，强化电商平台、快递企业、商家、用户等绿色包装主体责任，要求平台自营商品率先推广应用绿色、可循环包装。三是加强"发出地"和"收件地"协调。既加大对本市发出快递的日常监管力度，同时对外地电商企业、快递网点发来的"违禁"快递包装实行警告甚至拒收处理，对快递总公司、电商平台总公司等重点寄件人发函提醒。四是结合广州"无废城市"建设，加大绿色快递宣传力度。联合电商平台、快递企业发布倡议书，倡导产业链企业积极履行社会责任。在快递收寄点、垃圾回收点等渠道投入宣传海报，并纳入各级学校的教育实践。通过全覆盖、经常性式的教育引导，营造"绿色快递、你我同行"的良好社会氛围。

（黎国林，李　杨）

后　记

2018年10月，习近平总书记在视察广东时，对广州提出了实现老城市新活力，在综合城市功能、城市文化综合实力、现代服务业、现代化国际化营商环境四个方面出新出彩重要指示要求。为了深入学习总书记重要指示精神，系统研究广州推动实现老城市新活力、"四个出新出彩"的创新实践，中共广州市委党校（广州行政学院）从2020年开始连续编写出版《在"四个出新出彩"中实现老城市新活力》系列丛书，以贯彻落实中共广东省委关于开展"大学习、深调研、真落实"活动部署，服务广州推进高质量发展的工作大局。

2023年4月，国家主席习近平在广州同法国总统马克龙举行非正式会晤时指出，广州是中国民主革命的策源地和中国改革开放的排头兵。1000多年前，广州就是海上丝绸之路的一个起点。100多年前，就是在这里打开了近现代中国进步的大门。40多年前，也是在这里首先蹚出来一条经济特区建设之路。现在广州正在积极推进粤港澳大湾区建设，继续在高质量发展方面发挥领头羊和火车头作用。习近平总书记的重要讲话，既充分肯定了广州的历史成就与重要地位，又对广州未来发展提出了新的更高期待和明确要求，再次彰显了在"四个出新出彩"中实现老城市新活力的丰富内涵。习近平总书记对广州提出的一系列重要要求，一以贯之、环环相扣，立足当下、指引未来，为广州加快在"四个出新出彩"中实现老城市新活力，继续在高质量发展方面发挥领头羊和火车头作用指明了前进方向、注入了强大动力。

以习近平总书记重要讲话精神为指引，本书在内容上对习近平总书记赋予广州新的使命任务予以重点关注。全书紧扣老城市如何焕发新活力这个主题，以习近平总书记赋予广州新的使命任务为统领，以"四个出新出彩"主线，全书分为"继续在高质量发展方面发挥领头羊和火车头作用""推动综合城市功能出新出彩""推动城市文化综合实力出新出彩""推动现代服务业出新出彩""推动现代化国际化营商环境出新出彩"五个篇章。选入本丛书的文章，大多为中共广州市委党校（广州行政学院）教师及主体班学员在校学习期间撰写的优秀调研成果，具有较强的现实性、针对性和可操作性。丛书的持续出版，充分反映了广州市委党校在全面推动教学培训、学术研究与决策咨询工作相互促进、协同发展方面所取得的成效。

从具体内容看，本书第一部分"继续在高质量发展方面发挥领头羊和火车头作用篇"，侧重于从谋划广州高质量发展蓝图、推动数字经济和战略性新兴产业高质量发展、积极推进粤港澳大湾区建设等方面，集中体现习近平总书记赋予广州新的使命任务的主要内容；第二部分"城市综合功能出新出彩篇"主要从城乡区域协调发展、基层治理现代化、综合交通枢纽和科技创新枢纽等角度，再造发展空间新优势，提升城市综合功能和核心竞争力；第三部分"城市文化综合实力出新出彩篇"主要从历史文化街区、文化赋能、文化产业等角度，建设文化强市，书写中华民族现代文明的广州篇章；第四部分"现代服务业出新出彩篇"主要从航运中心、金融产业、公共服务等方面，提升现代服务业支撑力，建设现代服务业强市；第五部分"现代化国际化营商环境出新出彩篇"主要从商事登记制度改革、数字政府、绿色发展等方面，打造"营商+生态"双优发展环境。

本书的出版得到了中共广州市委副书记、市委党校（广州行政学院）校（院）长陈向新同志的关心和指导；中共广州市委党校（广州行政学院）副校（院）长黄丽华教授、教育长陈晓平同志以及教务处、科研处等部门的同事等对本书的编写提出了宝贵意见；广东人民出版社领导及责任编辑梁茵、廖志芬对本书出版给予了全力支持。本书的写作还参阅借鉴了国内外专家学者的研究成果。在此一并表示衷心感谢！

希望本书的出版，能够为广州推动实现老城市新活力、"四个出新出彩"、继续在高质量发展方面发挥领头羊和火车头作用汇入一丝绵薄之力。由于时间、水平所限，本书的研究深度还有待进一步加强。若有疏漏之处，敬请各位专家和读者不吝批评指正！

孟源北

2023年11月22日